"多媒体画面语言学"研究系列丛书

多媒体画面色彩表征影响
学习注意的研究

曹晓静　　著

南开大学出版社

天　津

图书在版编目(CIP)数据

多媒体画面色彩表征影响学习注意的研究 / 曹晓静
著. —天津：南开大学出版社，2022.12
（"多媒体画面语言学"研究系列丛书）
ISBN 978-7-310-06362-8

Ⅰ.①多… Ⅱ.①曹… Ⅲ.①多媒体技术－研究
Ⅳ.①TP37

中国版本图书馆 CIP 数据核字(2022)第 232833 号

多媒体画面色彩表征影响学习注意的研究
DUOMEITI HUAMIAN SECAI BIAOZHENG YINGXIANG XUEXI ZHUYI DE YANJIU

南开大学出版社出版发行
出版人：陈　敬
地址：天津市南开区卫津路 94 号　　邮政编码：300071
营销部电话：(022)23508339　营销部传真：(022)23508542
https://nkup.nankai.edu.cn

河北文曲印刷有限公司印刷　全国各地新华书店经销
2022 年 12 月第 1 版　　2022 年 12 月第 1 次印刷
260×185 毫米　16 开本　13.5 印张　317 千字
定价：68.00 元

如遇图书印装质量问题，请与本社营销部联系调换，电话：(022)23508339

序

　　《多媒体画面色彩表征影响学习注意的研究》是我国教育技术学科原创性研究成果"多媒体画面语言学"的研究系列丛书之一。"多媒体画面语言学"理论是诞生和成长于中国本土的一门创新理论，是信息时代形成的新的设计门类，其基本目的是使数字化教学资源的设计、开发和应用有章可循，从而促进优质数字化教学资源的发展和应用。"多媒体画面语言学"的研究框架包括：画面语构学、画面语义学、画面语用学。画面语构学研究各类媒体之间的结构和关系；画面语义学研究各类媒体与其所表达或传递的教学内容信息之间的关系；画面语用学研究各类媒体与信息化教学环境及学习者之间的关系。"多媒体画面语言学"是一种处方性理论，其应用领域也非常广泛，并且与各种新的研究方向也会有交叉点，其应用研究将是一种常态下的与时俱进的实践性研究。

　　《多媒体画面色彩表征影响学习注意的研究》一书提出了"色彩编码设计形式""色彩线索设计形式""色彩信号设计形式"三种色彩表征设计形式，通过对色彩表征设计流程的系统梳理，推导出"学习注意类型分析、色彩表征设计形式分析、色彩表征语义设计、色彩表征语用设计、色彩表征语构设计"的设计流程，为提升数字化学习效果提供了新思路。该著作将色彩表征设计作为一个独立命题，承袭了多媒体画面语言学研究范式，采用实证研究的方法，将学习过程中的认知行为实验与眼动实验、脑电波实验相结合，从认知心理的角度深层次探究了多媒体画面色彩表征对学习注意的影响，揭示了学习资源色彩表征与学习行为、学习情绪、学习效果之间的关系，总结出影响学习注意的多媒体画面色彩表征设计策略，具有一定的学术价值。

　　作者曹晓静是天津师范大学教育技术博士点的博士生，现就职于内蒙古师范大学教育学院教育技术系。曹晓静博士在读和毕业之后持续研究多媒体画面语言学色彩设计的相关问题，目前是中国教育技术协会信息技术教育专委会多媒体画面语言学 SIG-LMD 专题研究的核心成员。近年来，作者从学术研究到实践应用都取得了一定的成果，曾参与国家级和省部级课题多项，并在教育技术学核心期刊发表多篇学术论文。作者在"多媒体画面语言学"研究领域中开辟出了独具特色的"影响学习注意的色彩表征设计"这一研究领域，具有广阔的应用前景，期待未来持续不断地深耕。

　　曹晓静是我的博士生关门弟子，她为人谦虚真诚，还有独特的艺术修养，她称自己在该研究领域是"踩着巨人的肩膀"，心存敬畏地走到了今天，这正是曹晓静的学术作风，她在脚踏实地的研究过程中，践行着人生理想，用朴实无华的教育情怀书写着多姿多彩的篇章，这也正是曹晓静学术作风的真实写照。相信随着作者研究的不断深入，会取得更为深入的研究成果，进一步丰富"多媒体画面语言学"研究体系，进一步开拓研究领域，为我国教育信息化的不断推进贡献力量。

王志军 于天津师范大学

2022 年 8 月

前　言

多媒体画面色彩表征影响学习注意的研究属于中国教育技术学的本土创新理论"多媒体画面语言学"系列研究之一。我国著名教育技术专家游泽清教授 2002 年提出了"多媒体画面语言（Linguistics for Multimedia Design）"理论，将多媒体画面语言研究提升为语言学的层次。天津师范大学王志军教授、王雪等学者在此基础上构建了多媒体画面语言学体系，并从画面语义学、画面语用学、画面语构学三个方面开展了多媒体学习资源有效设计的一系列实证研究。目前，王志军教授带领的多媒体画面语言学博士研究团队已经进行了基础性研究"文本画面、图文融合、媒体交互、色彩表征"和应用性研究"深度学习、移动学习、AR 学习资源画面"等一系列研究工作，取得了丰硕的学术成果。根据多媒体画面语言学理论，色彩是附着在多媒体画面"图、文、声、像、交互"媒体要素中的基本属性之一。色彩表征的研究是多媒体画面语言学系列研究中的一项重点课题，也是个难点，本书从"色彩表征影响学习注意"这一研究视角对其理论体系、研究方法、模型架构、实证研究、设计策略及验证等方面进行了深入探究。本书的主要内容包括：

1.影响学习注意的多媒体画面色彩表征研究体系的形成

借鉴认知心理学、教育技术学、色彩学等相关理论研究成果，对多媒体画面色彩表征影响学习注意的核心概念、研究框架、研究内容与方法，进行了系统梳理和深入探讨，形成了影响学习注意的多媒体画面语言色彩表征设计研究体系，为科学实验案例研究提供研究支撑。

2.影响学习注意的多媒体画面色彩表征设计模型的构建

影响学习注意的多媒体画面色彩表征设计模型包括：色彩表征与学习注意的关系模型、影响学习注意的色彩表征设计操作模型。关系模型的构建是基于对学习注意的类型与过程的分析、色彩表征的基本特征与基本形态的分析进行其架构与内涵的深入研究。操作模型的构建是基于影响学习注意色彩表征设计形式分析、色彩表征设计因素分析、并采用专家意见征询的研究方法进行其架构与内涵的深入研究。

3.影响学习注意的多媒体画面色彩表征的案例研究

利用多媒体画面中的三种色彩表征设计形式开展眼动、脑电波、学习行为相结合的实验研究，对学习注意指标进行测量，通过数据分析得出研究结论，具体包括：

研究一 色彩内容的组织影响选择性学习注意的研究（见本书的案例 1 与案例 2），包括动态画面、静态画面、文本画面中的色彩内容的实验研究。在学习过程的时间线中对色彩表征影响选择性学习注意的数据进行分析，结果表明：①动态画面与静态画面中色彩内容的合理组织有利于学习者在学习之初产生选择性学习注意，在学习过程的中后期，随着时间的推移，色彩表征对学习注意的影响逐渐减弱，产生良好的学习情绪，有利于学习者对知识内容的了解。②文本画面中前景色与背景色的明度差会影响学习者的选择性学习注意，明度差大于 50 灰度级的画面有利于学习者产生积极的学习情绪和更好的学习结果。

研究二 色彩关系的调节影响持续性学习注意的研究（见本书的案例 3 与案例 4），包括静态图文融合画面中不同色彩线索设计形式（红色线索、蓝色线索、无色彩线索）影响持续性学习注意的研究，以及不同知识类型（陈述性知识、程序性知识）与色彩基本属性形成的线索（色彩相变化线索、明度推移线索、纯度变化线索）影响学习注意的研究，结果表明：①红色在"吸引"学习者视觉注意上具有优势；蓝色在"引导""保持"视觉注意上即产生持续性学习注意方面具有优势；无色彩线索的画面不利于学习者对重要信息的认知；②对于大学生，陈述性知识更适合采用与知识内容相匹配的色彩线索表征（如纯度变化）知识关系；程序性知识更适合采用具有层次感与结构感（如明度变化）的色彩线索表征知识关系；色彩线索设计应考虑学习者的个体差异性（如主观色彩偏好）。

研究三 色彩目标的控制影响分配性学习注意的研究（见本书的案例 5 和案例 6），包括色彩信号的凸显程度（对比色、近似色）对分配性学习注意的影响，以及色彩信号的位置呈现方式（临近呈现、顺序呈现）对分配性学习注意的影响，结果表明：①同一画面中色彩信号的凸显程度的强弱容易影响分配性学习注意的速度以及学习者对知识目标的体会；②不同画面中色彩信号的临近呈现方式更易于学习者产生分配性学习注意，有利于学习者体会知识目标促进学习结果的提升。

4.影响学习注意的多媒体画面色彩表征设计策略及验证

影响学习注意的色彩表征设计策略包括：画面语义定位策略（情感定位、结构定位、符号定位）、画面语用管控策略（视觉意象管控、视觉线索管控、视觉信号管控）、画面语构匹配策略（关联匹配、艺术匹配、双重匹配）三大策略。设计策略是经过实验研究结论推衍形成的，最后进行了教学验证。

5.影响学习注意的多媒体画面色彩表征设计的未来研究展望

多媒体画面语言色彩表征设计的基础性实验研究阶段已经顺利完成，未来将开展关于教学应用的实证研究阶段；复杂多样的多媒体画面色彩表征设计形式决定了未来具有更丰富的研究内容；多模态生物识别技术的发展趋势与学习体验测评方法将为本研究提供更加科学合理的研究方法。

本书创新之处：从理论研究视角，通过理论推衍和经验总结等研究方法构建了色彩表征影响学习注意的理论模型（也称关系模型），梳理出多媒体画面语言色彩表征的三大基本形态（知识内容形态、知识关系形态、知识目标形态），色彩表征的三大基本特征（显性刺激与隐性刺激的画面特征、视致简与实致繁的学习体验特征、动态变化的时空特征、色彩表征三大设计形式（色彩编码设计形式、色彩线索设计形式、色彩信号设计形式）。从应用研究视角，通过专家意见征询的研究方法构建了色彩表征影响学习注意的操作模型，总结并验证了多媒体画面色彩设计策略（色彩表征语用设计策略、色彩表征语义设计策略、色彩表征语构设计策略），为一线教师及设计人员提供实践指导。

本书学术价值：通过梳理教育技术学之多媒体画面语言学、认知心理学、信息加工理论、色彩构成等相关理论，推衍出"色彩表征知识内容形态影响选择性学习注意、色彩表征知识关系形态影响持续性学习注意、色彩表征知识目标形态影响分配性学习注意"的学术观点，将"色彩表征"这一具有学科交叉性复杂的问题梳理出了研究头绪。即"色彩表征语义设计→色彩表征语用设计→色彩表征语构设计"。通过一系列案例研究，总结出若干设计策略，为数字化学习资源色彩表征的设计人员和开发者提供指导和解决方案。

参与本书撰写工作的有曹晓静博士（全文书稿的撰写），天津师范大学博士生导师王志军教授（理论体系构建部分）、天津师范大学刘潇老师（校对全文和排版）。由于本著作的学术观点是基于教育心理学、教育技术学、艺术学等领域的理论基础，是明显的交叉性研究，作者首次提出一系列多媒体画面语言学色彩表征设计的相关概念，色彩表征影响学习注意的问题尚需要大规模教学实践检验，定会存在一些不妥之处，恳请各位读者批评指正。

本书是作者近年来在多媒体画面语言学领域潜心研究的成果，即将出版之际，对天津师范大学教育技术学专家博士生导师王志军教授表示深深的敬意，师恩难忘！特别感谢我国教育技术学专家陶侃老师、武法提教授、郭绍青教授、衷克定教授、董燕教授、杨开城教授、裴纯礼教授、孟昭鹏教授、颜士刚教授在本研究中对于专家意见征询、学术观点、写作等方面的权威性指导！特别感谢我的硕士生导师北京师范大学余胜泉教授，始于多年前在专业上对我的严格要求和学术影响。特别感谢母校天津师范大学教育学专家王光明教授、李洪修教授、纪德奎教授、和学新教授、李素敏教授带给我的学术营养。

本书的出版得到了天津师范大学"多媒体画面语言学"研究团队的支持，在此对王志军教授、王雪博士、刘哲雨博士、温小勇博士、冯小燕博士、吴向文博士、刘潇博士、阿力木江博士表示感谢！

本书的出版得到了内蒙古师范大学教育学院的资助，特此对米俊魁教授、赵荣辉教授、边琦教授、张宏丽教授、张利桃副教授表示感谢！

本书的出版得到了南开大学出版社的大力支持，在此对张燕同志和各位辛勤工作的编辑同志表示感谢！

目　录

第一章　影响学习注意的多媒体画面色彩表征的研究体系..............................1

　第一节　研究背景..............................1

　第二节　核心概念..............................3

　第三节　研究框架..............................8

　第四节　研究思路与方法..............................10

第二章　相关研究与理论基础..............................12

　第一节　相关研究..............................12

　第二节　理论基础..............................33

第三章　影响学习注意的多媒体画面色彩表征设计模型构建..............................40

　第一节　学习注意类型与过程的分析..............................40

　第二节　多媒体画面色彩表征的基本特征与基本形态的分析..............................44

　第三节　影响学习注意的色彩表征设计关系模型..............................46

　第四节　影响学习注意的色彩表征设计操作模型..............................56

第四章　影响学习注意的多媒体画面色彩表征设计案例研究..............................71

　第一节　案例研究整体方案..............................71

　第二节　案例1：动态与静态画面色彩内容影响选择性学习注意的实验..............................79

　第三节　案例2：文本画面色彩内容影响选择性学习注意的实验..............................100

　第四节　案例3：不同的色彩线索设计类型影响持续性学习注意的实验..............................109

　第五节　案例4：不同知识类型下色彩线索影响持续性学习注意的实验..............................124

　第六节　案例5：色彩信号的凸显程度影响分配性学习注意的实验..............................149

　第七节　案例6：色彩信号的呈现位置影响分配性学习注意的实验..............................158

　第八节　案例研究与形成色彩表征设计策略之间的逻辑关系..............................166

第五章　影响学习注意的多媒体画面色彩表征设计策略..............................168

　第一节　画面语义层的定位设计策略..............................168

　第二节　画面语用层的管控设计策略..............................171

　第三节　画面语构层的匹配设计策略..............................174

　第四节　设计策略的验证..............................175

第六章　研究展望..............................181

参考文献..............................182

　专著..............................182

　期刊文献..............................184

　硕博论文..............................187

　　英文文献 ……………………………………………………………188
附　录 ……………………………………………………………………193
　　附录一　相关问卷 ……………………………………………………193
　　附录二　实验材料 ……………………………………………………199

第一章 影响学习注意的多媒体画面色彩表征的研究体系

学习科学理论指出，智力活动是基于表征（Representations）的，表征是指概念、信念、事实、模式等知识结构。在知识信息化、可视化的领域中，知识表征是指知识的外在表现形式，是承载知识的图解手段，是直接作用于人感官的刺激材料。其中色彩表征（Color representation）是知识表征的一种特殊形态，它是利用色彩元素及其基本属性的变化、布局、组合、搭配等色彩构成手段，形成对知识的视觉传达。在教育科学领域中，数字化学习资源画面的色彩表征不仅具有表征知识内涵的作用，而且在学习过程中具有吸引、导航、保持学习者学习注意的重要作用。在学习的整个心理活动过程中，学习注意对学习效果有重要的影响。学习注意决定着学习者能否对学习内容进一步记忆与深入思考，真正的学习能否发生。可见，在数字化学习资源画面色彩表征设计中，除了要正确地表征知识内容，还应实现对"学习注意"的科学动态管控，使信息化学习资源更有利于发挥学习的导航与支撑作用，以显著提升学习效果。在信息化学习过程中，学习者经常面对的交互对象，直接引起其学习注意的是学习资源画面，因而学习资源色彩表征的研究要以学习资源画面作为主要研究对象。目前学习资源画面色彩表征的已有研究，更多关注于知识表达，而忽略了"学习注意"影响这一重要因素，在学习资源画面设计上仍存在一定缺陷。

第一节 研究背景

有学者认为，"色彩"是光波作用于人眼所引起的一种视觉经验，对人类的生活具有重要意义 [1]。还有学者认为，人类经验所遵循的途径大体是一致的，人类的需要基本上是相同的，人类所有种族的大脑无不相同，心理法则的作用也基本一致 [2]。一万五千年前，欧洲先民使用的黑色与红色绘制的法国拉斯科岩洞的岩画，证明人类很早就有意识地运用色彩信息来记录生活。当今社会，学习资源早已不仅是用笔描摹在纸上、印刷在书籍中的传统形式，而是基于不断发展的媒体技术上更为丰富、易变、可快速转换的数字化资源知识表征形式，色彩信息可能会影响学习者对知识信息的有效获取。学习者对色彩信息的理解，受时代、地域、民族、年龄、职业、教育、性别等诸多社会因素与自然因素的影响。新生代学习者多数为数字原住民或数字移民，是原生态家庭环境中无所不在的网络生存世界的新生代数字原住民（20 世纪 80 年代后出生）以及上一代数字移民（20 世纪 60~70

---

①彭聃龄. 普通心理学[M]. 第五版. 北京:北京师范大学出版社，2019:106.
②[瑞士]约翰内斯·伊顿. 色彩艺术[M]. 杜定宇，译. 上海:上海人民美术出版社，1993.

年代出生）的学习者 [①]。新生代学习者对色彩信息的感知，除了承袭传统观念与认知经验外，还会受到信息时代社会观念变迁不断冲击的影响，由此产生的学习体验也充斥着时代变迁的特点。

数字媒体技术环境下学习资源知识表征的突出优势之一是其具有丰富的色彩信息，新生代学习者伴随着对色彩的感知可以更有效地获取知识与技能，增强对知识信息的感悟。数字化学习资源画面中的图、文、声、像及交互等媒体要素丰富了学习者的视觉感官体验，色彩作为附着在媒体要素中的一项基本属性不可或缺。然而，诸多新生代学习者在利用数字化学习资源学习时，学习注意涣散，学习效果不尽如人意。这是因为学习资源设计可能存在主观、随意、无根据地滥用设计手段的现象。学习者在浏览信息的过程中，被复杂的媒体信息包围，有时会被眼花缭乱、结构纷繁的视觉信息冲击得疲惫不堪，无法引起学习者对知识信息的注意，有时还会受到无用的色彩信息的干扰，忽略了对原本主要知识内容的关注，甚至忘记浏览信息的"初心"。

学习过程中的"学习体验"与艺术领域中"审美体验"不同，如果把艺术标准照搬到教育科学实践中，会存在诸多问题。如果仅仅从艺术审美的视角来进行色彩设计，人们会习惯从个人情感和主观喜好去运用色彩，缺乏逻辑思考。如果学习资源的艺术性过强，学习者的注意力就只会集中于绚丽的画面和鲜艳的色彩，对呈现的知识内容有可能熟视无睹，学习体验不佳，甚至会忽略知识内容所蕴含的内在价值与精神实质 [②]。

艺术领域的色彩运用常识强调了艺术审美功效，并不是针对数字化学习资源设计促进学习过程认知功效的研究视角提出的，能否引发学习者有效学习注意、促进学习者有效学习的发生不得而知；网络上色彩精美的课件模板需要付费，增加课件制作的成本，其能否在教学实践中被广泛应用，能否增强学习体验不得而知；各类学习应用软件的配色功能实现了学习资源设计功能的高效转换，但是这些配色方案是否与学习资源设计需求相匹配，教师或设计者选用这些预置配色设计方案时能否可以"手到擒来"尚不得而知。

色彩具有较强的内隐性、浸润性、主观性、情绪性等特点，受设计者和学习者主观判断的影响较大，色彩设计能力也受到个体主观色彩设计天赋水平的影响。由于学习资源画面色彩构成形式极为丰富，学习注意的机制极为复杂，学习活动各异，这些给设计工作带来一定困难。许多设计者在运用色彩进行学习资源设计时束手束脚，滥用艺术手段，导致学习资源艺术化质量堪忧的现实。合格的设计者应接受色彩设计专业训练，应同时具备信息技术素养、学科知识素养、学科教学能力以及一定的艺术素养。然而，在实践中只有少数人员具备了上述全方位素养，而多数人员还处于不断自我提升、边学边干的状态中。本研究在 2018 年 9 月做了一项问卷调查，调查了 N 省 H 市、H 省 A 市，以及 B 市、T 市的一些义务教育学校和高校，针对学习资源中色彩设计的问题对设计人员或教师进行了面对面访谈，发现有些设计者和教师对资源的色彩搭配较为随意、随性。被调查者为 81 名中小学及高校教师，83.5%的教师认为某些 PPT 预设的配色方案具有时尚感，可以满足其审美心理的需求，适合在政务、商务、医疗、教育等各行各业应用，但是需要将预置的主题配色方案与具体的课程内容衔接，才能运用到课件制作中，需要花费一定的时间和精力

---

①曹培杰, 余胜泉. 数字原住民的提出、研究现状及未来发展[J]. 电化教育研究, 2012, 04.
②赵慧臣. 知识可视化视觉表征的理论建构与教学应用[M]. 北京：中国社会科学出版社, 2011：08.

完成此项工作，且效果不尽如人意。这表明，教学系统预置的配色方案与教学实践的衔接程度不够，设计者和教师需要更加直接的色彩设计指导以提高工作效率。优质的数字化学习资源画面色彩表征设计应有利于学习者的认知加工，促进记忆的形成。因此，有必要从色彩表征设计提升学习注意的研究视角，规划出科学合理的色彩表征设计形式，明确色彩表征设计流程，总结出色彩表征设计策略，为设计者提供解决方案。

第二节 核心概念

一、学习注意

"学习注意"是学习者对知识进行信息加工时出现的一种心理现象，其与"注意、视觉注意、注意力"有明显不同，其与"知识表征"之间的关系有待探讨。

1."学习注意"与"注意"不同

学习注意与注意在研究领域、研究对象上均存在不同之处，有必要从教育学与心理学的交叉学科研究视角进行辨析。

（1）研究领域不同

在心理学领域，"注意"是指个体的心理活动或意识对一定对象的指向与集中[1]，而在教育学领域，"学习注意"是指学习者的心理活动对与知识信息有关的各种刺激的指向与集中。当学习者被动地受到新异色彩刺激的吸引，可能会出现只见"色彩"忽视"语义"，色彩可能会争夺学习者的视觉注意目标，无关色彩刺激使视觉注意出现视觉"注意朝向反射"现象，干扰了学习者对知识信息的选择。这就是为何学习者会被眼花缭乱的视觉信息扰乱注意的原因。在心理学领域，"注意朝向反射"是由情境中的新异性刺激引起的一种复杂而又特殊的反射，是注意的初级心理机制[2]。学习资源中出现了与知识内容毫无关联的色彩新异刺激，极易导致出现"注意朝向反射"的现象。如何在学习过程中避免这一现象，需要深入探讨色彩对学习注意的影响机制。此外，在心理学研究领域"注意捕获"有两条研究路线：一是单纯的刺激驱动引发的注意捕获（个体不受任务的制约自主获取注意的现象）；二是与目标特征相匹配的刺激才会引发注意捕获，强调自上而下的控制对注意捕获的影响[3]。在学习资源中，更多的是第二类注意捕获，即强调利用与目标特征相匹配的刺激引发注意捕获。学习资源材料的设计布局由于未介入有效的设计形式来干预学习行为，一定程度上限制了学习者获取知识信息的效率。如图 1-1 所示，在无色彩设计的画面中，学习者的眼动注视热点集中在画面的上方和中央，位于两边和下方的单词的注视点和注视次数明显减少。这也是当今社会人类阅读行为的典型眼动轨迹，是明显的"F"型或"T"型。如果通过介入有利于注意捕获的色彩表征设计形式进行干预，使学习者产生最佳的视觉注意捕获轨迹，可能会产生更好的记忆效果。

①彭聃龄.普通心理学[M].第五版.北京:北京师范大学出版社,2019:200.
②彭聃龄.普通心理学[M].第五版.北京:北京师范大学出版社,2019:207.
③杨海波.注意控制心理学[M].天津:天津教育出版社,2014:26-40.

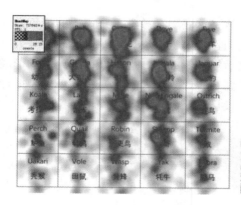

图 1-1　"F"型或"T"型眼动热点图

认知心理学家普遍认为，人类通常会选择性地感知外部环境，且常常对部分外界刺激做出反应，这种心理与神经机制调节选择性感知的过程就是"注意"，它是个体在特定时间内把有限的心理资源集中于最为显著的信息并进行认知加工的一种方式[①]。Duncan（1999）认为，"注意"是通过感觉、已存储的记忆和其他认知过程对大量现有信息中有限信息的积极加工[②]。杨海波从注意控制的研究视角指出，"注意"是个比较抽象的概念，其本质是意识的聚焦与集中，需要对其进行操作性定义描述，这是为了把抽象的概念变成可以测量和量化的指标[③]。注意的功能是选择重要的信息，排除无关刺激的干扰，注意指向并集中在一定对象之后，会保持一定的时间，维持心理活动的持续进行[④]。彭聃龄根据"注意"的功能，将其分为选择性注意、持续性注意、分配性注意三种基本类型[⑤]。选择性注意是指个体在呈现的多种刺激中选择其中一种进行注意，同时忽略其他刺激；持续性注意是指在一段时间内个体保持对目标或客体的注意；分配性注意是指个体对呈现的多种刺激都要进行注意，需要将注意资源分配到不同的刺激上。

在教育科学研究领域，"学习注意"的研究是针对学习者和学习活动，包括面向学习资源画面中与知识信息有关的各种刺激。"学习注意"是一个在学习过程中"接受神经冲动模式"的初始教学事件[⑥]，也是大脑内部中枢神经系统的一个（假设）结构[⑦]。具体而言，当学习者的心理活动指向或被吸引到与知识信息有关的某种刺激时，该刺激特征（如色彩信息）瞬间进入学习者大脑中枢神经系统，并在学习者感觉登记器中登记，形成鲜明的形象性信息，得到暂时存储，以便为随后的学习过程做出素材准备。学习者正是在这种注意的心理活动引导下，才能启动和完成学习过程。从建构主义学习观的视角看，学习不是学习者被动地接受信息刺激，而是学习者主动地对知识进行意义建构，在这个过程中"学习注意"起到了重要作用。"学习注意"从最初被动的知识信息刺激驱动，发展为主动的知识目标导向驱动，为学习者捕获并暂存了在主观上更愿意、更容易接受的初级形

①[美]Robert J S. 认知心理学[M]. 杨炳钧，译. 北京：中国轻工业出版社，2005：52.
②[美]Sternberg R J. 认知心理学（第三版）[M]. 杨炳钧，译. 北京：中国轻工业出版社，2006：52.
③杨海波. 注意控制心理学[M]. 天津：天津教育出版社，2014：03.
④彭聃龄. 普通心理学. 第五版. 北京：北京师范大学出版社，2019：200.
⑤彭聃龄. 普通心理学[M]. 第五版. 北京：北京师范大学出版社，2019：201.
⑥[美]Gagne R M. 教学设计原理[M]. 皮连生，译. 上海：华东师范大学出版社，1999：221.
⑦盛群力，褚献华. 现代教学设计应用模式[M]. 杭州：浙江教育出版社，2002：244.

象性信息，知识的意义建构也就随之开启。可见"学习注意"不是学习本身，也不是学习的结果，而是学习者进行知识意义建构的必要心理条件和前提。

（2）研究对象不同

"学习注意"是以学习者为研究对象的，仅限于学习活动的研究；而"注意"的研究对象更为宽泛，且不仅限于对学习活动的研究。学习者在进行学习活动时，其感觉、知觉、记忆、思维等心理活动都会有"注意"的参与，"注意"与各种心理活动联系紧密，是学习过程中心理活动的共同基础。在学习过程中，学习者只有首先"注意"到主要的知识内容，才可能进一步记忆和思考。由于"注意"与"学习注意"的研究都是针对人的大脑神经机制的研究，从信息加工的研究视角来看，两者并不矛盾。目前，大量心理学实验证据支撑起关于注意的研究，但是这些研究并未在教育科学领域中以学习者作为研究对象进行"学习注意"的实证研究，与教育的研究衔接不够、尚存距离。因此，有必要在教育应用的领域中对其进行深入的研究。

2. "视觉注意"与"学习注意"不同

视觉过程是学习者通过大脑积极的活动达成的一种知觉结论[①]。人的视网膜最外层的感受细胞层又分为"棒体细胞"和"锥体细胞"两种不同形状的细胞类型。"锥体细胞"是在强光线下感受物体的色彩与细节，对色彩敏感；"棒体细胞"（也称杆体细胞）是在昏暗的光线下感受物体的明与暗，对明度敏感[②]。"感受细胞层"完成"换能作用"产生的是变化缓慢的生物电位，"神经节细胞"通过细胞层被接受以后产生的电位变化起到了"传递信息"的作用，并不进行"信息加工"。由于学习者的学习注意心理机制涉及人类的视觉注意机制，有必要对其进行分析。

当周围环境给人类提供的信息数量超过了人脑可以有效处理的信息的数量时，为了高效处理这些视觉信息，人类的视觉系统演化出一种机制对信息进行过滤和筛选，这就是视觉注意机制[③]。基于生物原理的自下向上的视觉注意计算模型，有效地模拟了人类视觉选择性注意，是目前影响最广泛的视觉注意机制的研究[④]。该理论阐释了两种驱动机制：受环境影响的感官注意是自下而上的"刺激驱动"；受外在和内在同时影响的控制注意是自上而下的"任务驱动"[⑤]。该视觉注意模型分为显著图的计算和注意区域的选择与转移两大部分。其中显著图计算是各通道特征的提取与融合策略，而注意区域的选择则构建了表征图像各区域的显著度。可见人的注意功能是对刺激类型的选择。

脑神经生理研究表明，灵长目"外侧膝状体"有六层，两层由"大细胞"构成，四层由"小细胞"构成。"外侧膝状体"经过整合加工后，大细胞层输出的神经纤维携带有"运动及闪烁目标"的信息，小细胞层输出的神经纤维携带有"颜色、形状、纹理"等信息（何克抗，2004）。视觉传输有两种机制：视网膜成像时，锥体细胞是三色制；视觉信息向大脑皮层视区传导过程中会形成色彩的机制（游泽清，2003）[⑥]。可见，人的注意功

---

①赵慧臣. 知识可视化视觉表征的理论建构与教学应用[M]. 北京：中国社会科学出版社, 2010：168.

②白芸. 色彩·视觉与思维[M]. 沈阳：辽宁美术出版社, 2014：81-82.

③胡荣荣，丁锦红. 视觉选择性注意的加工机制[J]. 人类工效学, 2007, 1（13）.

④Itti L, Koch C, Niebur A. Model of saliency-based attention for rapid scene analysis[J]. IEEE Transactions on pattern analysis and machine intelligence, 1998, 20.

⑤冯辉. 视觉注意机制及其应用[D]. 华北电力大学, 2011, 03.

⑥游泽清. 多媒体画面艺术基础[M]. 北京：高等教育出版社, 2003：72.

能会对重要的刺激类型进行调整，人的视觉传输过程并不等同于学习的过程，视觉传输过程并不完全意味着大脑正在进行与学习相关的信息加工。显然，"学习注意"与"视觉注意"并不完全等同。

3. "注意力"与"学习注意"不同

"学习注意"是学习者的一种心理活动，在对知识信息的认知过程中发挥着主导作用。"注意力"是学习者在认知过程中大脑正常运转的一种基本能力[①]，是学习者的智力因素之一。学习者的智力因素包括注意力、观察力、记忆力、想象力、思维力，而"注意力"是其他四种智力因素的预备状态[②]。显然，注意与注意力不同，注意是一种心理活动，注意力是一种大脑运转的能力。

4. "知识表征"与"学习注意"的关系

"知识表征"是知识信息的表现方式，存在外部表征与内部表征：外部表征是基于学习资源画面所有要素（图、文、声、像、交互）的一种客观表征；内部表征是画面中客观事物的特征与联系在学习者大脑中的反映，是学习者的心理场景与心理叙述的一种主观心理表征。学习是学习者构建其内部心理表征的过程，知识的内部心理表征是个体学习的关键。不同的学习者在学习过程中都是根据自己对知识的不同理解而选择相应的认知途径（即信息加工方式），无论何种认知途径都需要以有效的"学习注意"为前提。在学习过程中，学习真正的发生应始于有效的"学习注意"。有效的"学习注意"是学习者大脑中对知识的主观反映与学习资源画面中知识表征客观呈现方式的高度契合，具体表现为：学习者对知识内容的正确理解，对知识关系的主动追逐，对知识目标的准确掌控，对学习交互的顺利执行。

二、多媒体画面

"学习资源画面"是指以多媒体为代表的、在学习资源中呈现学习信息的数字化媒体资源画面，除了具有对知识信息和视听美感的传递功能之外，还具有全面表征知识的功能。在数字化学习资源中，学习者经常面对的、直接引起其学习注意的就是学习资源画面，而"多媒体画面"是一种最典型的学习资源画面。"学习资源"是指在学习过程中可被学习者利用的包括支撑学习的信息、材料、设备、人员、场所和资金等一切要素，学习资源必须与具体的学习过程结合起来，才具有现实的教学意义[③]。"媒体"是指信息的载体和加工、传递信息的工具。当某一媒体被用于传递教学信息时，就称该媒体为"学习媒体"[④]。"多媒体"作为一种"学习媒体"是以计算机为中心，把语音处理技术、图像处理技术、视听技术等集成在一起，把语音信号、图像信号先通过模拟转换成统一的数字信号，再由计算机方便地对它们进行存储、加工、控制、编辑、变换以及查询和检索。

"多媒体画面"是教育与信息技术深度融合背景下，基于各类电子显示屏幕下的具有交互功能的动态或静态画面；是学习者在多媒体学习中进行知识信息传递与交换的界面和对话接口；是集图、文、声、像等多种感官媒体形式的屏幕画面，具有形状、色彩、纹理

①冯冲. 界面中的注意力设计——IOS 平台的移动设备界面设计研究[D]. 北京：北京交通大学，2012，06.
②杜环欢. 非智力因素：高教领域不可忽视的一环[J]. 高教探索，2000，(3)：72-74.
③何克抗. 教育技术学[M]. 北京：北京师范大学出版社，2009：74.
④何克抗. 教育技术学[M]. 北京：北京师范大学出版社，2009：79.

等多种形态属性。总之，"多媒体画面"是最具代表性的数字化学习资源画面，其基本内涵是具有交互功能、静态与动态画面、形态属性、人与多媒体学习材料之间传递与交换知识信息的界面和对话的接口。

三、色彩表征

人类从自然界所获信息的 80% 以上为视觉信息，其中色彩所占比重很高，色彩是一种带有主观性心理的物理量[①]。"色彩"的一般意义是指通过眼、脑和我们的生活经验所产生的一种对光的视觉效应。怀特海根据爱因斯坦关于物理连续体的基本公式认为，就物理关系来说，色彩、声音、身体感觉、味道、气味等同性质事件的发生没有相关的因果关系，但是色彩感觉会以一种方式把物体客体化为该主体经验中的要素[②]。英国科学家牛顿1666 年在剑桥大学通过著名的"色散实验"发现了"光谱色"，光线经过三棱镜时会依据其波长和折射关系，有序呈现出"红、橙、黄、绿、青、蓝、紫"七色光，揭示了物理光学现象的科学奥秘"光色原理"。物理学的发展揭示了色彩的本质，色彩不再被视为天地、彩虹、水果、泥土或者日月星辰、生灵万物的标记，而是一种高速运动着的物质能量的形式，蕴含着自然界的秩序与和谐[③]。

"光、眼、物"三者及其关系构成了人类的色彩感觉，光是物理作用，眼是视觉生理机制，物是物体的客观呈现。人们对色彩的感觉有三方面：光、光照射的对象、视觉器官和大脑[④]。"光源色、固有色、环境色"体现的色彩关系就是一种物理呈现色彩，环境色与光源色有时会相互影响相互转换。"光源色"是指当光源通过不同颜色的透明物质（或有色光源）照射在物体上时，物体的颜色会发生微妙的变化。比如白色的纸上面有文字，但在红色昏暗的灯光下会发红发暗，就不易识别。"固有色"是指物体在日光下呈现的色彩，是记录在人脑中的概念性色彩，是一种社会共识。比如，花是红色、天是蓝色、草是绿色。"环境色"是指物体所处环境色彩的反映，在绘画的素描或水粉水彩画中环境色被称为"反光"。"色相、明度、纯度"是色彩的基本属性，也是分析色彩模式（Lab、CMYK、RGB）的重要参数。

由于色彩本身所具有的色相属性被人们认识、接受，人们在长期生产实践中形成了对色彩的认识习惯，色彩的符号作用已经深入人心地形成了社会共识。心理学家认为，人的第一感觉就是视觉，而对视觉影响最大的则是色彩，人的行为之所以受到色彩的影响，是因人的行为容易受情绪的支配。人类社会赋予色彩的意义是一种社会现实达成的共识，比如红色代表"血液、共产主义、危险、喜庆"等。不同的种族和民族的社会共识存在差异，色彩的意义也就赋予了民族共识的深刻内涵。而白色在西方代表圣洁，在东方却代表死亡，这就是东西方文化差异对色彩理解的不同。

在知识可视化研究领域，Bruner（1973）认为，"表征"或"表征系统"是人们知觉和认识世界的一套规则[⑤]。"表征"与"意义建构"相较只是一个相对次要的过程，意义建

---

①朱昊. 计算机测控颜色光学实验系统[J]. 实验室研究与探索, 2013：07.
②[英]怀特海. 过程与实在[M]. 北京：商务印书馆, 2011：99.
③游泽清. 多媒体画面艺术基础[M]. 北京：高等教育出版社, 2003：61.
④游泽清. 多媒体画面艺术基础[M]. 北京：高等教育出版社, 2003：60-71.
⑤施良方. 学习论[M]. 北京：人民教育出版社, 2019：209.

构比表征本身更重要 ①。意义是由表征系统建构出来的，符号的基本功能就是表征 ②。赵国庆、黄荣怀（2005）认为，"知识表征"是指知识的外在表现形式，与此相对应的是承载知识图解手段，也是直接作用于人的感官刺激材料 ③。赵慧臣（2011）认为，"表征"具有两方面必须同时出现不可分割的内涵（记录与呈现信息的形式、运用和调整信息的过程），知识表征就是知识的符号化，其实质是呈现知识的媒介 ④；而"色彩"是知识可视化视觉表征的物质材料之一，是表达情感、传递信息的有效手段 ⑤。胡卫星（2013）认为，动态多媒体与静态多媒体都是在信息加工过程中的表征形式，而"色彩"是动画自身内在的设计元素之一 ⑥。

在多媒体画面语言学研究领域，游泽清（2012）认为，"色彩"作为工具或手段在教学中使用形成共识，是一种认知符号，是通过计算机处理的数字化色彩信息系统，是一种视觉信息。它具有三种属性（认知对象的属性；审美对象的属性；教学工具或手段的属性）。认知对象的属性是要求选用的色彩适合视觉习惯；审美对象的属性要求色彩满足审美的需求；作为教学工具应该按照教学内容的要求选用色彩。⑦王志军和王雪（2015）认为，"色彩"是附着在多媒体画面中图、文、声、像、交互五要素中基本属性之一 ⑧。冯小燕（2018）利用眼动与脑电波技术结合学习行为实验验证了移动学习资源画面色彩的冷暖色调对学习投入的影响。

本研究认为，多媒体画面"色彩表征"是一种与图、文、像、交互等媒体要素组合形成的特殊的知识表征形态，旨在促进有效学习的发生，实现对知识的意义建构。"色彩表征"具有三层含义：一是色彩表征作为一种数字化信息系统，是表达传递信息的有效手段；二是色彩表征作为多媒体画面要素中的基本属性，与图、文、像、交互组合，是影响学习效果的因素之一；三是色彩表征的作用除了可以表征知识内容外，还可以吸引、引导、保持学习注意在知识对象上，对学习注意产生影响。本研究中"多媒体画面色彩表征"简称"色彩表征"，是知识表征的一种特殊形态，包含多种不同的设计形式，是利用色彩信息及其基本属性的变化、组合、布局、搭配等色彩构成手段形成对知识的视觉传达，其优化设计是促使学习者对学习资源画面产生有效学习注意的重要因素，具有其独特的"基本形态"与"画面特征"。

第三节 研究框架

一、影响学习注意的多媒体画面色彩表征理论研究

理论研究内容包括：多媒体画面语言学、认知心理学（FIT 特征整合理论，双重编码

①[英]斯图尔特·霍尔. 徐亮，等，译. 表征—文化表象与意指实践[M]. 北京:商务印书社,2003:07.
②[英]斯图尔特·霍尔. 徐亮，等，译. 表征—文化表象与意指实践[M]. 北京:商务印书社,2003:06.
③赵国庆,黄荣怀,陆志坚. 知识可视化的理论与方法[J]开放教育研究,2005,01.
④赵慧臣. 文洁. 信息时代知识表征的特征分析与应用策略[J]. 中国现代教育装备,2011,19.
⑤赵慧臣. 知识可视化视觉表征的理论构建与教学研究[M]. 北京:中国社会科学出版社,2011:100.
⑥胡卫星,刘陶. 基于动画信息表征的多媒体学习研究现状分析[J]. 电化教育研究,2013,03.
⑦游泽清. 多媒体画面艺术应用[M]. 北京:清华大学出版社,2012:16-19.
⑧王志军,王雪. 多媒体画面语言学理论体系的构建研究[J]. 中国电化教育,2015,07.

理论，注意控制理论，信号检测理论）、信息加工理论（信息加工模型，学习过程，学习条件）、色彩构成理论（色彩三属性色相、明度、纯度，色彩情感、色彩联想）等相关理论。主要工作包括：解释理论基础、分析并阐述理论的研究逻辑、通过理论推衍构建概念体系并界定核心概念。核心概念体系内容包括：学习注意的过程、学习注意的类型（选择性学习注意、持续性学习注意、分配性学习注意）；色彩表征的基本形态（知识内容形态、知识关系形态、知识目标形态），基本特征（显性刺激与隐性刺激的画面特征、视致简与实致繁的体验特征、动态变化的时空特征），设计形式（色彩编码设计、色彩线索设计、色彩信号设计）；多媒体画面语言色彩表征设计基本架构（色彩表征画面语义设计、色彩表征画面语构设计、色彩表征画面语用设计）。

二、影响学习注意的多媒体画面色彩表征设计模型研究

模型研究包括：色彩表征与学习注意的关系模型（简称关系模型或理论模型）、色彩表征影响学习注意的操作模型（简称操作模型）两大主体。关系模型体现本研究的概念体系，表明核心概念的研究地位，清晰地界定研究的范围和研究逻辑；操作模型体现了色彩表征设计的基本流程，为指导促进有效学习注意形成的色彩表征设计提供技术指导。操作模型是在关系模型的基础上形成的，其形成过程是：首先，在确定核心概念的基础上，对多媒体画面色彩表征设计存在的影响因素进行调研并梳理；其次，为了确定影响学习注意的色彩表征设计的关键因素进行了三轮专家意见征询（征询范围：教育技术学专家、多媒体画面研究团队的专家、美术学专家、网站设计人员、教师）；最后，以多媒体画面语言学中画面语构、画面语义、画面语用为核心架构，构建影响学习注意的色彩表征设计操作流程。

三、影响学习注意的多媒体画面色彩表征设计案例研究

案例研究内容：以多媒体画面"色彩编码设计、色彩线索设计、色彩信号设计"等设计类型作为实验材料的设计变量，对学习者"选择性学习注意、持续性学习注意、分配性学习注意"以及对应的学习效果等进行一系列实验研究。

案例研究过程：实验前进行实验设计、明确实验目标与内容、准备实验材料、选择被试等一系列工作；实验中进行学习行为、脑电波与眼动技术相结合的一系列组合性实验，进行实验数据的采集和问卷调查；实验后剔除无效数据，进行数据分析，得出实验结论。

四、影响学习注意的多媒体画面色彩表征设计策略研究

本研究对实验数据的分析结果进行综合讨论，总结影响学习注意的多媒体画面色彩表征设计的实验研究结论，挖掘出多媒体画面语言色彩表征的设计策略，验证自然情境下设计者或师生进行色彩表征设计的可行性。

设计策略研究内容：从画面语义设计角度推衍色彩表征设计与知识内容的关系，形成色彩表征设计影响学习注意的"定位策略"；从画面语用设计角度探讨色彩表征设计与学习者、学习环境（媒介）、教师等之间的关系，形成色彩表征设计影响学习注意的"匹配策略"；从画面语构设计角度探讨色彩表征设计与画面设计之间的关系，形成色彩表征设计影响学习注意的"管控策略"。

第四节　研究思路与方法

一、研究思路

研究思路为"理论体系的研究→模型构建的研究→实验研究→设计策略的研究"，如图 1-2 所示，本研究对"学习注意、色彩表征、学习资源画面"等核心概念进行界定，对相关文献内容进行分析，梳理了相关理论基础，结合研究现状与专家建议构建了学习资源画面色彩表征影响学习注意的理论模型与操作模型。通过实验研究，得出研究结论，从中总结出相关的设计策略并反思。

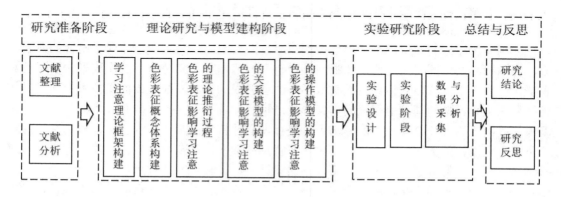

图 1-2 研究思路

二、研究方法

1.理论推衍的研究方法

多媒体画面语言学具有近二十年的理论研究成果，本研究承袭了其理论推衍的研究方法。本研究对多媒体画面语言学、认知心理学相关理论、色彩构成理论等相关理论进行了梳理，采用理论推衍的研究方法，构建了影响学习注意的色彩表征设计理论模型。理论模型是进一步构建色彩表征设计操作模型的重要基础。

2.眼动实验与脑电波实验相结合的研究方法

多媒体画面语言学的系列研究项目均采用眼动追踪技术进行实验研究。眼动追踪技术是记录视觉注视点轨迹的重要方法。然而针对影响学习注意的色彩表征设计研究，除了需要采集被试的眼动数据，还需要对被试进行注意力监控，采集注意力水平的数据。因此，本研究采用眼动与脑电波实验相结合的实验研究方法，该实验研究方法受到多媒体画面语言学系列研究之移动学习资源画面色彩冷暖实验研究（冯小燕，2018）的启发。

实验研究是通过观察变量带来的现象以期探究变量因子和现象之间的关系[①]。实验室环境有利于严格控制实验变量，可信度高，还可以防止无关变量的干扰[②]。虽然有人提出实验室环境与真实的教学课堂存在差距，可能会产生外在效度低的情况，但是已有研究表

---

①温小勇. 教育图文融合设计规则的构建研究[D]. 天津师范大学, 2017.
②赵可云. 教育技术实验研究方法的理论与实践研究[D]. 东北师范大学, 2011.

明，以学习者主动学习和较高投入度的实验假设进行研究，可以提供有科学依据的研究数据，支撑相关的研究结论。

本研究根据色彩表征设计的研究假设，进行眼动追踪技术与脑电波相结合的实验研究，将色彩表征设计形式作为自变量，观察学习者的主观情感、学习注意、学习结果等因变量的数据变化情况。眼动与脑电波实验研究的数据分析结果将作为最终研究结论的重要支撑，但不是作为唯一的和绝对意义的研究结论。

3.专家意见征询、教师意见征询、学习资源设计人员意见征询的研究方法

多媒体画面色彩表征影响学习注意的研究具有明显的交叉学科研究的特点，有必要通过专家咨询法提升研究的信度与效度。专家咨询法是明确研究方向与思路、确定研究方法、构建设计模型的重要研究方法。专家类型分为三类：一类是多年来持续关注多媒体画面语言学研究的专家，可以从宏观上审视多媒体画面色彩表征研究的意义；另一类是具有多年研究经验的从事多媒体画面语言学研究的学者、教师等，作为专业领域的研究者，其建议将作为建构设计模型的重要依据；第三类是教育资源设计人员，为色彩表征设计的具体操作提出建议。

第二章 相关研究与理论基础

研究溯源工作主要是从信息加工理论、教育技术学多媒体画面语言学、色彩学等领域找寻相关的研究依据，并进行研究述评，还增加了脑电波技术、眼动技术等相关实验研究方法的论述。理论基础主要阐述了认知心理学中的特征整合理论、双重编码理论、注意控制理论、信号检测理论及相关研究启示。

第一节 相关研究

一、信息加工理论及研究述评

加涅的信息加工理论解释了学习的结构与过程。学习者从环境中接受刺激，刺激进入学习者的感受器（视网膜或听觉神经），转化为神经信息，抽取和连接刺激的基本特点进入感觉登记，构成了学习者所知觉的不同事物。感觉登记是很短暂的记忆存储，在百分之几秒就消失了，不再影响神经系统，什么信息被记忆，什么信息消失，与注意或选择性知觉密切相关。

1.信息加工模型、学习过程、学习条件

加涅（Gagne，1985）基于信息加工模式结构假设提出了学习与记忆的过程，如图2-1 所示，指出学习者内部信息加工的过程与学习过程具有一定的对应关系。学习过程中学习者"对刺激特征"的"选择性注意"来自大脑的"感觉登记"，之后进入大脑的"短时记忆"。注意是处于感觉之后、短时记忆之前的一种心理活动，刺激特征为注意的出现创造了条件。信息加工模式反映了学习者大脑内部中枢神经系统的假设结构，这些结构被看成是一些神经网络，而转换信息的过程在本质上具有电子—化学传递的性质。这些结构与过程的确切位置目前还没有完全把握。

该模型假设包括了学习者、刺激（由外部环境产生的）、记忆和反应四个要素。①学习者：通过感官接受外界刺激，运用大脑组织和存储信息，做出各种反应。学习者参与整个的信息加工过程。②刺激：刺激学习者感官的所有事件统称为刺激情境，刺激情境即学习过程中的外部环境。可区分的单一的事件称为"刺激"，刺激是由学习环境产生的。③记忆：学习者根据以往的学习活动，将学习内容输入记忆中，或从记忆中提取内容的过程。记忆是获得知识的重要途径。④反应：由感觉输入及转换引发的行为称为反应，是获得反馈信息的外部表现，常表现为操作水平上的一种具体方式。加涅认为，当刺激情境与记忆内容以某种方式影响学习操作水平时，学习就真正地发生了。加涅的信息加工模型指出了学习者内部心理变化的过程，但是对学习者的感受、理解和情感体验、学习情境的创设等方面的研究不够。

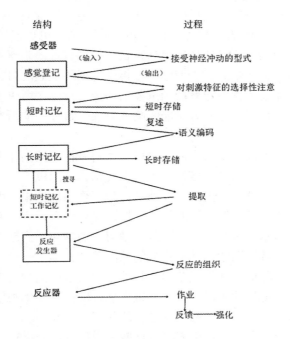

图 2-1 学习与记忆的过程（Gagne，1985）

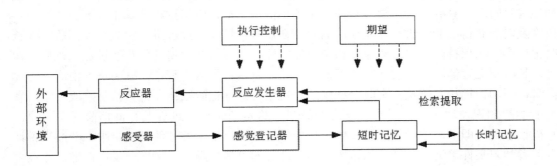

图 2-2 信息加工模型（Gagne，1988）

如图 2-2 所示，加涅（1988）明确提出了信息加工模型，这是"信息从一个假设的结构流到另一个假设结构中"的经过：学习者从环境中接受刺激，刺激推动"感受器"，并转变为神经信息。这个信息进入感觉登记，这是非常短暂的记忆存储，一般在百分之几秒内就可以把来自各感受器的信息登记完毕。有些部分登记了，其余部分很快就消逝了，不再影响神经系统。为什么有些信息登记了，有些消逝了，这就涉及"注意"的问题 [①]，"注意"可能出现在"感觉之后、短时记忆之前"。当短时记忆信息经过复述进入长时记忆时，信息发生了本质上的转变，需要经过编码过程。编码即是"用各种方式把信息组织起来"，信息以编码的形式存储于长时记忆中。当需要使用信息时，经过检索才能从中提

---

①施良方. 学习论[M]. 北京: 人民教育出版社, 2019:316.

取信息。被提取出来的信息通往"反应发生器"，才能产生反应；也可以返回短时记忆，对该信息的合适性进一步考虑，也可能进一步寻找信息，也可能通过"反应器"做出反应 [1]。"执行控制"即加涅所讲的认知策略，执行控制过程决定着哪些信息从感觉登记进入短时记忆，采用何种提取策略。"期望"是指学生期望达到的目标，即为学习动机。期望与执行控制在信息加工过程中起着极为重要的作用。加涅之所以不把这两者与学习模式中其他结构联结起来，是因为这两者可能影响信息加工过程中的所有阶段，它们之间的关系尚不明确。

　　加涅认为学习过程可以分为八个内部阶段，各自发挥不同的作用。学习过程可划分为动机、领会、获得、保持、回忆、概括、操作和反馈八个阶段 [2]。加涅认为学习过程是学习者头脑中的信息加工活动，是内部与外部条件相互作用的结果，即主体与环境相互作用的结果，而不是"刺激—反应"之间的简单连接，在刺激和反应之间存在着感觉、记忆、期待、控制等学习的基本要素。①动机阶段：学习者的学习受到动机推动，为了促进学生的学习，必须关注学习者力图达到某种目的的诱因动机，学生一旦有了这种动机，其行动就会指向这一动机。因此形成动机或期望，是整个学习过程的预备阶段。②领会阶段：即"注意"和"选择性知觉"的阶段。有了动机之后，应准备接受与学习有关的各种刺激，对刺激的灵敏性称为注意，它起控制执行过程的作用，对某些刺激予以加工。当学习者所注意的刺激特征从其他刺激中分化出来时，这些刺激特征就被进行了知觉编码，存储于短时记忆中。这一过程被称为选择性知觉，这一阶段被称为领会阶段。③获得阶段：即获取知识信息阶段，只有当学习者注意或知觉外部情境之后，学习过程才真正开始。在这一阶段涉及对新获得的刺激进行知觉编码后存储在短时记忆中，经过进一步编码加工后转入长时记忆中。④保持阶段：即存储知识信息的阶段，学习者把习得的信息经过加工以后，即进入长时记忆存储阶段。这一阶段存储的信息，有些会经久不衰，有些会逐渐消退，与此同时，新旧记忆相互干扰，有时会产生遗忘现象。⑤回忆阶段：即检索信息阶段，学习者把所学的知识复现出来，以检验学习的结果，这是信息提取过程及存储信息应用阶段。⑥概括阶段：即学习的迁移阶段，学生把所学的知识运用于各种新的情境中。一般来说，学习者学习某件事情时，经历的情境越多，迁移的可能性越大。⑦作业阶段：通过作业来反映学习者是否已掌握了所学的内容。对有些学习者来说，作业是为了获得反馈；对有些学习者来说，通过作业，看到自己学习的结果，能获得一种情感性的满足，产生进一步学习的动机。⑧反馈阶段：当学习者完成学习任务后，马上会意识到自己达到了预期的目标，及时反馈会让学习者及时知道自己的学习情况与学习结果，这是有效学习的最佳途径之一。

　　加涅（1975）从教学设计的研究视角很早就指出，"引起注意"在学习过程中是一个"接受神经冲动模式"的初始的教学事件 [3]，"引起注意"即"引起学习注意"。当刺激情境与记忆内容以某种方式影响学习者的操作水平时，学习才得以发生。加涅提出的教学事件概念是由相应的内部学习过程推衍而来的，所对应的内部学习过程是从认知学习理论的信息加工顺序中分析而来的。加涅认为，教学事件描绘了支持内部学习过程的教学所执

①施良方. 学习论[M]. 北京：人民教育出版社，2019:317.
②[美]加涅. 教学设计原理[M]. 皮连生，译. 上海：华东师范大学出版社，1999:221.
③[美]加涅. 教学设计原理（第五版）[M] 王小明，译. 上海：华东师范大学出版社，2018:118.

行的功能，教学作为外部事件影响着学习的内部过程，教学过程的任务是促进和增强学习者内部的学习过程，因而教学阶段与学习阶段是完全吻合的。根据学习过程的八个阶段，加涅提出了学习应遵循的八个程序以及学习过程与教学事件的关系，如图 2-3 所示。

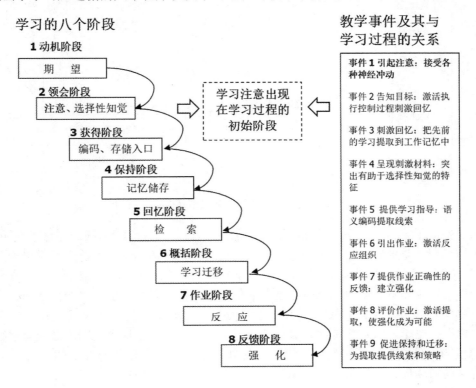

图 2-3 学习过程与教学事件的关系（Gagne，1979）

加涅从教学设计的研究视角很早就指出，学习注意出现在学习过程中的"领会"这一初始阶段[①]，"领会"是指学习者的心理活动开始指向与新知识信息有关的各种刺激并进行"注意加工"的教学事件。在学习过程的"领会"阶段，学习者的心理活动开始指向新知识信息有关的各种刺激并进行加工[②]。当学习者"注意"到的刺激特征从其他刺激中分化出来时，这些刺激特征被进行知觉编码，存储于短时记忆中。当学习者对新的知识信息"注意"和"选择性知觉"之后，便进入了对该知识信息的"获得"阶段，在此阶段，新获得的知识信息从短时记忆转入了长时记忆中。在其他阶段，学习者还会产生存储、遗忘、提取、回忆、迁移等信息加工活动。

加涅的学习条件论指出了学习的内部条件与外部条件对学习结果的影响[③]，如图 2-4所示。

---

①施良方.学习论[M].北京:人民教育出版社,2019:319.
②施良方.学习论[M].北京:人民教育出版社,2019:320.
③盛群力,李志强.现代教学设计论[M].杭州:浙江教育出版社,2002:195.

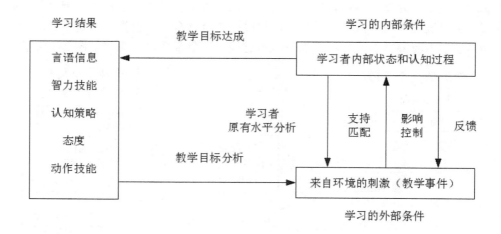

图 2-4 学习条件与学习结果关系模型（Gagne，1979）

加涅指出了五种涉及学习条件的学习结果：①言语信息：学习者表现为把所学的陈述性知识信息用完整的句子表达出来，才代表其已经获得了该知识，不能只是说出一些简单的词汇。言语信息大多为陈述性知识，其学习条件包括：a．"突出知识信息的重要特征"，为了把学习者的学习注意引导重要的信息上，在学习材料上可以变化字体、色彩、版式、画线等技巧，或配以图表、突出重要内容、力求醒目。b．"呈现的知识信息应便于组块化"，由于短时记忆依次只能存储四五个项目，要克服这个限制，必须运用组块和复述的技巧，使之保持在记忆中，组块化使知识信息简化，便于对知识的获得。c．"提供有意义的情境促进知识信息有效编码的形成"，如果某些信息对学习者没有意义，学习者不可能学会该知识信息。学习情境起着促进编码程序的作用，提供有意义的情境的方法有很多，如：利用新知识信息材料组织结构有关的引导性材料，将单一性事实或概括性知识与学习者所具有的较强的有意义知识框架相联系，更容易获得和保持。d．"有意义的知识关联"，把新的知识与学习者的已有知识联系起来，可以促使新旧知识融入长时记忆的知识结构中。e．"有效的线索"，即信息的检索提取与迁移都受到学习初始阶段的外部事件的影响，检索线索有助于学习者产生回忆。学习材料中应具有帮助记忆的"线索"，初学信息的线索有助于对新知识信息的概括，有助于学习的迁移。②智力技能：学习者运用符号或概念与环境发生相互作用的能力，智力技能从低年级的遣词造句到高级工程学的科学技能，多为程序性知识，其学习条件包括：a．把学习者的学习注意引向明显的特征，突出知识信息程序中的主要特征；b．知识内容的长度不要超过工作记忆的限度，如果内容过长，应以知识组块形式呈现，并标注记号；c．刺激回忆先前的学习技能，任何一种智力技能都可分为更简单的技能，还可以再分解为更简单的技能，这种逐步分解的结果就是加涅所说的"学习的层级"，为了组成复杂的技能，各种从属技能必须提取到工作记忆中；d．提供重组技能的言语信息，从属技能一旦被提取，应立即给予有关组合技能的言语指导；e．提供必要的线索帮助学习者进行练习，提升技能的速度与效率；f．创设各种情境促进迁移，加涅把迁移分为两种，一种是纵向迁移（即智力技能向高一级迁移），另一种是横向迁移（所学技能今后得以运用）。智力技能在新情境中的迁移受到外部条件的影响，不同的情境有助于智力的迁移。③认知策略：这是一种特殊的智力技能，学习者用来选择和调节自己的学习注意、习得、记忆、思维方式等内部过程的技能。包括复诵策略（通过诵读或画线、抄录等方法加强记忆、精加工策略——解释、概括、摘记等）、组织策略（运用比较、汇总、描述的策略把学习材料组织成框架结构）、元认知策略（监管控制功能）、情感策略（运用情感策略集中和保持学习注意，控制焦虑、有效利用时间）。此外，态度学习需要的条件是建立态度与预期的成功期望，使学习者认同成功人物，安排个人行为选择，提供成功的反馈，或显示榜样的反馈；动作技能是提供动作程序指导、重复训练、及时反馈动作的准确性、鼓励运用脑力训练。从学习资源画面色彩表征设计的研究视角来看，"言语信息、智力技能、认知策略"的研究对本研究更具启示。

2.研究述评

（1）学习注意可能出现在学习过程的初始阶段

根据加涅的信息加工理论，在对知识信息的"领会阶段"学习者学习之初所"注意"的刺激特征从其他刺激中分化出来时，这些刺激特征被进行了知觉编码，存储于短时记忆中，便形成了选择性知觉。当学习者对新知识信息注意和选择性知觉之后，便进入"获得阶段"（即编码阶段）。在此阶段新知识信息经过进一步编码加工后，从短时记忆转入了长时记忆之中。当学习者把新获得的知识信息存储于长时记忆中时，便进入了对知识信息的"保持阶段"（即存储阶段）。在此阶段有些信息经久不衰，有些则逐渐消退，有些由于新旧信息相互干扰产生遗忘的现象。当学习者对记忆结果进行检验时，便进入"回忆阶段"（即检索阶段）。在此阶段学习者会把知识信息从长时记忆中提取出来，产生回忆的现象。当学习者把获得的知识信息运用到新情境中时，便进入"概括阶段"（即迁移阶段）。在此阶段知识信息会在新情境中再现出来，产生学习迁移的现象（需要指出的是，学习迁移的内在心理机制是重组学习者已有经验系统中的构成成分，进而产生在一种学习情境中获得的知识技能影响到随后所学的另一种知识技能的心理活动，这并不是对新知识信息的学习注意）。当学习者的学习结果需要被检验时，便进入作业阶段和反馈阶段。在此阶段会也出现注意的心理活动（例如：学习者"注意"到自己的学习成绩的优劣），但是这并不是对知识进行信息加工的学习注意，与知识的信息加工无关。

在学习者对知识信息的"领会阶段"，当某个刺激特征（如色彩）瞬间进入学习者大脑中枢神经系统时，该刺激特征会在感觉登记器被自动地选择，此时只实现了注意的"粗"加工，形成对知识信息的初步"领会"；随后该刺激特征与知识信息整合形成一种特征整合的客体，学习者只有持续不断地进行注意的"深"加工，才能使其在感觉登记器中被有序地登记，形成对知识信息的深度"领会"；当大脑对整合后的知识信息进行知觉编码时，学习者只有进行注意的"精"加工，才可能实现对知识信息精准"领会"。经过注意精加工后的知识信息存储于短时记忆中，才进入了对该知识信息的获得阶段。可见从知识从学习过程的研究视角来看，引起"注意"就是引起"学习注意"，学习注意出现在学习过程的初始阶段，即对知识信息的"领会"阶段。

需要指出的是，学习者在"领会阶段"能把刺激特征从其他特征中分离出来，在学习资源画面中把知识目标从其他目标区别出来，形成对知识信息的"了解"（即领会），了解知识信息应深入到知识的内部结构；知识之间的各部分之间的关系（时间关系、空间关系、属性关系）就是知识关系，学习者对知识关系产生注意的序列加工，会形成对知识的"认知"；学习者在对知识目标的捕获过程中会出现学习交互，学习交互是为了加深对知识信息的分化，形成注意的分配，就会形成对知识的"体会"。可见"领会"是对知识信息的"了解、认知、体会"，即"选择性学习注意→对知识内容的了解""持续性学习注意→对知识关系的认知""分配性学习注意→对知识目标的体会"。

（2）学习注意可能在信息流中呈现出循环发展的趋势

加涅的信息加工模型表明了学习是一个信息加工流程，指明了信息加工过程。本研究认为，在这个流程中"注意"可能会反复出现在信息加工过程和信息流的循环中，可能是三循环的机制，学习注意是一个循环发展的过程。起初，学习者首次被知识内容形态吸引，会出现选择性学习注意，伴随选择性学习注意，知识内容形态可能是促进选择性学习注意出现的显性刺激，由此可能形成第一轮循环；随着学习的不断深入，受知识关系形态的影响，会出现持续性学习注意，由此可能形成第二轮循环；随着对知识信息不断的深加工，学习者可能会主动地进行学习注意分配，满足学习交互和捕获知识目标的需求，由此会可能会形成反复的注意循环。

合理的画面设计会促使学习者产生有效的学习注意，反复的注意循环会使学习者对知识信息的领会达到精准的水平。好的多媒体画面设计（即优质的学习资源画面）就会实现有效的注意循环，不好的多媒体画面设计（即劣质的学习资源画面）会随时阻碍学习注意的"出现→持续→分配"的注意过程，可能仅仅停留在注意的某个阶段，还未达到对知识的精准领会时就停止了注意的心理活动。根据上述分析，色彩表征影响学习注意的控制机制是为了产生有效学习注意发挥积极作用。学习者在对知识信息的领会过程中能否实现学习注意的第一次循环、第二次循环或者多次循环，完成有效注意的过程，可能会受到色彩表征设计因素的制约。

（3）色彩可能是促进学习注意信息流形成的一种学习条件

加涅认为，学习是学习者头脑中的信息加工活动，是学习者主体与学习环境相互作用的结果，即内部与外部条件相互作用的结果，而不是"刺激－反应"之间的简单连接。据此可以推测，引起"学习注意"的条件应包含来自学习者自身的内部条件与来自学习环境（如多媒体画面）的外部条件，"学习注意"形成的条件是学习者大脑与学习环境相互作用的结果。

加涅认为，部分非言语的交流会引起学习者的注意，如某些新颖、能够引起学习兴趣或好奇心的物理事件（一股浓烟、意外的刺激、液体的色彩变化等）。他还认为，刺激呈现通常与选择性知觉的各种特征有关，学习材料的各种信息可以采取斜体字、黑体印刷、下画线或其他物理方式来处理，进而促进对必要特征的知觉。例如，使用图片或示意图时，可采用突出的轮廓、画圈或箭头指向的方式强调所表示的概念的重要特征；在形成事物辨别方面，可以通过放大差异来突出其相互区别的不同特征。可见，引起学习者"学习注意"有诸多基本方法，其中包括学习材料中的刺激变化。

色彩能够形成丰富的刺激变化，可能会引发学习注意。学习材料的各种信息可以采用色彩表征的方式强调知识信息的特征，也可以通过色彩表征的差异来突出其不同特征，形成对知识信息的辨别。可见，色彩表征是促进学习注意形成的一种学习条件。

二、色彩构成理论及研究述评

色彩构成理论（Interaction of Colour Theory，简称 ICT）是艺术设计的基础理论之一，是一个从认识色彩到掌握色彩形式法则的较为完整的系统的设计理论，与"平面构成理论"及"立体构成理论"关系密切。"平面构成、色彩构成、立体构成"是设计中的三大构成，是设计的基础理论，也是一种理性的视觉文法。色彩构成理论的核心价值是为了丰富设计者的设计思维，提升设计者的色彩修养及创意水平[1]。虽然色彩构成理论具有系统的完整的设计思想，但是将其借鉴到教育技术学之多媒体画面设计的领域，仍需考量其教育的应用功效。

1.色彩构成的相关研究

色彩构成（简称：色构）即色彩之间的相互作用，是从人对色彩的知觉和心理效果出发，把复杂的色彩现象还原为色彩基本属性，利用色彩变幻按照一定的规律去组合、构成、创造出新色彩效果的过程，色彩不能脱离形状、空间、位置、面积、肌理等独立存在[2]。人类的视觉感知的一切色彩，都具有"色相(Hue)、明度（Brightness）、纯度（Chroma）"三种属性，这是色彩构成的基本属性。色相是指色彩的相貌，是一种色彩区别于另一种色彩的表象特征。用色相能够确切表示颜色的名称，如红、橙、黄、绿、青、蓝、紫等。明度也称亮度，是各种物体由于其反射光亮的差别产生的色彩明暗。明度不仅表现在无色彩的黑白灰中，也表现在红橙黄绿青蓝紫中。纯度又称色彩饱和度，是指色彩的纯净程度。同一色相如果纯度发生了变化就会带来色彩性格的变化[3]。在 RGB 色域中，R、G、B 三个值来确定色彩的纯度：最大值与最小值之间的差越大纯度就越高；三个数值接近的色彩纯度就低。黑、白、灰是"无色彩"，无色彩的纯度最低，也是易于搭配的特殊色彩。色相环包括 12 色、18 色、24 色、无边界的连续色相环等。在色相环中，30 度之间的色域为类似色，60 度为邻近色，120 度为对比色，180 度为互补色。色调分为冷色调、暖色调、中性色调。红、橙、黄波长较长，属于暖色调，橙红为暖极（最暖）；绿蓝波长较短，属于冷色调，蓝色为冷极（最冷）；冷暖色调以青、紫为分界线，也称中间色调。色彩包括"色彩推移、色彩对比、色彩混合"三类构成形式，在此基础上还有更为丰富的构成内涵[4]。"色彩推移"是将色彩按照一定的规律有秩序地排列、组合的一种色彩构成形式，包括色相推移、明度推移、纯度推移、综合推移。"色彩对比"是指由于色相、明度、纯度的不同差别产生的色彩之间的对比或整体色调之间的对比，对比程度取决于色相环上的距离（角度），角度越大对比越强，反之越弱。"色彩混合"是指将两种以上色彩相互进行混合，造成与原有色不同的新的色彩构成形式，包括加色混合、减色混合、空间混合三种类型。色彩会使人产生各种心理联想[5]，包括具象联想和抽象联想。具象联想是色彩产生的对具体事物的联想；抽象联想是色彩产生的对某种情感、品质、感觉等抽象性表述的联想。关于色彩的联想在诸多艺术领域的文献和专著中均有相似的描述，不同的国家、种

①程岳节, 历泉恩.色彩构成理论[M]. 北京:中国青年出版社, 2010, 02. 09.
②梁景红. 梁景红谈色彩设计法则[M]. 北京:人民邮电出版社, 2017, 5:14-27.
③游泽清. 多媒体画面艺术设计[M]. 北京:清华大学出版社, 2013, 09. 68.
④姜美. 色彩学:传统与数字[M]. 上海:上海社会科学院出版社, 2017:45-68.
⑤黄元庆, 黄蔚. 色彩构成[M]. 上海:东华大学出版社, 2006:55.

族、文化在色彩联想上存在差异。本研究介绍色彩具象联想与抽象联想的差异，目的是将色彩产生的具象联想与色彩表征的知识内容形态建立关联，利用色彩具象联想的理论内涵为色彩编码设计提供依据；将抽象联想与色彩表征的知识关系形态建立关联，利用色彩抽象联想的理论内涵为色彩线索设计提供依据。如表 2-1 所示。

表 2-1 色彩的具象联想与抽象联想

色彩	具象联想	抽象联想
黑	炭 夜 头发 墨 西服	严肃 悲哀 时尚 坚实
白	雪 纸 白兔 砂糖	清洁 神圣 纯洁 清楚
灰	鼠 阴天 混凝土 冬天天空	忧郁 荒废 平凡 沉默
红	太阳 苹果 红旗 血	热情 革命 危险 热烈
橙	橘子 胡萝卜 果汁 砖	明朗 华美 焦躁 可爱
黄	香蕉 向日葵 柠檬	活泼 希望 光明 明快
绿	树叶 山 草 春	和平 希望 公平 新鲜
青	竹子 嫩芽 嫩叶	无限 理想 冷淡 薄情
蓝	海水 湖面 秋天天空	理性 思考 高深 沉静
紫	葡萄 茄子 紫藤 会客厅	高贵 优雅 优美 消极

色彩在大脑中产生的视觉意象可能与联想有关，如"黑色"会在学习者大脑中形成严肃、悲哀的抽象联想；"红色"会形成热情、革命的抽象联想，这些联想会对学习者大脑中形成不同的视觉意象产生作用。具体而言：冷暖意象是不同的色彩感受的温度不同，红色和橙色温暖、明朗，蓝色和绿色平静、寒冷（能感受到温暖的为暖色系，感到寒冷的色彩为冷色系）。远近意象是指色彩可以表现较远或较近，这和前进与后退是相同原理，明度相同条件下暖色更近，冷色更远，同一色相明度较低的较远，明度高的较近。前进与后退是指暖色系为前进，冷色系为后退，明度高的前进，明度低的后退，在表现时要让学习者对主要知识内容有深刻印象，无色彩的屏幕画面上放置有色彩的点，前进的色彩和后退的色彩就会很清楚。软硬意象是指色彩具有硬度，暗色让物体显得坚固，明度高的色彩会给人柔软的感觉，深色给人硬的感觉，软的色彩与曲线造型会有柔软的感觉，硬的色彩与直线造型会有硬的感觉。轻重意象是指色彩的轻重是感觉的问题，明度高的色彩显得很轻，明度低的色彩显得很重，暗色系显得很重。膨胀与收缩是指明度低的色彩显得收缩，明度高的色彩显得膨胀，黄与蓝相比黄色较为膨胀，蓝色系和明度低的色彩都显得收缩。黑与白相比相同大小的黑、白文字，白字较为膨胀。为了形成统一印象，对白字进行改小、改细的修正，这就是因为膨胀的色彩意象。兴奋与镇静是指暖色系让人兴奋，冷色系让人镇静，黄色虽然让人兴奋，但容易让人疲劳。

有研究表明，同年代人群受社会文化的影响，70%左右的人具有相似度极高的色彩感，不论人们是否留意，色彩对人们总是会发生深刻影响 ①。由于人类拥有共同的生理机制，并接受着自然环境及社会环境带来的外部刺激，使色彩对人的心理作用有规律可循，存在个体差异的同时也有明显的共同之处。人们受心理特点、生理条件、社会地位、生活经历、自然环境、历史传统等主客观因素影响，必然会对色彩形成各种不同的评价及色彩偏好，表现出个性鲜明的个人特色 ②。时尚与流行对色彩偏好产生的影响，人们容易受到社会风气和群体倾向的影响而发生色彩偏好的变化。一般来说，从年龄上看，性格外向的成年人、儿童、青少年都喜欢明快、偏暖、对比强烈的色彩；性格温和、平静的中年人往往喜欢含灰、中明度、偏冷、对比适中的色彩；而深暗、浊涩、微弱对比的色彩是内向古怪孤僻的老年人所偏好。人对色彩的偏好不是一成不变的，有时由于情绪的不同完全改变，例如"惨红愁绿"是在面对花红柳绿时的美好春景所表露的反常的色彩感受。

此外，色彩具有"易视性、易读性、易辨性、易注性、易记性"五种促进认知的优势。"易视性"是指色彩容易被看见，即色彩具有知觉度，一般而言明度差越大的可视度越高，属于人的生理反应。"易读性"指色彩容易被认知，前景色与背景色反差大的辨识认知更容易。"易辨性"是指色彩容易被区别，即色彩的辨识性较高，比如黄色路标的辨识性较高。"易注性"是指色彩容易被引起注意，色彩引发的刺激强度会影响人的注意；"易记性"指色彩容易被记忆，色彩的冷暖、色彩的有无、色彩的复杂程度都会对记忆产生影响。

2.研究述评

根据上述色彩构成理论中关于色相、明度、纯度、色调、色域、色彩构成形式、色彩联想、色彩情感、色彩偏好等相关常识的描述，本研究将其归纳为色彩的基本属性、心理属性、动态属性三个方面。如果将色彩表征设计视为一种基于色彩构成原理的多媒体学习资源画面设计，按照画面色彩构成的规律，创造出与知识结构（知识体系的构成情况与结合方式）匹配的色彩表征设计形式，使其具有超越艺术规律的知识表征功效，这就需要首先设置色彩表征的基本属性、心理属性与动态属性。色彩的基本属性设置需要根据客观真实的色彩内容设置其色相、明度、纯度；色彩的心理属性设置需要根据学习者的个体差异设置其色彩偏好、民族、年龄与学龄、性别、专业等；色彩的动态属性需要根据学习过程的变化对知识内容、知识关系、知识目标进行设置。

三、多媒体画面语言学理论及研究述评

多媒体设计语言学(Linguistics for Multimedia Design，LMD)理论是在我国本土教育实践过程中形成的教育技术学的一个分支理论，具有建构主义学习理论思想内涵。LMD理论是专门的教学设计理论，重视教育系统各要素的全面考量 ③，已逐步形成"多媒体画面语言学"科学体系，并推衍出一系列命题研究，其中"色彩表征"的研究植根于多媒体画面语言学理论。

①[瑞士]约翰内斯·伊顿. 色彩艺术[M]. 杜定宇，译. 上海:上海人民美术出版社, 1993, 01.
②黄元庆, 黄蔚. 色彩构成[M]. 上海:东华大学出版社, 2006:60.
③王志军, 王雪. 多媒体画面语言学理论体系的构建研究[J]. 中国电化教育, 2015, 07.

1.多媒体画面语言学理论框架及其色彩设计理论

（1）多媒体画面语言学理论框架

2015 年，王志军、王雪等学者在 Morris 的符号学三分支 [①] 的基础上，结合多媒体学习特点提出了多媒体画面语言学的理论框架，如图 2-5 所示，具体包括画面语构学、画面语义学、画面语用学三部分，这三部分相互影响、相互作用。多媒体画面的构成要素包括图、文、声、像及交互五大"画面要素"，而色彩、字体与字号、大小、位置、光线、面积、交互方式等属于多媒体画面语言各要素所对应的"基本属性"。

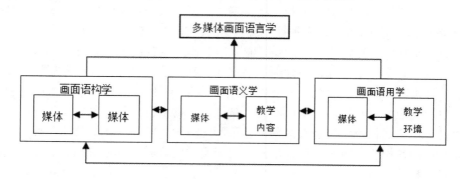

图 2-5 多媒体画面语言学理论框架（王志军，2015）

多媒体画面语言理论提出了"画面语构学""画面语义学""画面语用学"三大理论框架，各个相关子研究中均对其进行了深入探讨，深化了三大理论框架的研究。由于色彩表征的研究是多媒体画面语言理论体系的一个重要组成部分，对该命题的深入探讨标志着多媒体画面语言理论体系得到进一步完善。

（2）多媒体画面语言学理论的已有研究

2003 年，游泽清先生指出，"多媒体画面"是由电视画面和计算机画面演变而来的，是组成多媒体学习材料的基本单位，是基于计算机屏幕显示的画面，是运动的画面且具有交互功能 [②]。2009 年，游泽清对其已经取得的阶段性研究成果进行了概括，指出多媒体画面（Multimedia Interface Design, MID）是一种新的画面类型。具体为：多媒体画面是一种"运动画面"；构成多媒体画面的基本元素与视听觉要素；多媒体学习资源的"语言属性"；整理出多媒体画面的"语法体系"即"多媒体画面的艺术规律"；多媒体画面语言的研究目标是建立一门隶属于教育技术学之下的新的学科"多媒体画面语言学（Linguistics for MID）" [③]。2012 年以来，多媒体画面语言学研究广泛吸收了符号学理论、认知心理学理论、深度学习理论等已有研究成果，开展认知实验研究、眼动实验研究，收集数据、总结分析后得出诸多支撑实验假设的实证研究结论。多媒体画面语言学的研究至此从"解释性"的教学理论逐步定位于"处方性"教学理论 [④]。2015 年，王志军、王雪

---

①张良林. 莫里斯符号学思想研究[D]. 南京:南京师范大学, 2012.
②游泽清. 多媒体画面艺术基础[M]. 北京: 高等教育出版社, 2003:5-10.
③游泽清. 多媒体画面语言中的认知规律研究[M]. 天津:多媒体画面艺术论文集, 2011, 30-35.
④温小勇. 教育图文融合设计规则的构建研究[D]. 天津:天津师范大学, 2017.

等学者借鉴符号学理论在进行多媒体画面语言深入研究的过程中，诠释了"画面语构学、画面语用学和画面语义学"三个主要组成部分的内涵，且论证了"多媒体画面"和"多媒体画面语言"成为多媒体画面语言学理论体系构建的逻辑起点是完全成立的，并从理论体系构建的角度，提出多媒体画面中各类媒体要素之间的配合是相辅相成、相得益彰的和谐关系，就会产生视听觉美感，有利于诱发、保持学习者的良好情绪和学习体验，从而增强学习者的学习动机。他们还指出，"多媒体画面"是多媒体问世之后出现的一种新的信息化画面类型，其功能是人与多媒体学习材料之间传递与交换知识信息的界面和对话的接口，是多媒体学习材料的基本组成单位，是基于数字化屏幕呈现的图、文、声、像等多种视、听觉媒体的综合表现形式[1]。2016 年，刘哲雨博士从深度学习的研究视角进行了多媒体画面语言要素的研究。2017 年，王志军、吴向文等学者从大数据研究的角度指出，多媒体画面语言的数据结构应具有"可量化属性"及学习者视觉感受所产生的体验数据的重要研究成果[2]。2017 年，温小勇博士指出，"多媒体画面"种类纷繁复杂，是融合视、听、触觉等多种感官媒体形式的画面，是基于各类电子显示屏幕的画面，是具有交互功能的动态画面[3]。这些描述是对之前的多媒体画面语言学理论体系构建研究的概括。2018 年，冯小燕博士进行了促进学习投入的移动学习资源画面设计的研究，首次利用脑波实验与眼动实验相结合的方法，进行了色彩的冷暖影响学习效果和学习动机的研究[4]。2018 年，吴向文博士进行了多媒体画面语言交互设计的研究[5]。2019 年，刘潇博士进行了增强现实学习资源画面（AR 画面）优化设计的研究[6]。2020 年，曹晓静博士进行了学习资源画面色彩表征影响学习注意的研究[7]。

（3）多媒体画面语言学色彩设计理论

游泽清认为，多媒体画面色彩设计应注意三个方面：满足教学内容的需求；适应视觉习惯和心理感受；从画面艺术设计的角度看，形态的基础是"面"，那么形态属性的基础应该是"光"和"色"。准确地讲，"光"才是人能感觉到色彩、肌理、影调的基础，没有光则什么也看不见。"光"与"色"的基础知识包括光、色以及视觉生理三部分内容。色彩包括固有色、环境色和光源色，人们看到的物体呈现的色彩是这三者综合的结果。按照色彩的特点及其搭配规则用色[8]，具体包括十条，如表 2-2 所示。

①王志军, 王雪. 多媒体画面语言学理论体系的构建研究[J]. 中国电化教育, 2015, 07.
②王志军, 吴向文, 冯小燕, 温小勇. 基于大数据的多媒体画面语言研究[J]. 电化教育研究, 2017, 04:59-65.
③温小勇. 教育图文融合设计规则的构建研究[D]. 天津:天津师范大学, 2017.
④冯小燕. 促进学习投入的移动学习资源画面设计研究[D]. 天津:天津师范大学, 2018.
⑤吴向文. 数字化学习资源中多媒体画面的交互性研究[D]. 天津:天津师范大学, 2018.
⑥刘潇. 增强现实学习资源画面优化设计研究[D]. 天津:天津师范大学, 2019.
⑦曹晓静. 学习资源画面色彩表征影响学习注意的研究[D]. 天津:天津师范大学, 2020.
⑧游泽清. 多媒体画面艺术设计[M]. 北京:清华大学出版社, 2013:237-252.

表 2-2 多媒体画面色彩设计规则（游泽清，2013）

	规则	说明
1	要按照色彩的特点、视觉习惯和教学需求选择色彩。要符合"真实"与"共识"，真实是客观存在，共识是社会认可	符合真实是指人体的血液只能用红色，东方人的头发就是黑色等。符合共识是指财务报表上的红色代表赤字、地球仪上的蓝色代表大海；只要教学效果好，不硬性规定使用哪种色彩。如：用异色强调重点；地图上用不同的色彩表示不同的国家与地貌；对照大脑的正视图和侧视图进行教学时，需要相同色彩表示两图中相同的脑叶；了解典型色彩的心理特点，如：东方人以红色代表喜庆、黑色代表悲伤、绿色代表和平等。典型色彩包括红、橙、黄、绿、青、蓝、紫以及黑、白、灰。
2	背景和主题的色彩搭配需要学习内容而定	背景和主题的色彩搭配需要由内容而定。烘托主题采用顺色（弱对比）；突出主题时强调反差（强对比）。在这两种情况都应把握好分寸，避免单调或生硬。
3	考虑色彩的色相、明度、纯度及其在画面上的面积之间的制约关系	对比色相搭配时反差过大，可以将两者的面积差别拉大，即用小面积色彩点缀大面积色彩（如：万绿丛中一点红）；将两者的纯度拉大，用模糊色彩衬托清晰形态的色彩。
4	屏幕文本背景底色应与文本色之间的明度差达到 50 灰度级以上	在背景色上能否看清文本，是色彩认识度的问题。色彩认识度由明度、纯度和面积三个参数决定，其中明度影响最大。文本色与背景色明度差大于 50 灰度级，是在显示屏上的要求。如果采用投影显示，需要达到 70 灰度级。运动因素的面积、色彩明度差、移动速度、重复频度要有所限制，不喧宾夺主。
5	"突出主题"的用色规则	用异色、异质、异形来强调主体；也可以用（精美制作、突出造型、扩大反差、动态呈现）等其他方式使主体引人注目。例如：把书本教材改为多媒体教材时，分别给多媒体教材的"特点"和"优势"添加了异色（红色），该教材内容的重点得到了强调。多媒体画面的教学效果是通过菜单、图示和文字表述三者配合呈现的，其中图示和文字表述随单击的菜单项而更换，由于制作规范、与背景反差明显，因而视觉效果好。
6	分镜头规则	用全景和特写表现某一主题的不同部位时，一般由全景画面确定其他景别画面的色调与影调（即"分镜头规则"）。指用软件制作的画面，为了介绍一台仪器、机械或设备，经常用全景表现设备的全貌或设备与周围的环境关系；用一些特写表现该设备的各侧面或各部位。此时，需要注意这些画面的色调与影调等属性应该与全景画面相同。

续表

	规则	说明
7	分割画面规则	在保证传递知识信息的前提下，尽可能体现出"分割"的美，即由"块"的变化，统一规则体现出来的美。在多媒体教材中，画面分割主要用于课件的版面设计和网页排版设计。课件的版面分为：标题区、目录区、正文区等。各区的布局、大小、色彩、字体、字号的安排应遵循"内容第一、美观第二"的原则。
8	对比规则	在进行组接的各画面，或者同一画面内各元素，应重视这些内容的可比性（即共性或差异），尽可能突出其中的可比性，例如色彩冷暖的对比。
9	均衡规则	组接各画面或同一画面内部的各部分"量感"应该保持均衡。画面上的"量感"是心理量。在客观上，呈现在画面上的有数量、面积、位置、形态、方向、色彩等因素；在主观上，使学习者心理上产生量感的因素，包括知识的难点、重点、某些因醒目或新鲜而受到关注的内容，如静态中衬托的运动；暗色中衬托的明亮；虚化中衬托的鲜艳等。
10	一致性规则	在组接的各镜头中，相同的内容所用的符号或相同设备的外形、色彩均应相同。在多媒体教材中，尽管各镜头的内容可以千变万化，但必须遵守一条规则：同一设备的外形、色彩或者同一内容所用的符号、在各镜头中必须相同。还指出下列设计形式必须统一：各级菜单的字体、字号、色彩；强调重点难点的方式；各菜单中的演示格式和符号形式。

游泽清提出的多媒体画面色彩设计规则可以概括为：规则一"真实与共识的选色要求"；规则二"知识内容决定背景及主题的色彩搭配"；规则三"色彩搭配应考虑色相、明度、纯度在画面上的面积之间的制约关系"；规则四"文本背景底色应与字色之间的明度差达到 50 灰度级以上"；规则五"菜单、图示及文本均采用异色来突出主题"；规则六"全景画面的色调与其他景别画面的色调一致"；规则七"课件版面与网页排版设计要体现出色彩块的美"；规则八"利用色彩对比突出知识内容的可比性"；规则九"色彩设计应使画面保持量感均衡"；规则十"在组接的各镜头中，相同的知识内容的色彩设计形式应统一"。这些设计规则表明了色彩信息设计具有一定的规范性，还特别强调了文本与背景的色彩搭配、网站菜单、图式等色彩块布局的搭配，运动画面中利用突出的色彩强调主要知识目标等具体的设计方法。已有多媒体画面艺术设计规则有值得借鉴的设计理念，但没有针对影响学习注意的问题进行色彩表征设计的探讨。

2.研究述评

（1）依据多媒体画面语言学理论框架构建色彩表征设计理论框架

色彩表征的研究基础是多媒体画面语言学中的色彩设计理论，为了提升色彩表征支持有效学习注意形成的设计功效，构建基于画面色彩语义设计的信息架构（色彩表征与知识内容）、画面色彩语用设计的功能架构（色彩表征与学习者）、画面色彩语构设计的视觉传达（色彩表征与画面整体设计）三位一体的色彩表征设计框架。具体包括：

多媒体画面色彩语构设计：指色彩表征设计应符合色彩构成基本原理，使图、文、声、像、交互等媒体要素的色彩符合设计规则。

多媒体画面色彩语用设计：指色彩表征设计要对学生、教师和媒介产生有效的交互作用。色彩表征的设计要满足学生和教师作为人的基本需求的心理和生理规律。

多媒体画面色彩语义设计：指色彩表征设计要与陈述性、程序性、事实性等不同的知识类型相匹配，各种知识类型的特点决定了其色彩表征方式应有所不同。

（2）多媒体画面色彩表征设计的研究应与学习注意的研究相结合

多媒体画面色彩信息应分为不同的色彩表征设计形式，包括表达知识内容的色彩内容、表达知识关系的色彩结构、表达知识目标的色彩目标，这样才能更为全面地表达色彩表征在多媒体学习环境中的各种呈现面貌，实现吸引、引导、保持学习注意的设计功效。色彩表征设计的研究应与学习注意的研究相结合，具体为：通过色彩内容的组织反映知识实质、再现真实情境，吸引学习注意；通过色彩关系或色彩结构的调节保持学习资源画面色调的和谐统一，保持学习注意；通过色彩目标的控制突出学习者当前学习的知识目标，合理控制学习注意。本研究依据多媒体画面语言学理论的思想构建"影响学习注意的色彩表征设计关系模型"，从影响学习注意的研究视角反映出色彩表征、知识表征、学习注意三者之间的关系，有利于深化多媒体画面语言的理论深度。

四、脑电波技术与眼动追踪技术的应用及研究述评

多媒体学习是学习者对图像表征材料的心理建构与信息加工。在信息加工过程中，色彩表征对学习注意的影响较为复杂，需要利用脑电波技术与眼动技术相结合的方法进行实验研究。

1.脑电波技术

在心理学研究领域，主要采用脑成像技术探讨注意的脑机制问题，包括正电子断层扫描技术（PET）、功能性核磁共振成像技术（fMRI）、神经磁成像技术（MEG）和功能性近红外成像技术、脑电波（EEG）生物技术等[1]。Mayer（2014）采用脑电波（EEG）实验与眼动追踪技术进行了多媒体学习的深入研究[2]。Cooper（2003）等对脑电波（EEG）技术的 Alpha 波的功能进行深入研究，通过使用心理意象和感官摄入范式研究了 Alpha 与内、外定向注意力之间的关系，实验结果发现 Alpha 波和注意力之间的明确关系，在内部定向注意力和增加负荷时，Alpha 波振幅增大[3]。Harmann（2002）通过实验数据 ANOVA

①杨海波. 注意控制心理学[M]. 天津:天津教育出版社, 2014:63-66.

②Mayer R E. The Cambridge Handbook of Multimedia Learning 2nd Edition[M]. Cambridge University Press, 2014, 660-662.

③Cooper N R, Croft R J, Dominey S. J. Paradox lost? Exploring the role of alpha oscillations during externally vs. internally directed attention and the implications for idling and inhibition hypotheses [J]. International Journal of Psycho physiology, 2003, 47(1).

方差分析发现 Alpha 波显示频率、语义相关性和句子类型之间存在显著的三向交互作用，证明了 Alpha 波与内源性注意有关 [1]。还有研究表明，利用脑电波监控技术对被试的学习状况进行实时监控，脑电波（EEG）技术的侵入性远低于其他神经影像检测法，是目前用户体验的可行性解决方案 [2]。此外，在 20 世纪 70 年代，北大西洋公约组织的一些科学家提出了脑力负荷的测量的重要性 [3]。有研究表明，Alpha 波是在内部定向注意力任务（如心理意象）中对感觉信息的主动抑制的指标，在观察了诱发脑电 Alpha 波功率变化后，发现较慢频率的 Alpha 波能够反映注意力的一些特征，例如警觉度和期望 [4]。测量脑力负荷的生理指标有心跳、呼吸、瞳仁、EMG、EEG 等，假设脑力负荷的变化会引起某些生理指标发生变化。如果将脑力负荷理解为测量人的一个信息处理系统指标，应该与人的闲置未用的信息处理能力成反比。学习者的闲置未用信息处理能力越大，脑力负荷就越低，反映注意力特征 EEG 脑电 Alpha 波能量也就越大；学习者闲置未用的信息处理能力越小，脑力负荷则越高，Alpha 波能量也就越小 [5]。可见，国外研究中通过脑电波技术监测被试的认知过程，能够使研究者通过脑波变化了解被试的注意情况，这是配合眼动实验监控学习者大脑活动情况的有效实验技术手段。

赵鑫硕、杨现民等学者（2017）利用佰意通脑电生物反馈训练系统 Mind-wave Mobile 脑波仪进行移动学习资源对注意力影响的实验研究，进行了接受度、学习兴趣、注意力与学习结果的相关性分析，表明不同注意力水平与学习结果之间存在显著性差异，指出高知觉负载容易造成学习者情绪低落，随之出现注意力较低的不良结果 [6]。基于 EEG 数据挖掘的注意力识别研究指出，学习者的注意力水平和脑电 Alpha 波的时域以及频域特征相关紧密 [7]，当学习者对学习材料注意力集中时，Alpha 波的能量较小。李小伟认为，当学习者注意力丧失时，Alpha 波的能量就会增加（2015）。冯小燕（2017）开展 EEG 与 EM 联合实验，利用佰意通脑电生物反馈训练系统结合瑞典 Tobii 眼动仪进行了多媒体移动学习资源画面设计的研究，发现色彩的冷暖对学习投入度与注意力均有影响 [8]。本研究主要利用脑电波（EEG）技术进行学习注意的研究，脑波仪的头带与大脑的前额叶接触可以监控学习者的注意力状况。

需要指出的是，学习者有时并不知道自己经历过的内隐心理状态，基于脑波仪内置的 EEG 脑电生物传感器实时记录不同条件下的 EEG 参数，显示不同频段脑电波数据的能量值（EEG 能量谱相对值），可以反映学习者的注意力情况。根据每秒钟脑电活动的不同频率，脑电波分为四种：α 波具有每秒 8~12 Hz 的频率，也是在意识状态下产生的，与人的平静状态、深思状态、白日梦状态和随意创造状态相联系。它反映了学习者的大脑休止、精神涣散和放松状态，是"皮质活动不活跃"的生物表现，是"认知活动不活跃"的标志。

①Henk J, Harmann. Neural synchronization mediates on-line sentence processing: EEG coherence evidence from filler-gap constructions [J]. Cambridge University Press. Society for Psycho-physiological Research, 2002, 820-825.
②[美]Jennifer R B, Andrew J S. 眼动追踪：用户体验设计利器[M]. 宫鑫, 译. 北京：电子工业出版社, 2015：118-127.
③廖建桥. 脑力负荷及其测量[J]. 系统工程学报, 1995, 10.
④廖建桥. 脑力负荷及其测量[J]. 系统工程学报, 1995, 10.
⑤廖建桥. 脑力负荷及其测量[J]. 系统工程学报, 1995, 10.
⑥赵鑫硕, 杨现民, 李小杰. 移动课件字幕呈现形式对注意力影响的脑波实验研究[J]. 现代远程教育研究, 2017, 1.
⑦李小伟. 脑电、眼动信息与学习注意力及抑郁的中文相关性研究[D]. 兰州：兰州大学, 2015, 06.
⑧王志军, 冯小燕. 基于学习投入视角的移动学习资源画面设计研究[J]. 电化教育研究, 2019, 06.

β波具有每秒 10~30 Hz 最高频率，与意识的觉醒状态知觉、思维、学习相关，当人进行逻辑思维、注意高度集中时，常出现β波，反映了学习者的认知过程、决策、问题解决、信息处理和注意集中的状态。θ波具有每秒 4~8 Hz 的频率，发生于睡眠的边缘状态，反映人的创造力、直觉、记忆回想、情绪和知觉。δ波具有每秒 1~4 Hz 的频率，发生于熟睡状态的脑电波，反映人的无意识和精神恍惚的状态。

2.眼动追踪技术

目前，眼动跟踪技术在数字化学习资源设计的应用越来越受到国内外研究人员的关注，研究者将多媒体学习与眼动实验结合起来进行眼动数据的采集与分析[①]。

在复杂的信息加工过程中，眼动和注意之间的关系是密切的（Rayner，1998）[②]。"眼—心理"（Eye-Mind）假说认为眼球运动为"注意分配到了何处"提供了动态追踪（Just & Carpenter，1980）[③]。眼动跟踪测量指标的基本描述可以帮助研究者正确理解眼动数据的意义：比如，用户首次互动时注视的位置解释了"用户首先被什么吸引，是何种刺激吸引了用户的注意"，当被试重新核实他们正在搜索的任务解释了"内容理解困难，该区域吸引了被试的注意"（Ehmke，2007）[④]。阅读或浏览网页时，如果内容太多、形式太多就会使被试不知所措而忽略大部分内容，具有良好视觉层次的画面设计会帮助被试知道哪里是重点、哪里需要仔细阅读。用色彩、尺寸或白色空间把内容分割开，可以使被试很自然地将视线落在标题、副标题、正文、导航等各个文本信息块中。人的眼睛作为视觉器官具有两种功能：通过视网膜将物像的光能转化为电脉冲形式的神经冲动；通过眼球的光学系统在眼底视网膜上形成外界物体的映像[⑤]。

Mayer 认为，当被试的注意力被引导时，他们可能更容易从插图或文本中选择相关的信息，就可以将相应的插图和语言信息整合到一个连贯的心理表征中（Mayer，2001）。眼动追踪技术主要被用于研究媒体材料、动画、媒体组合、色彩、提示信息、先前经验和情绪的影响等六个多媒体学习的主题[⑥]。利用眼动追踪技术来研究学习辅助手段"突出显示"或者"学习组织者"的参与如何影响认知过程。实验组学生们阅读一篇带有红色关键字的文本或者有一个学习组织者的参与，对照组学生阅读纯文本。眼球追踪测量显示，这两种情况都为认知过程做好了准备：学生们花更多的时间来关注那些红色的单词，而不是控制条件。眼球追踪测量显示，学习组织者在这两种情况下启动了选择、进行和整合的认知过程，但对他们的眼睛在文本中的注视和移动产生了很大的影响（Mayer，2014）[⑦]。

闫国利、白学军等（2003）进行了阅读研究中的眼动指标评述的研究[⑧⑨]。王志军

①冯小燕，王志军，吴向文. 我国教育技术领域眼动研究的现状与趋势分析[J]. 中国远程教育，2016，10:22-29.
②Rayner K. Eye Movement in Reading and Information Processing:20 years of Research[J]. Psychological Bulletins，1998. 124(3):372-422.
③Just M A&Carpenter PA. Theory of Reading:From Eye Fixations to Comprehension[J]. Psychological Review，1980. 87. 329-355.
④Ehmke C, Wilson S. Identifying web usability problem from eye-tracking data. [J]. Proceedings of the 21st British HCI Group Annual Conference on People and Computers, 2007.
⑤何克抗. 语觉论—儿童语言发展新论[M]. 北京：人民教育出版社，2004:20-21.
⑥郑玉玮，王亚兰，崔磊. 眼动追踪技术在多媒体学习中的应用 2005—2015 相关研究的综述[J]. 电化教育研究，2016，04:93.
⑦Hector R P, Mayer R E. An eye movement analysis of highlighting and graphic organizer study aids for learning from expository text[J]. Computers in Human Behavior(41), 2014, 21-32.
⑧闫国利. 眼动分析法在心理学研究中的应用[M]. 天津：天津教育出版社，2004, 05.
⑨闫国利，熊建萍，臧传丽，等. 阅读研究中的主要眼动指标评述[J]. 心理科学进展，2013，(4)589-605.

（2003）进行了多媒体字幕显示技术的实验研究，研究对象分布在小学、中学、大学中，通过眼动实验研究了字幕的呈现形式对学习的影响[①]。张家华（2009）等运用眼动追踪技术，从认知心理学的层面探讨"三分屏"网络课程中教师形象的呈现方式对学习者的信息加工、认知负荷和学习效果的影响[②]。赵乃迪（2012）进行了网页布局对视觉搜索影响的眼动实验研究[③]。翟雪松等（2017）开展了与认知科学相关的眼动实验研究，探索眼球随动数据（注视点、注视时间、浏览路径）作为刺激源，并以此激发在线学习者的认知层次，研究发现生物反馈信号作为刺激源激发了学习者对先前学习行为的认知与反思，促进了学习者认知能力的提升[④]。在自发学习以及任务相关的活动中，学习者的眼动与注意力以及认知过程联系紧密（张琪、武法提，2016）[⑤]。在高阶认知领域，眼动技术已应用到人机交互与传播媒体的研究中（翟雪松、董燕，2017）[⑥]。阅读或浏览网页时，如果内容和形式复杂就会使被试不知所措，良好视觉层次的画面设计会引导被试知道哪里是重点、哪里需要仔细阅读，色彩、尺寸或白色空间把内容分割开可以使被试很自然地将视线落在标题、副标题、正文、导航等各个文本信息块中。目前，越来越多的研究关注眼动技术在数字化学习资源设计中的应用，眼动实验与多媒体学习研究相结合的数据采集与分析方法受到青睐[⑦]。

　　需要指出的是：①眼动追踪技术是帮助研究者理解视觉注意的生物表征技术，是评估多媒体数字学习环境中注意力的重要手段。通过眼动跟踪技术可以获得显性注意力的情况，但是却无法获得隐性注意力的情况[⑧]。②眼动追踪技术主要用于研究多媒体材料、动画、媒体组合、色彩、提示信息、先前经验和情绪的影响等六个多媒体学习的主题[⑨]，色彩问题的研究位列其中。已有研究并未对不同的色彩线索形成的视觉链对学习的潜在影响深入探究，色彩线索能否调整信息高知觉负载所带来的脑力负荷，色彩线索形成的视觉链能否有效引导学习注意力是值得深入探究的问题。③常用的眼动指标有眼跳潜伏期、眼跳方向、瞳孔直径、注视时间、注视次数、注视比例、扫描路径等[⑩]。④眼动实验方法为学习的视觉认知过程提供了各类数据，如何利用和分析数据取得研究结论至关重要。一般而言，将其划分为简单百分比统计、统计描述和统计推断三种类型[⑪]，计算眼动数据的平均值、标准差，采用 T 检验、方差分析和回归分析等，并采用 Spss24.0 社会统计软件进行数据分析。此外，还有一些直观的眼动数据叙述分析，如眼动热点图、轨迹图等。

3.研究述评

　　基于上述对脑电波技术与眼动技术的阐述，对两者相结合进行色彩表征影响学习注意

①王志军. 多媒体字幕显示技术的实验研究[J]. 中国电化教育, 2003, 07.
②冯小燕, 王志军, 吴向文. 我国教育技术领域眼动研究的现状与趋势分析[J]. 中国远程教育, 2016, 10:22-29.
③Rayner K. Eye Movement in Reading and Information Processing:20 years of Research[J]. Psychological Bulletins, 1998. 124(3):372-422.
④翟雪松, 董艳等. 基于眼动的刺激回忆法对认知分层的影响研究[J]. 电化教育研究, 2017, 12.
⑤张琪, 武法提. 学习分析中的生物数据表征——眼动与多模态技术应用前瞻[J].电化教育研究, 2016, 09.
⑥翟雪松, 董艳等. 基于眼动的刺激回忆法对认知分层的影响研究[J]. 电化教育研究, 2017, 12.
⑦冯小燕, 王志军, 吴向文. 我国教育技术领域眼动研究的现状与趋势分析[J]. 中国远程教育, 2016, 10:22-29.
⑧过晨雷. 注意力选择机制的研究:算法设计以及系统实现[D]. 上海:复旦大学, 2008.
⑨郑玉玮, 王亚兰, 崔磊. 眼动追踪技术在多媒体学习中的应用 2005—2015 相关研究的综述[J]. 电化教育研究, 2016, 04. 93.
⑩杨海波. 注意控制心理学[M]. 天津:天津教育出版社, 2014:45.
⑪舒存叶. 调查研究方法在教育技术学领域的应用分析——基于 2000—2009 年教育技术学两刊的统计[J]. 电化教育研究, 2010, 09.

的研究的可行性进行分析。本研究认为，在严格的实验环境下，学习者脑电波的变化会随着视线的变化而变化；学习者对闲置信息的处理能力与脑力负荷成反比；眼动实验的注视点指标不能完全代表学习者的注意水平；只有通过脑电波与眼动技术相结合的方法，才能从实验研究的角度揭示出色彩表征影响学习注意的实际状况。

（1）脑电波变化随着视线的变化而变化

学习者有时并不知道自己经历过的内隐心理状态，在神经科学中，人体头部的前额被称为 FP1 区，能够反映人们注意心理变化的高精度脑电信号。有研究发现，脑电波会随着视线的变化而不断变化的基本事实（Shioirid，1999）。本研究将利用脑波仪监控学习者的注意力，将学习者脑电波的变化与眼动轨迹的变化相结合，对学习注意水平进行研究分析。

（2）学习者的闲置信息处理能力可能与脑力负荷成反比

如果将脑力负荷理解为测量学习者的一个信息处理系统指标，应该与人的闲置未用的信息处理能力成反比，即当学习者注意力比较集中时，Alpha 波能量值相应较低；当注意力丧失时，Alpha 波的能量值相应较高。基于 EEG 数据挖掘的注意力识别研究指出，学习者的注意力水平和脑电 Alpha 波的时域以及频域特征相关紧密。Alpha 波是"认知活动不活跃"的生物表现，与注意力之间关系明确（Cooper，2003）。EEG 脑电 Alpha 波能量值越高，学习者的闲置未用信息处理能力越大，脑力负荷就越低。

（3）眼动实验的"注视点"不能完全代表学习者的"学习注意"

眼动实验的"注视点"并不能代表学习者的"注意力"。注意力是认知过程的重点，注视点仅仅是学习者视觉的指示方向，两者存在四种关系：①注视点与注意力都在问题上；②当被试从外部而不是大脑中收集答案时，注视点就会和注意力分离；③注视点在问题上，而注意力在其他地方；④注意力和注视点都转移，都不在问题上 ①。眼动实验应创设"注意力与注视点均在问题上"的实验环境，眼动追踪技术才可能取得有意义的研究数据。

眼动技术实时记录被试完成任务过程中的眼动运动规律，弥补了需要严格控制或干预个体正常心理活动研究方法的不足，达到生态化效应 ②，在注意的研究方面有独特的优势。采用眼动技术进行注意研究，可以实时地对认知加工过程进行直接的测量（其他的测量方法无法比拟）。然而，眼动数据中的"注视点"与学习"注意"可能保持一致，也可能不一致。当被试从外部而不是大脑中收集答案时，就会出现两者的分离，出现"溜号"和"心不在焉"的现象。注视点仅仅是学习者视觉的指示方向，而注意则是认知过程的重点，应保证被试是在"注视点与注意保持一致"的学习状态。因此，仅仅从眼动实验的角度判断被试的注意水平显然是不够全面的。为了使注意的测量更加具有多维度生物表征的效度，眼动技术作为手段之一与脑电波技术相互配合产生更高的研究效度。

（4）脑电波技术与眼动技术结合有助于更深入地揭示学习注意的心理机制

脑电波实验可以监测被试对一个完整画面或整个学习材料的整体注意力水平，但是不能对"同一画面中的某个区域"（"非线索区"或"线索区"）的注意力水平进行单独监测，无法解决注意分配的监测问题。通过眼动跟踪技术可以获得显性注意力的情况，但是却无

---

① [美]Jennifer R B, Andrew J S. 眼动追踪：用户体验设计利器[M]. 宫鑫, 译. 北京：电子工业出版社, 2015：118-127.
② 杨海波. 注意控制心理学[M]. 天津：天津教育出版社, 2014：62.

法获得隐性注意的情况 [①]。眼动实验可以观察被试的视线移动轨迹、注视位置和时间，通过视觉注意推测个体的内在认知过程，但是不能直接揭示信息加工的心理机制。眼动实验通过兴趣区的划分可以获取同一画面中"非线索区"单词或"线索区"单词的视觉注意情况，解决同一画面下注意分配的视觉监测问题。在保证"注视点与注意力一致"的前提条件下，从兴趣区的注视时间、首个注视点进入时间等参数推测出对某个区域的注意力情况，实现脑波实验无法完成的对画面某个区域的注意力水平的监测。

大量研究发现，人对色彩特征的选择能够引发一种选择性负波（Selective Negativity，SN），它出现在色彩刺激呈现后的 140~180 毫秒，是人对事物特征的辨别和选择性加工的一种特异性指标 [②]。色彩产生的途径是"光—眼睛—视神经—大脑"作用的结果 [③]，本研究旨在通过这一途径探究学习过程中的色彩表征引发的隐形注意，测量学习注意的真实状况。色彩的运用应该依据光学原理中色彩对人的影响机制。利用眼动技术了解学习者面对不同的色彩表征设计学习资源时的注视时长、聚焦范围等视线轨迹运动变化的基本情况，解决如何研究视觉注意的问题。利用脑波技术了解大脑注意水平及脑力负荷的测量结果。眼动实验与脑波实验互补，可以从生物表征实验的角度解决"心理活动与眼动轨迹完全一致"的学习注意监测问题。因此，本研究认为，在影响学习注意的色彩表征的实验研究中，需要将眼动实验与脑波实验相结合、互补。

（5）脑电波与眼动联合实验学习注意测量指标的分析

本研究根据色彩表征设计研究变量的需要，结合学习过程中学习者出现的注意现象，选用相应的技术指标作为测量学习注意的依据。①学习过程之初的学习注意的指标选取：学习之初注意是学习者知识内容吸引的速度，是学习首次注意到知识信息的时长以及停留在知识信息上的时长。因此其测量指标是：眼动指标（首个注视点进入时间、首个注视点注视时长、首个注视点注视次数）＋脑波（专注度曲线、放松度曲线、α 波与 β 波能量值）。②学习过程之中测量持续注意的指标选取：随着学习过程的发展，学习者在持续地关注知识信息。因此其测量指标是：眼动指标（总注视时间、总注视次数、注视点平均注视时长）＋脑波（专注度曲线、放松度曲线、α 波与 β 波能量值）。③学习过程中注意分配的指标选取：随着学习的深入，学习者需要不断地转换知识目标进行学习交互，合理分配视觉注意。因此其测量指标是：眼动指标（知识目标兴趣区的首个注视点进入时间、知识目标兴趣区的首个注视点的注视时长）＋脑波（专注度曲线、放松度曲线、α 波与 β 波能量值）。

本节对脑电波与眼动实验技术的相关研究进行了分析与述评，认为色彩表征影响学习注意的测量应利用脑电波与眼动实验相结合的手段进行实验数据的采集，还应结合学习者的学习行为数据，综合分析色彩表征影响学习注意的情况。

五、已有研究对本研究的启示

1.研究内容的启示

已有教育实证研究多数是从学习者注意力的视角进行的，硕博论文的研究方向有移动

---

①过晨雷. 注意力选择机制的研究：算法设计以及系统实现. [D]. 上海：复旦大学, 2008.
②杨海波. 注意控制心理学[M]. 天津：天津教育出版社, 2014, 12. 93.
③姜美. 色彩学：传统与数字[M]. 上海：上海社会科学院出版社, 2017：02.

学习、注意力分散及干预研究、注意力缺陷、注意力差异、资源呈现形式影响注意力、音乐与游戏治疗自闭症儿童的注意力等。显然，目前缺乏影响学习注意的多媒体画面色彩设计的相关理论研究与实证研究成果。通过对学习注意和色彩表征的文献研究，发现了诸多具有研究价值的观点，找到了本研究的研究内容切入点，即"色彩表征设计与学习注意的关系问题"，以及"影响学习注意的色彩表征设计操作的问题"，这两个问题也是本研究的核心研究内容。色彩表征影响学习注意的关系问题是从理论的角度探讨"色彩表征"与"学习注意"两者之间的关系；影响学习注意的色彩表征设计操作问题则是在经验总结、理论推衍、专家咨询等研究的基础上进行的处方性研究，是为了对设计者及教师提供色彩表征设计指导的研究。

本研究还将对学习资源画面色彩表征的基本特征与基本形态进行详细分析，对学习注意的类型与过程也进行详细分析，分析的结果有助于梳理色彩表征与学习注意之间的逻辑关系，为深入研究核心问题奠定研究基础。具体的研究逻辑为三条主线：①色彩表征的显性刺激与隐性刺激的画面特征→色彩表征的知识内容形态→选择性学习注意→注意的自动加工；②色彩表征的视致简与实致繁的体验特征→色彩表征的知识关系形态→持续性学习注意→注意的序列加工；③色彩表征的动态变化的时空特征→色彩表征的知识目标形态→分配性学习注意→注意的精细加工。这三条主线从不同的视角反映了"色彩表征的基本特征→色彩表征的基本形态→学习注意的类型→学习注意过程的某个阶段"的研究脉络。

围绕这三条研究主线，确定色彩表征的具体设计形式，以满足学习者产生有效学习注意的需求。依据已有研究以及影响学习注意的理论推衍，色彩表征的具体设计形式也应符合这三条基本研究主线，应从三个视角进行研究：即色彩表征设计与知识内容、知识关系、知识目标三种知识信息的正确定位；色彩表征的知识关联匹配、艺术关联匹配、知识与艺术的双重匹配；色彩表征设计管控选择性学习注意、持续性学习注意、分配性学习注意。这三条研究主线反映了色彩表征与学习注意之间的关系，也为影响学习注意的色彩表征设计提供了具体思路。

2.研究方法的启示

通过对相关技术的研究，可以确定适合于"色彩表征设计影响学习注意"的主要研究方法是脑电波实验、眼动实验以及学习行为相结合的实验研究方法。这种研究方法还可以通过脑波数据探索学习者在学习过程中的认知行为与学习结果的关系；这种研究方法有助于研究者探索大脑"黑箱"的运行机制和实时变化的过程，提供基于学习者生理现象的数据支持；这种研究方法是目前可行性较强的一种在客观上探测学习过程中学习注意水平的测量方法；这种研究方法在学习过程中实施测量眼动数据和脑波数据的同步信号环境下的数据采集，具有可视化、过程性、精确性、可量化的优势和特点[①]。

由于本研究属于多媒体画面语言学的一项基础性研究，实验研究法是重要手段，在小数据范围内先进行实验研究，是进一步走向大数据实证研究的基础。目前王志军教授带领的多媒体画面语言学研究团队的各项系列研究中，在验证主要研究问题时，均采用眼动实验研究的方法，也有部分研究结合了脑电波实验研究，这样可以相互印证，便于从整体的

---

① 冯小燕. 促进学习投入的移动学习资源画面设计研究[D]. 天津：天津师范大学，2018.

研究视角来分析具体的研究问题。本研究的实验研究中，利用脑波仪监控学习者的注意水平，利用眼动仪记录学习者的视线活动情况，这两种仪器共同记录学习者的学习注意情况，实现更为完整的生物表征数据的采集，为研究结论的形成提供更多的证据。

　　此外，Mayer（梅耶）在多媒体学习的研究中一般采用传统反应时间测定、认知负荷测试、正确率检测等认知行为实验方法。实验常分为实验组和对照组，实验组使用经过多媒体手段处理的实验材料，而对照组不使用多媒体材料，两组被试完成实验后进行保持测验和迁移测验对学习效果进行测验。保持测验是对被试掌握的学习内容的数量的多少进行检测；而迁移测验是对学生运用知识的能力和了解到的知识点进行的关于学习质量的检测。这种行为实验方法被我国从事多媒体学习研究和多媒体画面语言学研究的学者广泛采纳。我国学者龚德英等在进行多媒体学习认知负荷优化控制的研究中采用的就是认知负荷主观评定及正确率测试的认知行为实验方法[①]。传统的行为实验经常需要采用认知任务完成之后的回顾性测试方法，其缺陷在于对被试正在学习的时候的认知加工的真实情况掌握不够精准，被试测验的材料如果难度增加或减少都会影响到测试结果的准确性。但是，认知行为实验是一种传统稳定的教育科学实验手段，可以在本研究中被采纳进行色彩表征、学习注意与学习结果之间关系的研究。为了对色彩表征影响学习注意的研究问题进行深入研究，提出创新性的色彩表征设计形式，接下来将对相关的理论进行阐释与分析，构筑本研究的理论基础。

第二节　理论基础

　　本研究是教育技术学领域中关于多媒体画面设计的一项基础性研究，对学习注意的研究主要从认知心理学领域中找寻与"注意的类型""注意的加工过程""注意的不同阶段"相关的研究成果作为本研究的理论依据。

一、特征整合理论及研究启示

　　心理学关于视觉注意的理论包括过滤器理论、资源限制理论、双加工理论、特征整合理论等[②]。过滤器理论（Broadbent，1958）认为，外界信息量巨大，人的加工能力有限，"注意"仿佛人类信息加工系统的一个"阀门"，大量的外界信息必须通过"注意"这个入口，"注意"只允许一部分信息进入，是选择重要信息的阶段[③]。资源限制理论（Kahneman，1973）认为，"注意"并不是一个容量有限的信息加工通道，而是对信息识别加工的认知资源，受到有限心理资源的限制，决定注意的关键是资源分配机制，注意的功能就是资源分配[④]。由于人的神经系统"注意资源"容量有限，为了实现有效的学习注意，应充分利用有限的注意资源。双加工理论（Shiffrin & Schneider，1977）认为，认知加工分为"自动加工"和"注意性加工"，"自动加工"不需要注意的参与，不受意识

①龚德英, 张大钧. 多媒体学习中认知负荷的优化控制[M]. 北京:科学出版社, 2013.
②杨海波. 注意控制心理学[M]. 天津:天津教育出版社, 2014:25-28.
③彭聃龄. 普通心理学(第五版)[M]. 北京:北京师范大学出版社, 2019:205.
④彭聃龄. 普通心理学(第五版)[M]. 北京:北京师范大学出版社, 2019:206.

和资源容量的限制；"注意性加工"受认知资源容量的限制，可以随环境变化调配认知资源[①]。特征整合理论更强调事物特征（如色彩、方向等）与注意的关系。本研究与事物的特征色彩有关，因此重点关注特征整合理论。

1.FIT 模型

Treisman（特瑞斯曼，1980）提出了特征整合理论（Feature-Integration Theory 简称FIT）[②]。视觉范围内的事物一般都具有色彩、形状、大小或方向的图谱，每个事物的明显特征（如色彩），各种特征都具有迅即性（无须额外时间进行额外的认知加工）、同时性（与其他特征同时出现）、前注意性（不需要占用注意资源）的特点。Treisman 认为，视觉搜索存在特征搜索和联合搜索两种情况：特征搜索是指色彩等特征具有前注意性（不需要占用注意资源）、迅即性（无须额外进行信息加工）、同时性（与事物的其他刺激特征同时）的特性；联合搜索则需要额外的信息加工，占用注意资源。这表明色彩信息确实在对信息搜索的过程中影响了注意的心理活动。

特征整合理论的大量实验证明了视觉搜索的两个阶段具有不同的特点（Treisman，1980），如图 2-6 所示，这两个阶段为"前注意阶段"和"特征整合阶段"。在前注意阶段（特征搜索），视觉信息进行一种独立的特征编码（知觉编码），不需要占用学习者的注意资源；在特征整合阶段（联合搜索），学习者的注意以序列方式对前一阶段的特征编码进行整合，开始序列扫描刺激系列中的对象，以此确定是否存在某个特征整合的客体，当某个特征占用了学习者的注意资源时，便会在其大脑中产生引导"注意"的视觉线索[③]。

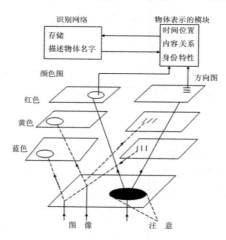

图 2-6 特征整合模型（Treisman 1980）

2.研究启示

（1）色彩表征可能会影响学习者对知识信息的注意加工过程

视觉范围中的某个特征相对凸显性可能会导致其占据注意分配的空间位置，决定注意

①Shiffrin R M, Schneider W. Controlled and automatic human information processing：Perceptual learning, automatic attending, and a general theory[M]. Psychological Review, 1977, 84：126-190.

②[美]Sternberg R J. 认知心理学(第三版)[M]. 杨炳钧, 译. 北京：中国轻工业出版社, 2006:65.

③[美]Anderson J R. 认知心理学及其启示(第七版)[M]. 秦裕林, 译. 北京：人民邮电出版社, 2011:79.

的朝向，人会消耗大量的注意资源对目标进行"精细加工"。人对事物的刺激特征进行注意的"自动加工"时无须消耗注意资源，而人对知识信息与色彩信息构成的特征整合体进行"序列加工"时，会消耗一定的注意资源，而"精细加工"将会消耗更多的注意资源和学习时间。

在学习资源画面中，色彩表征具有"显性刺激与隐性刺激的画面特征"，显性刺激会引发注意的自动加工，这与显性刺激驱动的选择性注意阶段相吻合，耗时最短，注意资源消耗最少；色彩表征隐性刺激会引发注意的序列加工，这与隐性刺激驱动的持续性注意阶段相吻合，持续的耗时较长，但耗费的注意资源相对较少；更值得研究的是，显性与隐性刺激引发的精细加工，这与显性与隐性双重驱动下的复杂信息加工过程中的学习注意分配相吻合，耗时最长并消耗大量的注意资源。注意资源的消耗过程与注意加工过程呈正相关，可见色彩表征可能会影响学习者对知识信息的注意加工过程。

（2）色彩表征可能会影响学习者对知识目标的获取

根据 FIT 理论，首先色彩是一种视觉特征，视觉系统对视觉特征进行表征时，是单独进行的。也就是说，色彩可能不与知识信息联合形成整合体，可以单独进行表征。其次，色彩以特征编码序列方式与事物构成"特征整合体"，人可以产生特征抑制机制，干扰个体搜索目标的不相关特征会被自动"抑制"或"限制"。如果色彩附着在知识信息上，与知识信息关联，形成一种色彩信息与知识信息构成的"特征整合体"，这可能会抑制其他干扰特征，引发学习者对知识信息的学习注意，即色彩信息与知识信息整合形成特征整合体，进而影响学习者的学习注意。学习资源画面设计应充分利用 FIT 理论中指出的这种特征抑制机制，利用色彩表征千变万化的独特功效，为吸引、引导、保持学习注意发挥作用。可见，色彩信息既可以作为一种独立的特征编码对学习注意产生影响，也可以作为一种与知识信息联合的特征整合体对学习注意产生影响。

二、双重编码理论及研究启示

1.双重编码理论的基本假设

双重编码理论是 20 世纪 70 年代加拿大心理学家 Paivio（佩维奥）正式提出的。根据双重编码理论，"言语信息"和"图像信息"在记忆中是分开存储的，这是双重编码理论的重要基本假设 [1]。Paivio 发现，人类不该只有单一的编码模式，在针对"意象"（Imagery）在学习中的作用进行的系列专门实验中，有些实验结果无法从当时居于主导地位的言语学习与记忆的传统认知理论框架中得到解释 [2]。

双重编码理论模型表明，信息加工是由"言语系统"和"表象系统"相互作用、刺激、补充形成的，"言语符号"的信息加工，与"非言语符号"的信息加工具有同等地位。知识表征会在学习者心里产生两个不连续的心理编码，一是以"符号形式"进行心理编码的"字词和概念"；二是以"感知形式"进行心理编码的"意象"。通过视觉感知的意象即为"视觉意象"，基于意象的心理表征系统中包含着非空间的视觉特征，即"色彩或形状"的表征，而色彩是以"感知形式"进行"视觉意象"心理编码的。

人类的认知过程中具有"言语编码系统"和"视觉编码系统"两种本质不同的心理编

①[美]Sternberg R J. 认知心理学(第三版)[M]. 杨炳钧, 译. 北京:中国轻工业出版社, 2006:170-172.
②王建中, 曾娜, 郑旭东. 理查德·梅耶多媒体学习的理论基础[J]. 现代远程教育研究, 2013, 02.

码系统，学习者通过这两种编码系统加工知识信息，在感觉记忆和工作记忆中形成对知识的"信息表征"与"心理表征"。此外，人类对"听觉表征"和"视觉表征"的材料拥有各自独立的信息加工通道（即双通道理论），这是双重编码理论的又一基本假设，而色彩表征属于视觉通道的信息。

2.研究启示

（1）"视觉意象"是学习注意的结果

在学习之初，学习者对学习资源画面知识内容形态会产生"视觉意象"。视觉意象是学习者的一种主观心理感知，受非逻辑的直觉思维的支配，具有明显的情绪化特点。学习者对色彩的感知会诱发其对知识信息进行注意加工。图式是大脑中的知识结构，视觉意象会使大脑中的图式发生改变，视觉意象是否正确，直接影响大脑中的知识结构是否正确。当学习者对知识内容形态产生选择性学习注意后，大脑中会就出现视觉意象。可见，学习者只有经过注意才能在大脑中产生视觉意象，视觉意象是学习注意的结果。

（2）色彩表征以感知形式进行视觉意象心理编码

色彩表征是一种非言语信息，其作为知识表征的一种特殊形态是以感知形式进行心理编码的。学习者在学习过程中不仅需要感受视觉刺激，还需要注入情感、意识和经验形成对色彩信息的感觉、知觉等心理活动，才能深刻地感知到色彩表征所传达的知识信息。知识内容形态的外部刺激特征必须是可分化的、可辨别的，学习者才可能对其进行选择性知觉，从而进入其他学习阶段[1]。任何色彩信息的组合如同书面语中的字母组合、口语中的声音组合一样，都应以其足以得到区分不至于混合为条件[2]。当色彩附着在具体的知识内容形态上，色彩的独立属性减弱了，与知识的组合属性增强了，知识内容形态更为鲜明，便于学习者对知识内容的整体感知。

（3）"色彩编码"是完成知识内容形态并增强对知识细节感知的色彩表征设计形式

色彩的组合与搭配形成的色彩内容应是一种表达知识内容的"色彩编码"，起到传情达意作用。学习者对色彩内容的感知增强知识细节和关键点的信息加工，促进学习者对知识内容的正确领会。色彩表征的知识内容形态有助于学习者产生选择性学习注意，有时还会唤醒学习者对知识内容的记忆提示。由于色彩内容的显性刺激从客观上诱导了学习者对主要知识内容的留意，使其对该知识内容易于产生有意注意，同时忽视了无关刺激引发的无意注意。

三、注意控制理论及研究启示

1.注意控制理论与线索研究范式

注意控制（Intentional Control）理论在心理学的研究有两方面：一是研究哪些特征的刺激会容易被注意；二是研究个体注意外界刺激的方式。Anderson（安德森，1998）等学者在长时记忆领域的研究发现，注意控制与注意资源二者的关系，长时记忆的提取需要一定注意的资源却不受注意的控制，而其编码既需要注意资源又受注意控制[3]。我国北京大

---

①施良方.学习论[M].北京：人民教育出版社，2019：320.

②[英]斯图尔特·霍尔.表征——文化表象与意指实践[M].徐亮，译.北京：商务印书馆，2003：35.

③Anderson N D, Craik F M, Naveh B M.The attention demands of encoding and retrieval in younger and older adults: 1. Evidence from divided attention costs[J]. Psychology and Aging, 1998, 13：405-423.

学包燕等人通过实验发现，短时记忆中的知觉组织在编码和提取阶段都受注意控制，但记忆任务类型不同，注意控制的作用和表现形式会有所不同[①]。可以确定的是，注意选择信息的方式受到个体当前的任务目标和外界信息的性质两方面影响[②]。注意控制的研究范式包括"线索范式、搜索范式、双任务范式、过滤范式"等[③]。考虑到学习资源画面中的线索设计是为了对知识关系的明确辨识、为知识目标的有效搜索做好铺垫，拟将色彩线索假设为一种有效的视觉线索。

根据注意控制心理学理论，线索（Cuing）的本质就是对注意指向的引导与控制[④]，线索范式研究常用的自变量是线索的有效性、线索的类型。线索是指导学习资源设计的重要手段，是吸引学习注意力并促进学习者对知识内容的选择、组织、整合的非内容信息[⑤]。线索在多媒体学习中是一种吸引学习注意、促进学习者组织、选择、整合学习资源的非知识信息（如色彩、箭头、高亮），可以降低学习者的外在认知负荷，进而优化学习效果。但线索的加入在有效引导注意和提高学习效果上是否具有稳定性，仍存在不一致的结论（王福兴，2016）[⑥]。线索实验的自变量通常是：线索有效性（线索指向的位置和紧随其后的刺激出现的位置的吻合程度）分为有效线索、中性线索和无效线索。心理学的实验研究虽然有诸多值得借鉴的理论依据和实验研究范式，但不能代表教育科学实践领域的研究。

2.研究启示

（1）"视觉线索"是学习者了解知识的"端绪"或"路径"

视觉线索可以帮助学习者理解知识关系形态，具有连续性和网络化的特点。学习者只有注入自己的"意"到知识表征对象的发展脉络上，形成对知识表征对象的持续性学习注意，才能在大脑中对其产生明确的"视觉线索"。学习者对色彩的感知会使其大脑中形成不同事件之间顺序转换或相互转换的"视觉线索"，构筑统一的知识网络和信息链接，梳理学习者对知识关系的逻辑思路。显然，知识关系形态主要是对学习注意的保持产生直接的影响。

（2）色彩关系的秩序感和层次感在客观上诱导了学习者对知识关系的追逐

色彩关系的秩序感和层次感可能会对所学知识的注意更加持续稳定，同时避免了碎片化无序混乱信息引发的注意分散。线索范式的研究常依据线索的有效性进行线索类型的划分，但是考虑到教育科学领域中学习资源画面中线索的功效就是为了对知识关系的明确辨识、为知识目标的有效搜索做好铺垫，我们把色彩线索假设为一种有效的画面线索。如前所述，色彩线索属于一种刺激的定性变化，常被作为一个自变量。当色彩附着在知识关系形态上，色彩之间的关系淡化了，知识之间的关系显化了，使知识关系形态更为鲜明，便于学习者对知识关系的充分辨识。因此，色彩表征的知识关系形态有助于学习者产生持续性学习注意，完整地了解知识关系。

①包燕, 王甦. 注意控制与短时记忆的知觉组织[J].心理学报, 2003, 35(3):285-290.
②杨海波. 注意控制心理学[M]. 天津:天津教育出版社, 2014:26-40.
③杨海波. 注意控制心理学[M]. 天津:天津教育出版社, 2014:48-61.
④杨海波. 注意控制心理学[M]. 天津:天津教育出版社, 2014:48.
⑤Mayer R E. The Cambridge Handbook of Multimedia Learning 2nd Edition[M]. Cambridge University Press, 2014, 328.
⑥谢和平, 王福兴, 周宗奎. 多媒体学习中线索效应的元分析[J]. 心理学报, 2016, 05.

（3）"色彩线索"是构建知识关系形态建立知识结构关联的色彩表征设计形式

"色彩线索"是对色彩关系的调节，色彩线索设计形式是组织、选择、整合知识材料的一种连续的、内隐的色彩关系设计形式，是构成学习资源画面中知识链接统一的色彩传递信息，有助于建立知识之间的结构关联。利用色彩线索的设计，将知识按其内在逻辑结构或顺序组接起来，学习者更易产生持续性学习注意，大脑会形成知识的认知端绪或认知路径，在构建知识结构的同时呈现出明确的视觉线索。合规律的色彩线索设计使知识之间的内在联系更为鲜明，诱导学习者沿着正确的认知途径进行学习。

四、信号检测理论及研究启示

1.信号检测理论的研究

根据信号检测理论（Signal-detection theory，简称 SDT），检测一个信号（即一个目标刺激）有四种可能结果：正确肯定的信号（正确辨别目标）、错误肯定信号（错误辨别并不存在的目标）、正确否定信号（正确辨别目标不存在）、错误否定信号（错误地漏掉了目标的出现）[①]。信号检测常常用来测量警觉状态下个体对目标出现的注意的敏感性，在记忆研究中用来控制猜测效应。

人对"信号"的"警觉"与"搜索"必须依托灵敏的刺激的出现。"搜索"与"警觉"不同，"搜索"是积极熟练地寻找目标，"警觉"是被动地等待刺激信号的出现，也是个体在长时间内"注意"到刺激阈的一种能力。当人们寻找某些区别性特征（如色彩、大小、方向、近似程度、差距等），就能够进行"特征搜索"，此时只要扫描环境中的该特征即可；如果目标刺激没有独一无二的区别性特征，找到这目标的唯一办法是进行"联合搜索"，即个体需要进行主动的目标驱动的注意加工（Treisman，1993）[②]。调节信号检测的注意加工应高度"局部化"，使个体便于启动在检测到信号时快速应对的状态，且受"预期"的影响较大（Motter，1999）[③]。在"警觉"任务中，与"定位"相关的预期对反应效率（即检测到目标信号的速度和准确度）影响很大，刺激的凸显会使被试捕获注意，控制类似亮度等因素时会发生这种效应。在信号检测过程中，注意系统必须协调搜索，有时必须同时执行两个或更多不同的任务，要求被试在所注意的活动中关键事件发生时按下手中的按钮（Ulric Neisser，1975）[④]。有研究表明，不同的色彩的变化会传递出不同的刺激"信号"[⑤]。

2.研究启示

（1）"学习注意"是学习者主动进行知识目标驱动的一种注意加工过程

"刺激驱动"注意逐渐过渡到"目标驱动"注意的过程中，形成"刺激驱动→目标导向"的客观条件尤为重要。"视觉信号"是学习者控制学习行为指导操作交互的"指令"（包括禁止、警告、提示等），帮助学习者控制人机交互行为，具有凸显性和敏感性的特点。学习者只有注入自己的"意"到知识表征对象的目标切换上，形成对色彩表征知识目

[①]［美］Sternberg R J. 认知心理学(第三版)[M]. 杨炳钧, 译. 北京:中国轻工业出版社,2006:63.
[②]［美］Sternberg R J. 认知心理学(第三版)[M]. 杨炳钧, 译. 北京:中国轻工业出版社,2006:65.
[③]［美］Sternberg R J. 认知心理学(第三版)[M]. 杨炳钧, 译. 北京:中国轻工业出版社,2006:62-63.
[④]［美］Sternberg R J. 认知心理学(第三版)[M]. 杨炳钧, 译. 北京:中国轻工业出版社,2006:75.
[⑤]Ravi P M. Blue Or Red? Exploring the Effect of Color on Cognitive Performance[J]. The Association for Consumer Research, 2009, (36)1045-1046.

标形态的分配性学习注意，才能在大脑中形成正确的目标辨别，才能在大脑中对其产生准确的"视觉信号"。学习者对色彩的感知会使其大脑中形成有助于产生学习交互行为的"视觉信号"，聚焦凸显的知识节点以及交互指令，牵制学习者对知识目标的学习步调。学习者注意到知识表征对象的目标转换上，形成对知识表征对象的分配性学习注意。

（2）不同的色彩目标可能会产生不同的注意目标导向

色彩可以产生视觉刺激，色彩还可以与"知识内容、知识关系、知识目标"整合成知识信息的色彩表征，这就为形成不同"刺激驱动→目标导向"的学习注意过程创造了客观条件。当色彩附着在具有固定的知识结构、完整知识链条的知识目标形态中，凸显出具有目标指向性的独立结构，使知识目标形态更为鲜明，便于学习者对知识目标的及时关注。色彩表征的知识目标形态即色彩目标，由于色彩目标的变化从客观上诱导了学习者对知识目标的捕获，使其对该知识目标更加敏感，同时避免了无效刺激引发的注意转移。因此，色彩表征的知识目标形态有助于学习者产生分配性学习注意，提醒学习者对知识目标的交互控制。

（3）"色彩信号"是完成知识交互形态并用于控制知识目标的色彩表征设计形式

色彩信号设计形式是促进高效交互操作的一种迅即的、外显的色彩目标设计形式，是构成知识目标之间相互切换的色彩控制指令，有助于学习者通过对色彩的迅速辨识产生执行学习步骤的准确预判。色彩信号的设计是一种引导交互操作的色彩符号设计，在分配性学习注意阶段，色彩信号作为一种凸显的特征整合体，易于产生捕获注意的视觉信号，为分配性学习注意的形成创造客观条件。有效的色彩信号设计使知识目标的指向性十分明确，使学习者顺利地执行交互操作，及时收到反馈，进而完成学习任务。

利用色彩信号设计，将知识目标之间的节点按学习需要控制起来，学习者极易产生分配性学习注意，大脑会在瞬间形成暗示学习行为的认知符号，在捕获知识目标的同时显现出迅即而灵敏的视觉信号。相对适宜的色彩信号设计使知识目标的指向更为鲜明，避免注意的转移，诱导学习者在学习过程中顺利地执行操作交互，完成学习任务。色彩表征与知识目标形成一种随动关系，可以降低外在认知负荷，保持最佳的学习动机水平。学习者的内部学习动机可以通过增加色彩表征的感染力而增强，色彩表征附着在知识目标上。色彩表征与知识目标之间形成了一种"随动关系"，形成一种内部学习动机的积极的"诱因"，降低外在认知负荷，保持最佳的学习动机水平。色彩表征与知识目标一致性增强了学习者的内部学习动机，有利于增强学习过程中学习者视觉通道中色彩信息对知识目标的指向性，缩短信息加工和搜寻知识目标的时间，提高学习效率。

第三章 影响学习注意的多媒体画面色彩表征设计模型构建

　　影响学习注意的色彩表征设计模型构建的主要依据是学习注意的相关分析与色彩表征的相关分析。本研究对学习注意的分析主要是对学习注意类型的分析和对学习注意过程的分析；对色彩表征的分析主要是对色彩表征基本特征和基本形态的分析。模型构建是在上述两方面的基础上形成的。影响学习注意的色彩表征设计模型的构建，主要包括色彩表征设计的关系模型与操作模型两方面内容。关系模型的构建从影响学习注意的色彩表征基本形态分析开始，探讨色彩表征的知识内容形态、知识关系形态、知识目标形态这三种基本形态对学习注意的影响，进而构建关系模型并解释其内涵；操作模型的构建从分析影响学习注意的色彩表征的设计形式开始，利用专家咨询的方法探讨色彩表征影响学习注意的相关因素，梳理设计目的与任务、设计流程与方式，形成操作模型的架构，并阐释了操作模型的内涵。色彩表征影响学习注意的关系模型与操作模型共同构建了色彩表征的设计模型。

第一节　学习注意类型与过程的分析

　　通过学习注意的相关研究，本研究为了构建设计模型主要针对"学习注意类型"的分析与"学习注意过程"的分析两个方面，具体分析如下。

一、学习注意类型的分析

　　在教育科学研究领域，目前关于学习注意类型的解读有多种，例如：根据学习者有无预定目标以及是否需要意志努力的参与分为无意注意与有意注意，根据学习者的行为与动作对注意捕获的影响分为外显性注意和内隐性注意等。由于学习注意是一个伴随着知识意义建构的阶段性过程，其类型在此过程中逐渐衍变，以上这些分类形式并不适合直接探讨学习资源画面设计的问题。在心理学研究领域，常常按照注意的功能将其分为"选择性注意""持续性注意""分配性注意"[①]。注意的功能包括三方面：选择的功能，选择有意义的、符合需要的、与当前活动相一致的刺激，避开与之无关、干扰当前活动的各种刺激并抑制对它的反应；保持的功能，使注意对象的内容或印象维持在意识中，得到清晰准确的反应；调节和监督的功能，控制心理活动向着一定方向或目标进行。本研究为了优化学习资源画面设计，拟从配合学习注意过程阶段性变化的视角，结合注意的功能将其归结分为选择性学习注意、持续性学习注意、分配性学习注意三种类型。

1.选择性学习注意

　　选择性学习注意是指学习者在学习过程中瞬间选择反映知识实质的主要内容，忽略其

①[美]Sternberg R J. 认知心理学(第三版)[M]. 杨炳钧, 译. 北京:中国轻工业出版社, 2006:63.

他非主要知识信息，是确保有限的注意资源高效率运行的基础。一般来说，选择性注意的过程中会出现无意注意与有意注意，而注意的选择是有意注意的主要功能之一[①]。学习者对知识信息的心理表征始于学习者基于感觉经验的有意注意，即选择性学习注意。优质的学习资源应在客观上利用有效的刺激强化对知识信息的选择性学习注意，避免新异刺激（如强烈的色彩刺激）引起注意朝向反射的现象[②]。

2.持续性学习注意

持续性学习注意是指学习者在一段时间内面对复杂的认知活动保持对知识信息注意的相对稳定，是学习者利用有限的注意资源捕获完整知识信息的保障。当学习者不能保持注意的持续进行时，会出现与注意稳定相反的注意分散。优质的学习资源应在客观上避免无效信息或冗余信息（如色彩冗余）带来的注意分散，维持学习者对主要的、重要的、核心的知识及其相互关系的注意稳定。

3.分配性学习注意

分配性学习注意是指学习者在同一时间对两种或两种以上的目标进行注意，在各个知识目标之间形成注意的往返，是学习者利用有限注意资源完成复杂学习任务的基本要求。当学习者对分配的活动不熟悉或者这些活动较为复杂，或者是偏重智力的活动，那么注意资源的分配就会比较困难，反之就较为容易。优质的学习资源画面设计应在客观上针对学习活动的复杂程度、学习性质（智能的、技能的）以及学习者的个体差异、交互操作的需求进行恰当的设计，避免因注意资源有限而对多个目标分配不足的注意瞬脱现象[③]。

二、学习注意过程的分析

建构主义学习观认为，学习不是学习者被动地接受知识信息刺激，而是学习者主动地对知识进行"意义建构"。意义建构是要协助学习者对知识信息所反映的事物的"性质、规律"以及与该事物相关的新旧知识之间的"联系"产生深刻理解，意义建构的过程是学习者主动地搜索并分析相关知识信息的过程。学习过程对学习者而言是一个复杂的心理活动过程，有效的"学习注意"能使学习者顺利地对知识进行"意义建构"。本研究认为：学习注意是学习者的心理活动过程；学习注意出现在学习过程的学习者领会知识信息的阶段；学习注意是一个注意的加工过程；学习注意是刺激驱动捕获注意过渡到目标驱动捕获注意的过程。

1.学习注意是学习者的一个心理活动的过程

彭聃龄（2019）认为，"注意"指向并集中在一定对象之后，会保持一定的时间，维持心理活动的持续进行[④]。Broadbent（布罗德本特，1958）、Treisman（特瑞斯曼，1964）、Norman（诺曼，1968）等学者在早期的注意研究中，均认为注意伴随着信息加工的某个特定阶段。Johnston & Heinz（约翰斯顿、海因茨，1978）认为，注意伴随着信息加工的多个阶段，尽管这些理论的解释存在差异[⑤]，但是可以确定学习注意是伴随着信息加工过程的某个心理活动过程。Broadbend 认为，人的神经系统在加工信息方面是有限

①Sternberg R J. 认知心理学(第三版)[M]. 杨炳钧, 译. 北京:中国轻工业出版社, 2006:61-79.
②彭聃龄. 普通心理学(第五版)[M]. 北京:北京师范大学出版社, 2019:200.
③彭聃龄. 普通心理学(第五版)[M]. 北京:北京师范大学出版社, 2019:205.
④彭聃龄. 普通心理学(第五版)[M]. 北京:北京师范大学出版社, 2019:200.
⑤彭聃龄. 普通心理学(第五版)[M]. 北京:北京师范大学出版社, 2019:205.

的，信息在通过感觉通道进入神经系统时，只有一部分信息可以通过这个机制，并接受进一步加工，其他信息被阻隔在外 [①]；Deutsch 认为，人对信息的选择发生在信息加工后期的反应阶段 [②]；Johnston 认为，"注意"在不同的信息加工阶段都有可能发生 [③]；双加工理论认为，人类的认知加工有两类，其中不受认知资源限制的"自动化的注意加工"的过程由适当的刺激引发，发生较快，受认知资源限制的"意识控制的注意加工"则可以在环境的变化下不断进行调整 [④]；从学习活动的视角，Gagne 指出，"注意"出现在学习活动的早期，认为"注意"出现在整个学习活动的"领会阶段"（位列学习活动的八个阶段中的第二个阶段），在此阶段学习者的注意指向与学习目标有关的各种刺激 [⑤]。从信息加工过程的视角分析，Broadbend、Deutsch 认为"注意"出现在信息加工的某个特定阶段上；Johnston 认为，"注意"是多阶段的。可见，在理论层面上，注意的心理活动究竟是出现在学习过程的某个特定阶段还是出现在多个阶段曾存争议。

2.学习注意是学习者对知识信息的注意加工过程

学习注意是一个注意的加工过程，注意加工是指学习者如何实施注意。注意资源的总量是有限的，注意加工的过程中会消耗有限的注意资源（Kahneman，1973）[⑥]。在人对事物的刺激特征进行注意的"自动加工"时无须消耗注意资源，而人对知识信息与刺激特征整合的客体（即特征整合体）进行"序列加工"时，会消耗一定的注意资源（Treisman，1980）[⑦]。某个刺激特征的相对凸显会导致其占据注意分配的空间位置，并决定注意是否朝向刺激所在的空间位置。人会消耗大量的注意资源对刺激所在的特征整合体进行"精细加工"（Theeuwes，1994）[⑧]。在此过程中，"自动加工"仅仅是学习者通过选择性注意对知识内容刺激特征实施的最初的注意加工；"序列加工"则是学习者通过持续性注意对知识关系特征整合体实施的进一步注意加工；"精细加工"才是学习者通过分配性学习注意完成对知识目标特征整合体实施的最终的注意加工。可见，学习注意的加工过程是伴随学习者"选择性注意→持续性注意→分配性注意"对知识信息进行注意的"自动加工→序列加工→精细加工"的一个完整过程。

据此可以推测，学习注意起初是一种无序列的、具有独立特征的、用时极少的、不需要占用注意资源的瞬间的对知识信息的自动加工；学习注意随后会发展为一种有序列的、具有特征整合性的、用时较多的、占用注意资源的、有意识的、持续的对知识信息的序列加工；学习注意受到"特征整合体"影响，发展为根据需求用时的、占用注意资源的、有意识地分配注意资源的精细加工。如此推论说明，从注意的心理加工机制来看，注意具有不同的类型，可归结为选择性注意、持续性注意和分配性注意三种。

①Broadbent D E,From detection to identification:Response to multiple targets in rapid serial visual presentation[J]. Perception and Psychophysics, 1987, 42(2):105-113.

②彭聃龄. 普通心理学(第五版)[M]. 北京:北京师范大学出版社, 2019:198-204.

③Deutsch J A ,Deutsch D. Attention: Some theoretical considerations[J]. Psychological Review, 1963, 70:80-89.

④[美]Anderson J R. 认知心理学及其启示(第七版)[M]. 秦裕林, 等译. 北京:人民邮电出版社, 2011:69.

⑤施良方. 学习论[M]. 北京:人民教育出版社, 2019:319.

⑥杨海波. 注意控制心理学[M]. 天津:天津教育出版社, 2014:9.

⑦Treisman A M, Gelade G A. Feature-intergration theory of attention. [J]. Gognitive Psychology, 1980, 12:97-136.

⑧Theeuwes. J. Endogenous and exogenous control of visual selection[J]. Perception, 1994, 23(4):429-440.

3.学习注意是刺激驱动过渡到目标驱动捕获注意的过程

学习注意是从"刺激驱动"捕获注意到"目标驱动"捕获注意的一个过程。注意加工的过程中，"刺激驱动"因素和"目标驱动"因素决定了学习者所注意到的对象（Corbetaa，2002）[①]。当学习者受到"刺激驱动"时，学习者所注意到的刺激特征会从其他刺激特征中分化出来。学习者不是主动地去注意知识信息，而是被动地接受知识信息的刺激特征，即知识信息所具有的刺激特征在瞬间捕获了学习者的注意。形成对知识信息的选择性学习注意，随后发展为持续性学习注意。当学习者在注意的精细加工阶段受到"目标驱动"时，会主动地扫描学习资源画面中的知识信息，学习者的注意还会在不同的知识信息之间往返，形成分配性学习注意。可见，刺激驱动因素引发的学习注意是被动的，目标驱动因素引发的学习注意是主动的，这个过程是从被动到主动的过程。

本研究认为，学习注意的过程归结为三个阶段。阶段一，学习注意的"自动加工阶段"：在显性刺激的驱动下的注意加工阶段，学习者被动地注意知识信息，产生选择性学习注意；阶段二，学习注意的"序列加工阶段"：在隐性刺激驱动下的注意加工阶段，学习者对知识信息从被动的注意逐渐过渡到主动与被动注意共存的注意，扩大了刺激驱动的范围，形成视觉的"刺激驱动→目标驱动"的过渡阶段，从选择性学习注意发展为持续性学习注意；阶段三，学习注意的"精细加工阶段"：在目标驱动下的注意加工阶段，学习者开始主动地追逐知识目标，还会进行交互操作，从持续性学习注意发展为分配性学习注意。因此，学习注意的过程是选择性学习注意、持续性学习注意、分配性学习注意的发展过程。如图3-1所示。

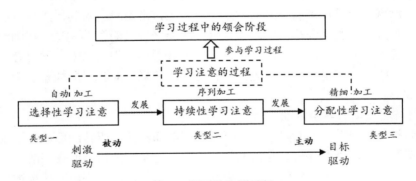

图3-1 学习注意的过程

本研究推衍出的学习注意的过程是一种理论层面最佳的、理想的学习注意过程，是学习者在正常的学习状态下可能产生的学习注意。学习注意的类型包括选择性学习注意、持续性学习注意、分配性学习注意三种基本类型。本研究从实证研究的视角以色彩表征为研究变量，探讨不同的色彩表征设计形式对学习注意的影响。

---

①［美］Anderson J R. 认知心理学及其启示(第七版)[M]. 秦裕林, 等译. 北京: 人民邮电出版社, 2011:69.

第二节　多媒体画面色彩表征的基本特征与基本形态的分析

一、多媒体画面色彩表征基本特征的分析

"多媒体画面"本质上是一种学习资源画面，多媒体画面语言包括图、文、声、像及交互五大媒体要素，色彩是多媒体画面语言中视觉信息的基本属性之一[①]。在学习资源画面中，色彩表征具有"显性刺激与隐性刺激的画面特征""视致简与实致繁的体验特征""动态变化的时空特征"三种基本特征。如图 3-2 所示。

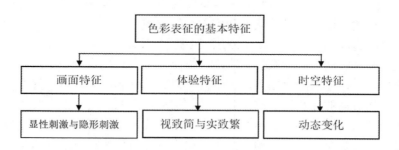

图 3-2 色彩表征的基本特征

1.显性刺激与隐性刺激的画面特征

色彩表征在学习者的大脑中会产生"显性的视觉客观刺激"，这是因为在某些情况下，多媒体色彩信息直接附着在多媒体画面的知识内容上，学习者会对其形成具象联想、感性认识的色彩心理效应；色彩表征在学习者大脑中还会产生"隐性的视觉客观刺激"，这是因为在某些情况下，多媒体色彩信息隐含在多媒体画面的知识关系中，学习者虽然不能直接对其形成具象联想，但是可以调用先前知识经验及记忆，对其形成抽象联想、理性认知的色彩心理效应。

2.视致简与实致繁的体验特征

"视致简与实致繁"是指满足学习者视觉习惯的简洁的多媒体画面承载了复杂烦琐的知识信息，使学习者产生了轻松、充盈的学习体验。这是因为简洁而直观的多媒体色彩信息有利于学习者正确地感知真实的学习情境与复杂的知识内容，规避间接描述可能带来的曲解与错误；简洁而有序的多媒体色彩信息有利于化解复杂知识的难度与深度，突出主要因素，忽略次要因素，使学习者更便于理解知识及其之间的关系；简洁而明确的多媒体色彩信息有利于学习者对在多媒体画面中的知识目标快速定位，使学习者更易于控制学习步调。学习资源画面"视致简与实致繁"的体验特征是促进学习者形成积极且良好的学习情绪的重要条件。

3.动态变化的时空特征

色彩表征在时间维度与空间维度上的动态变化会影响学习者对知识目标的指向与集中。这是因为多媒体色彩信息在时间维度上的动态变化（出现频率、延续时长、相对静止等）

[①]王志军, 王雪.多媒体画面语言学理论体系的构建研究[J].中国电化教育, 2015, 07.

易于和多媒体画面中知识目标的变化保持一致；多媒体色彩信息在空间维度上的动态变化（位置、大小、移动轨迹等）也易于和知识目标的变化保持一致。色彩信息与知识目标的一致性及其随动关系有利于多媒体画面中知识目标的凸显，疏通信息加工途径，缩短对知识目标的搜寻时间，便于交互操作，保持知识目标的始终不变。

二、多媒体画面色彩表征基本形态的分析

形态（Form）是我们认知事物的一种媒介，"形"是指事物外在的形状，是由事物边界线即轮廓所围成的呈现形式，"态"是事物的内在发展方式，即物体蕴含的"神态"。形态不仅涵盖事物的外表状态，还具有事物存在的状态、构成形式等丰富内涵。我国古代早已阐明"形"与"态"的之间的辩证统一关系。针对色彩表征的基本形态而言，本研究认为色彩表征是知识信息存在的一种状态，具有丰富的知识表征内涵，因此色彩表征具有其独特的基本形态。

色彩表征是知识表征的一种独特形式，学习科学理论指出，表征是指概念、信念、事实、模式等知识结构 [①]。知识结构论（Theory of Knowledge and Skill，简称 TKS）指出，知识是贮存在学习者头脑中的信息，可以通过直接经验（感官直接观察外部世界）获得，也可间接通过书面语言或符号获得，可以以离散的项目方式加以贮存，也可以以信息系统的方式贮存 [②]。知识具有重要的特征：①知识可以直接通过具体经验获得（借助人的某一种感官对外部世界进行观察），也可以通过替代的经验获得，这常以口头或书面的语言为手段或者通过运用其他符号语言实现。②信息是以离散的项目方式加以贮存（个别事实、概念、规则等）也可以以信息系统（或图式）的方式贮存。这种图式将离散的项目用特定的方式联系起来，图式本身可以从外部接受，也可以是学习者本身将新旧知识联系起来的内在建构方式。③一个特定专题的知识很少只是一种类型的知识，往往是陈述性知识和概念性知识的多种具体方式的结合，所以用循环圈的方式来表示知识类型之间的关系是非层级的，非排他性的。知识分为四种类型：陈述性知识信息、程序性知识信息、概念性知识信息、原理性知识信息，每一种类型又可以具体细分为若干子类。

学习资源画面提供的是一种由超链接组成的信息资源库，学习者访问资源的自由度极大，几乎没有顺序限制，可以随意取舍。这就要求画面设计在客观上应呈现出知识内容辨识度高、知识关系去劣存优的性能显著、知识目标的处理步调清晰的综合优化形态，构建"知识信息＋色彩表征"的特征整合体。因此，色彩表征的基本形态应在多媒体画面中反映知识内容、知识关系、知识目标的色彩信息的形式或状态。而从知识表征的研究视角来看，色彩表征可归结为知识内容形态、知识关系形态、知识目标形态三种基本形态，分别承载着色彩内容、色彩关系和色彩目标三类色彩信息。如图 3-3 所示。

1.知识内容形态

色彩表征的知识内容形态是反映多媒体画面中知识内容（即按照不同的知识类型对其事实、信息、原理以及概念的描述、区分与解析的知识信息）的色彩内容的形式或状态。色彩内容是体现知识本质的一种直观可视的显性刺激色彩信息，以多媒体画面中的具象色彩（包括色彩的质感、肌理、色调等表面变化）映射出与其密切关联的知识内容，使多媒

①[美]Sawyer R J. 剑桥学习科学手册[M]. 徐小东, 译. 北京:教育科学出版社, 2010:07.
②盛群力, 李志强. 现代教学设计论[M]. 杭州:浙江教育出版社, 2002:241.

体画面中的知识内容的表达更为直接、准确，在学习者大脑中更具有真实性与临场性。

2.知识关系形态

色彩表征的知识关系形态是反映多媒体画面中知识关系（即按照一定组合方式和比例构建的具有多层次、交互性的知识框架）的色彩关系的形式或状态。色彩关系是一种由多媒体色彩元素经转化、组合、布局、搭配等衍生而来的隐性刺激色彩信息，以多媒体画面中的抽象的色彩（包括色彩的数量、比例、排列次序、组合方式等结构变化）映射出与其密切关联的知识关系，使多媒体画面中的知识关系的表达更为准确且具有固定性、层次性、序列性。

3.知识目标形态

色彩表征的知识目标形态是反映多媒体画面中知识目标（即从学习的心理需求出发，凸显当前的学习对象或操作对象的知识内容集合）的色彩目标的形式或状态。色彩目标是一种由多媒体色彩信息的深浅、明暗、轻重等对比的设计手段或闪烁、高亮等设计手段，凸显当前学习对象或交互操作对象的色彩信息，使多媒体画面中的知识目标更加明确且具有方向性与集中性。

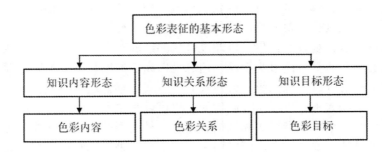

图 3-3 色彩表征的基本形态

第三节 影响学习注意的色彩表征设计关系模型

"学习资源画面"在本质上是一种"多媒体画面"。从"多媒体画面"的视角分析，影响学习注意的因素有很多，其中"色彩表征"重要且独特。前文已经探讨了色彩表征的"基本特征"及其"基本形态"，接下来进一步分析其对学习注意的影响，进而构建色彩表征与学习注意的关系模型。色彩表征与学习注意的关系模型构建过程包括：色彩表征影响学习注意的机制分析、影响学习注意的色彩表征基本形态分析；梳理色彩表征与学习注意的关系模型的构建思路；形成影响色彩表征与学习注意的关系模型。

一、色彩表征影响学习注意的机制

本研究对色彩表征影响学习注意的机制的分析是构建色彩表征与学习注意关系模型的前提，有必要对机制形成的学理依据以及该机制本身进行深入阐述。

1.色彩表征影响学习注意机制形成的学理依据

色彩表征影响学习注意机制形成的学理依据主要是基于信息加工的视角、知识表征的视角、特征整合的视角等方面。

（1）从信息加工的视角来看，加涅提出的信息加工理论为色彩表征与学习注意的关系机制提供了重要依据

本研究依据对信息加工理论中信息流环路的分析，色彩表征可能会控制注意的执行过程；由于短时记忆容量有限，色彩表征的信息数量不宜过多；色彩表征通过信息流环路进入长时记忆，长时记忆中的知识经验基础可能会影响学习注意。

A. 色彩表征可能会控制注意执行的过程

加涅的学习与记忆的加工过程（第二章理论基础之图 2-2）指出，学习与记忆是密切联系在一起的，"信息流"在"学习者"与"学习环境"之间形成一个"环路"，两者不断相互作用[①]。当刺激进入学习者"感觉接受器"后以感觉的方式被"接受"，并在感觉登记器中被登记，接下来会对突出的"刺激特征"进行"选择性注意"[②]。"注意"的过程是一种定势，一旦注意某种刺激后，它就会起到一种"控制"注意执行过程的作用，只对某些刺激予以加工。注意定势是由外部刺激"激活"的，最初的注意往往是因刺激的突然变化引起的，大脑一旦注意某种刺激后，被激活的"刺激"会控制注意执行的过程[③]。

学习是学习者与学习环境相互作用的结果，学习者从环境中接受刺激，学习环境中某些因素产生的视觉刺激（可能是信号、线索等）"激活"或"变更"知识信息的流程。学习者在某些认知策略的影响下，会对外部刺激产生"注意"，在短时记忆中进行编码，并把它们转换为学习行为。色彩表征来自学习环境，它伴随着学习资源进入感觉登记器，进入学习者大脑对知识信息的加工过程中。信息加工过程是一个"信息流"的环路，是循环发展的，色彩表征作为来自学习环境的一种刺激特征，可能会控制学习注意的执行过程。

B. 短时记忆容量有限，色彩表征的信息数量不宜过多

加涅的信息加工模型结构假设（第二章理论基础之图 2-3）指出，信息进入感觉登记是非常短暂的记忆存储，一般在百分之几秒内就可以把来自感受器的信息登记完毕[④]。信息的表征形式在"感觉登记器"中可能只保留几分之一秒的时间。被感觉登记了的信息会快速进入短时记忆，信息在"短时记忆"中保持时间很短（20~30 秒）且容量有限，只能存储 7 个左右的信息项目，一旦大于 7 个项目，新进入的信息就会把原有信息赶走[⑤]。信息经过"感觉登记器"进入神经系统，从"反应发生器"（反应发生器具有信息转换或产生动作的功能）中发出的神经信息激活了"反应器"，使学习者产生了作用于学习环境的学习行为。

学习资源画面色彩表征设计策略应充分考虑信息项目的存储量，不能大于 7 个，否则无法顺利地从感觉登记进入短时记忆。被感觉登记了的色彩信息会快速进入短时记忆，受短时记忆容量的限制，只能存储有限的数量，多余的色彩信息被短时记忆拒之门外。学习资源中的色彩信息的数量不宜过多，应便于学习者顺利地进行感觉登记，并考虑短时记忆的存储量有限的因素，采用简洁的设计策略。需要指出的是，色彩信息在知识信息加工过

①施良方. 学习论[M]. 北京:人民教育出版社, 2019:317.
②施良方. 学习论[M]. 北京:人民教育出版社, 2019:318.
③施良方. 学习论[M]. 北京:人民教育出版社, 2019:320.
④施良方. 学习论[M]. 北京:人民教育出版社, 2019:316.
⑤施良方. 学习论[M]. 北京:人民教育出版社, 2019:316.

程中也许不是最主要的因素，学习者也许由于某种重要的学习动机忽视色彩表征的存在，学习者的主观学习动机会大于画面色彩表征的影响。但是不可否认，色彩表征的设计是否合理，会影响学习者在选择知识内容、持续关注知识信息、根据学习需求进行的学习交互和知识目标的捕获的效果。从信息加工的视角分析，色彩表征可能是影响学习注意的重要因素之一，会对学习者的认知负荷产生影响，从而影响信息加工的流畅性。

C. 色彩表征通过信息流环路进入长时记忆，长时记忆中的知识经验基础可能会影响学习注意

加涅的信息加工模型结构假设（第二章理论基础之图 2-3）指出，短时记忆与长时记忆并非不同的记忆结构，而是同一记忆结构中不同的作用方式。当短时记忆的信息进入长时记忆时，可能被检索回到短时记忆，新的知识信息与学习者"已有的知识经验"共同重新进入短时记忆 [1]。从"长时记忆"或"短时记忆"中检索出来的知识信息进入"反应发生器"，从反应发生器中发出来的神经信息激活"反应器"，产生了学习行为，信息得到了加工，学习发生了 [2]。色彩表征具有"知识内容形态、知识关系形态、知识目标形态"三种基本形态，基本形态承载的色彩信息被感觉登记器登记后，随即促使学习者产生学习注意，进入短时记忆与长时记忆。色彩表征的基本形态还可能与长时记忆中的已有知识经验结合，从长时记忆重新回到短时记忆，长时记忆中的知识经验可能会对学习注意产生一定影响。

（2）从特征整合的视角来看，特征整合理论为色彩表征影响学习注意的关系机制提供了重要依据

本研究依据对特征整合理论的分析，色彩表征可能会有助于学习者节省有限的注意资源，并扩大学习者对知识信息的捕获量。

A. 色彩表征可能有助于学习者节省有限的注意资源

特征整合理论指出，事物的各种特征都具有无须额外时间进行额外的认知加工、与其他特征同时出现、不需要占用注意资源的三大特点。人的神经系统"注意资源"容量有限，色彩信息作为一种事物的特征，无须人的大脑进行额外的认知加工、不需要占用有限的认知资源。色彩与事物形成的"特征整合体"才会引发人对事物的注意，而不是色彩本身引发了人对事物的注意（除非是欣赏艺术作品中的色彩形式美）。在学习资源画面中，色彩表征是色彩信息与知识信息的特征整合体，色彩表征的基本形态承载着色彩信息，利用色彩表征可以快速形成对知识信息的注意，在信息加工过程中节省注意资源。

B. 色彩表征可能会扩大学习者对知识信息的捕获数量

由于色彩具有迅速进入人的注意的心理机制，学习资源画面色彩表征设计可以利用这一机制，设计者可以将色彩表征与知识信息整合起来，形成色彩信息与知识信息的特征整合体，也就是色彩表征的基本形态（知识内容形态、知识关系形态、知识目标形态）。色彩表征的基本形态承载着色彩信息，当色彩信息进入感觉登记器，会激发学习注意，形成视觉意象，知识信息会进入短时记忆。色彩表征具有整合知识信息的独特优势，色彩表征设计可能会解决注意资源有限的问题。色彩表征可能会帮助学习者快速捕获知识信息，同

①陈琦, 刘儒德. 当代教育心理学[M]. 北京:北京师范大学出版社, 2004:93.
②陈琦, 刘儒德. 当代教育心理学[M]. 北京:北京师范大学出版社, 2004:94.

一时间内，扩大对知识信息的捕获量，帮助学习者更快、更多、更有效地获取知识信息。

（3）从知识表征的视角来看，双重编码理论为色彩表征与学习注意的关系机制提供了重要依据

本研究依据对双重编码理论的分析，色彩表征基本形态的变化可能会影响视觉意象的变化；色彩表征基本形态的变化还会影响学习者对知识信息的领会；色彩表征基本形态还会影响知识信息在大脑中短时记忆的形成。

A. 色彩表征基本形态的变化可能会影响学习者大脑中视觉意象的变化

知识表征会在学习者心理产生两个不连续的心理编码，一是"字词和概念"以"符号形式"进行心理编码的；二是"意象"以形象形式进行心理编码的（Paivio，1971）[1]。在以色彩表征为主的学习资源画面中，主要是以"形象形式"进行视觉"意象"心理编码的。"意象"中的"意"即学习者的情感、意识、经验，"象"即学习资源画面色彩表征的基本形态。"意象"即学习者选择某个"象"并加以"注意"之后，在其大脑中出现的主观形象或联想。学习者只有注入自己的"意"到某个知识对象上，才能在大脑中对其产生"视觉意象"。基于"意象"的心理表征系统中包含着非空间的视觉特征，即"色彩或形状"的表征[2]。

色彩信息进入"感觉登记器"后，形成刺激会激发不同的学习注意类型，学习者大脑中产生的视觉意象也不同。由于学习注意有其分类、发展与变化，视觉意象发生在学习注意之后，"意象"在主观上会受学习者的情感、经验、意识的影响而发生变化，在客观上受色彩表征变化的影响而发生变化。色彩表征基本形态的不同会影响"视觉意象"的变化，视觉意象随着"选择性学习注意、持续性学习注意、分配性学习注意"发展，受色彩表征基本形态的影响呈现出发展变化的趋势，这种变化的趋势是"模糊的视觉意象→清晰的视觉意象→精准的视觉意象"。"视觉意象"出现在"学习注意"之后，"短时记忆"之前，在学习者大脑中视觉意象只有从模糊的意象中逐渐清晰起来，发展为精准的视觉意象，才会进入长时记忆。在此过程中，色彩表征的基本形态会发生作用，视觉意象会伴随学习注意的过程发生变化。

B. 色彩表征基本形态的变化可能会影响学习者对知识信息的领会

"学习注意"出现在学习之初的学习者对知识信息的"领会"阶段，学习者大脑中视觉意象的变化可能会影响学习者对知识信息的"领会"程度，色彩表征基本形态（知识内容形态、知识关系形态、知识目标形态）的变化可能影响学习者对知识信息的"领会"过程，使学习者对知识信息产生了"浅层→深层→精准"的领会过程。这是因为：

模糊的"视觉意象"只会在信息加工初期使学习者的大脑对知识信息产生一种"初步（浅层）的领会"。这意味着学习者在注意的"自动加工阶段"对知识信息仅仅停留在初步了解的水平，这是进入深层领会的必经之路。初期的视觉意象出现在学习过程中"对刺激特征的选择性注意"之后，在此期间色彩表征基本形态发挥作用，其变化可能会影响学习者对知识信息的浅层领会。

清晰的"视觉意象"会使大脑对知识信息产生一种"深层的领会"。这意味着学习者

①［美］Sternberg R J. 认知心理学（第三版）[M]. 杨炳钧，译. 北京：中国轻工业出版社，2006：166-172.
②［美］Sternberg R J. 认知心理学（第三版）[M]. 杨炳钧，译. 北京：中国轻工业出版社，2006：193.

在注意的"序列加工阶段"对知识关系的进一步了解，并能够跟随主观意识保持注意的稳定。逐渐清晰的视觉意象出现在信息加工的信息流循环过程中，是持续性学习注意的结果，受色彩表征基本形态的影响，其变化可能会影响学习者对知识信息的深层领会。

精准的"视觉意象"会使学习者的大脑对知识信息产生"精准的领会"，这意味着学习者在注意的"精细加工阶段"对知识信息的了解最为深刻，并能够跟随主观意识与经验合理分配自己的学习注意。精准的视觉意象出现在信息加工的信息流循环过程之中，是分配性学习注意的结果，受色彩表征基本形态的影响，其变化可能会影响学习者对知识信息的精准领会。

可见，色彩表征的基本形态影响了视觉意象的变化，视觉意象的形成有利于学习者的学习过程从对知识信息的领会阶段顺利过渡到获得阶段。利用色彩表征表达知识信息，影响了学习注意的过程，与知识结构同化或顺应，改变大脑中的图式，从而使学习者进一步获得知识，学习由此才能真正地发生。需要指出的是，影响学习者大脑中的视觉意象形成的因素很多，从学习资源画面设计角度来看，学习资源画面呈现的是一个完整的视觉效果，色彩表征仅仅是其中的一个基本属性。色彩表征或许可以独立地影响视觉意象的形成，或许是与其他画面属性（图、文、声、像、交互）共同影响视觉意象的形成。

2.色彩表征影响学习注意的作用机制

通过上述色彩表征影响学习注意的学理分析，本研究认为色彩表征对学习注意的影响是一种循环发展的作用机制。在学习环境刺激的作用下，大脑会在"感受器"接受环境所输入的知识信息，知识信息经过"感觉登记器"进入神经系统，大脑可能会产生"学习注意"。在"注意"之后、"短时记忆"之前，可能会出现对知识信息的"视觉意象"，进而产生对知识信息的"领会"。此时的知识信息在大脑中保留的时间极短，之后从"反应发生器"中发出的神经信息激活了"反应器"，学习者随即就会产生作用于学习环境的学习行为。基于信息加工过程的色彩表征与学习注意的关系机制是个循环机制，本研究基于上述学理分析的基础构建了色彩表征与学习注意的作用机制图，之后推衍出色彩表征与学习过程的循环结构图。

色彩表征可以起到鉴别和筛选信息的作用，还可以提高注意水平。信息在感觉登记器中存储信息的时间很短，注意要及时捕捉到信息的某种刺激，对注意到的刺激信息予以注意加工。只有被注意到的信息才会进入短时记忆，那些没有被注意到的信息很快消失了，也没有进入短时记忆。注意起到了筛选信息的重要作用，能否起到筛选作用主要取决于色彩表征设计。色彩表征会激发学习注意，不同的色彩表征设计会导致学习者产生不同的学习注意，不同的色彩表征可以使注意对知识信息产生不同的筛选结果。

为了阐明色彩表征影响学习注意的信息加工原理，本研究首先构建了色彩表征影响学习注意的作用机制图，包括"色彩表征、学习注意、学习资源"三方面主要因素，还包括感受器、感觉登记器、视觉意象、短时记忆、对知识信息的领会、反应发生器、认知策略等相关因素。如图3-4所示。

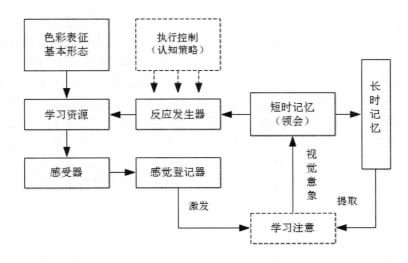

图 3-4　色彩表征与学习注意的作用机制

作用机制图表明：学习资源色彩表征进入感觉登记器，激发学习者的学习注意，在学习者头脑中产生视觉意象，使学习者产生对知识信息的领会，形成短时记忆，逐渐形成长时记忆；短时记忆中的信息可能会经过反应发生器，作用于学习资源，此时色彩表征可能再次与学习资源整合，形成感觉登记，激发学习注意，产生视觉意象，再次进入短时记忆；短时记忆也可能发展为长时记忆，学习者大脑在长时记忆中提取已有知识经验，影响学习注意，产生视觉意象，进而形成一种循环发展的机制。

然而，虽然学习注意出现在学习之初，但它不仅仅发生在学习之初，它是伴随信息加工过程出现的"选择性学习注意、持续性学习注意、分配性学习注意"的变更过程。本研究认为，学习环境中的色彩表征可能会"激活"或"变更"学习者大脑对知识信息流程；学习者在知识内容形态、知识关系形态、知识目标形态等学习资源画面色彩表征基本形态的影响下，会对其产生选择性学习注意、持续性学习注意、分配性学习注意，在短时记忆中进行编码并把它们转换为学习行为；这个注意的变更过程对应了学习者对知识信息的"初步领会→清晰领会→精准领会"的领会过程，只有实现了这个过程，才可能将知识信息存储于短时记忆，形成对知识的获得，最终进入长时记忆。因此，本研究在上述单循环图的基础上，构建了色彩表征影响学习注意的循环结构图。如图 3-5 所示。

循环结构图表明：色彩表征的知识内容形态与学习资源整合，进入大脑的信息加工系统的"感受器"，某些知识信息会在"感觉登记器"里被登记，激发了"选择性学习注意"的出现，学习者大脑对知识信息会形成初步的视觉意象，对知识信息产生浅层的领会，并第一次进入短时记忆。此时，伴随着"选择性学习注意"进入短时记忆的信息可能会进入本轮的"反应发生器"，回到原有的学习资源中，形成第一轮循环；也可能进入下一轮的"反应发生器"，进入下一轮的学习资源中（知识信息已经变更了），某些新知识进入"感受器"，在"感觉登记器"里被登记，激发了"持续性学习注意"的产生，学习者大脑对知识信息会形成较为清晰的视觉意象，对知识信息产生较深的领会，信息流的新知识在原有信息的基础上叠加进入"短时记忆"。此时，伴随着"持续性学习注意"，进入短时记忆的信息可能会进入本轮的"反应发生器"，回到原有的学习资源中，形成第二轮循环。这次循环可能沿着信息流向返回最初的学习资源，也可能返回到第二轮有新知识信息叠加的学习资源中，这会受到学习者个体差异以及知识难度的制约；伴随着"持续性学习注意"进入短时记忆的信息也可能进入下一轮的"反应发生器"，进入下一轮的学习资源中（知识信息又变更了，特别是伴随学习过程后期学习需求和交互需求的出现），某些新知识新目标不断进入"感受器"，在"感觉登记器"里被登记，激发了"分配性学习注意"的产生，学习者的大脑对知识信息会形成正确的视觉意象，对知识信息产生精准的领会，信息流的新知识在原来所有信息的基础上继续叠加进入"短时记忆"，在循环往复的过程中逐渐形成了对知识信息的长时记忆，长时记忆中储备的知识经验被提取后，会影响学习注意。

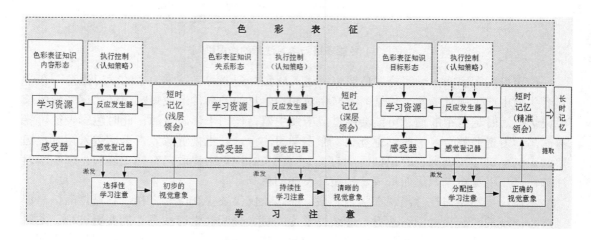

图 3-5 色彩表征与学习注意过程的循环结构

学习注意的循环可能会使学习者对知识信息的"领会"从初期的模糊阶段逐渐发展为清晰的阶段，最终达到精准领会知识信息的一种"理想状态"。这种精准领会知识信息的"理想状态"需要学习者完成多轮注意的循环。学习者能否完成多轮循环，在客观上可能会受到学习资源画面设计的影响，其中色彩表征的设计形式是影响该循环过程的重要因素之一。如果色彩表征设计能够科学合理地顺应学习注意的发展过程，色彩表征与学习注意的作用机制就发挥了积极功效，让学习者顺利接受画面刺激，激发注意的循环，使学习者对知识的领会达到精准的水平，达到较高的注意水平，有助于达到高质量的学习效果，使学习顺利地从对知识的领会阶段进入到获得阶段。如果色彩表征设计不够科学合理，可能就达不到预期的注意循环，即使进入了选择性学习注意，可能会因为画面设计的客观因素（比如色彩内容混乱、色彩线索不清晰、色彩目标迷失），导致学习者无法产生持续性的学习注意，中断了有效的学习注意，使学习者在寻找知识目标的过程中迷途，造成不良的学习后果。

二、色彩表征的基本形态对学习注意的影响

色彩表征是多媒体画面中用来表征知识对象的一切色彩信息。在学习过程中，学习者往往对色彩表征的形态"视而不见",这是因为色彩所表达的是一种感知,学习者不仅需要感受视觉刺激,还需要注入意识、情感和经验,形成对色彩信息的感觉、知觉等心理活动,才能深刻感知到色彩表征所传达的知识信息。

1.知识内容形态对选择性学习注意的影响

色彩表征的知识内容形态承载着色彩内容,色彩内容会引发具象联想,如红色会使人联想到国旗、鲜血等,在客观上强化了学习者对知识内容的辨识。知识内容形态的外部刺激特征必须是可分化、可辨识的,学习者才可能对其产生注意的选择。色彩内容是从知识内容形态的其他刺激特征中分化出来的,是一种可辨识的色彩刺激特征编码,会形成显性刺激驱动。显性刺激驱动的学习注意无须占用注意资源,学习者会本能地对知识内容实施一种初级的注意加工,即学习注意的"自动加工"。

在学习注意的"自动加工"阶段,学习者注入主观之"意"到客观之"象"上,大脑瞬间接受色彩内容显性刺激,会形成一种模糊的、不稳定的、粗浅的、初期的"视觉意象"。此时的"意"即学习者的"情感","象"即色彩表征的"知识内容形态"。学习者通过注意的自动加工对知识信息仅能产生一种"浅层领会",色彩表征的知识内容形态会对"选择性学习注意"产生直接的影响。

2.知识关系形态对持续性学习注意的影响

色彩表征的知识关系形态承载着色彩关系,色彩关系作为一种抽象色彩信息会引发抽象联想,如红色会使人联想到热情、危险,这在客观上暗示了学习者对知识关系的追逐,促使学习者维持对知识内涵与外延的稳定思考。由于色彩关系、知识关系均各具特征,需要提取两者皆具有的、便于融合的共同特征进行叠加,才能形成色彩表征知识关系形态的特征整合体。此时,学习注意不再单独接受色彩内容显性刺激的驱动,而是被附加了色彩关系隐性刺激驱动,学习者主动地注意"色彩关系+知识关系"特征整合体,持续性学习注意得以支撑,因而需要占用一定的注意资源,对知识关系实施注意的深加工,即"序列加工"。

在学习注意的"序列加工"阶段,学习注意是对知识信息"扫描→整合→确定"的序列加工过程,大脑接受色彩关系隐形刺激开始序列"扫描"刺激系列中的对象,在"整合"色彩刺激特征编码的过程中,大脑接受了完整的视觉刺激,进而可以"确定"是否存在某个特征整合体。注意的序列加工使学习者大脑中模糊的"视觉意象"变得逐渐清晰起来,具有了稳定性、序列性,此时的"意"即学习者的"意识","象"即色彩表征的"知识关系形态"。学习者通过注意的序列加工会对知识信息产生"深层领会",色彩表征的知识关系形态会对"持续性学习注意"产生直接的影响。

3.知识目标形态对分配性学习注意的影响

色彩表征的知识目标形态承载着色彩目标,利用色彩目标凸显出当前所学知识内容集合的独立结构,会使知识目标形态更为鲜明。色彩目标的相对凸显性决定了注意是否朝向知识目标的具体位置,当学习注意到达最活跃的位置时,将所捕获到的知识目标提取出来,以备对其进一步精细地分配。此时,学习者主动地注意"色彩目标+知识目标"叠加而成的特征整合体,由于其时空变化机制较为复杂,学习注意从完整的刺激驱动升级为目标驱动,分配性学习注意得以支撑,由于此时注意的集中程度最高,因而需要占用的注意资源最多，对知识目标实施注意的精加工，即"精细加工"。

在学习注意的"精细加工"阶段，学习注意是对知识信息"捕获→提取→分配"的精细加工过程，知识目标的凸显更易于大脑对特征整合体的注意"捕获"；相同或具有统一特征的色彩目标更易于大脑对知识目标的"提取"；色彩刺激特征排列越合理，对知识目标的注意"分配"就越容易。注意的精细加工使学习者大脑中已经稳定的"视觉意象"变得更为精准、正确，此时的"意"即学习者的"经验"，"象"即色彩表征的"知识目标形态"。学习者通过注意的精细加工会对知识信息产生"精准领会"，色彩表征的知识目标形态会对"分配性学习注意"产生直接的影响。

三、色彩表征与学习注意的关系模型架构及内涵

1.关系模型的架构

在学习注意的过程中，色彩表征增加了学习者对知识信息多阶段注意的概率，有助于学习者高效利用有限的学习注意资源，产生正确的视觉意象，实现对知识信息的领会。由此可以推衍出色彩表征影响学习注意的关系模型。如图3-6所示。

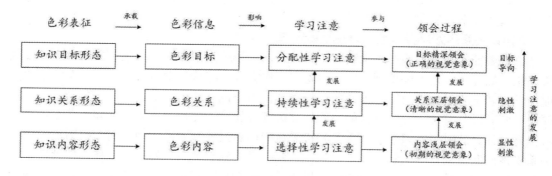

图3-6 色彩表征与学习注意的关系模型

关系模型解释了学习资源画面色彩表征对学习注意的影响。色彩表征基本形态包括知识内容形态、知识关系形态和知识交互形态，分别承载着色彩内容、色彩关系、色彩目标三类色彩信息，分别引发学习者对学习资源画面产生选择性学习注意、持续性学习注意和分配性学习注意。关系模型的构建为进一步构建操作模型奠定了研究基础。

2.关系模型的内涵

本研究提出的色彩表征影响学习注意的关系模型，包含了横向与纵向交织的双重关系。①色彩表征影响学习注意的横向发展趋势：伴随着学习过程的发展，学习注意由知识内容形态引发的"选择性学习注意"发展为由知识关系形态引发的"持续性学习注意"，随后发展为由知识目标形态引发的"分配性学习注意"，学习者的学习注意的水平逐层提升，形成了关系模型的横向发展趋势。②色彩表征影响学习注意的纵向发展趋势：色彩表征的知识内容形态促使学习者产生由色彩内容引发的"刺激驱动"的学习注意，色彩表征的知识关系形态促使学习者由"刺激驱动"过渡到"目标驱动"的学习注意，色彩表征的知识目标形态促使学习者产生"目标导向"的学习注意。色彩表征的三种基本形态支撑了学习注意的加工过程，形成由刺激驱动向目标驱动的学习注意过程。色彩表征的知识内容形态

避免了在选择性学习注意的瞬间可能出现的信息过滤现象；色彩表征的知识关系形态避免了伴随持续性学习注意可能出现的注意衰减现象；色彩表征的知识目标形态避免了在注意资源分配过程中可能出现的注意瞬脱现象，避免认知资源分配过程中忽视对重要刺激的有意识辨别。在整个学习过程中，色彩信息激发了不同阶段的学习注意，形成学习者对知识对象的多种类型的学习注意，进而形成了关系模型的纵向发展趋势。

3.关系模型的说明

学习资源画面色彩表征影响学习注意的关系模型是本研究的核心理论，力求反映出色彩表征影响学习注意的基本原理。但是，由于色彩表征的复杂性，色彩表征设计形式可能出现交互影响，色彩表征与学习者个体差异存在影响，本研究的关系模型仅仅是在理论推衍的基础上形成了一种便于画面设计的色彩表征影响学习注意的理论设想。色彩本身受到光、眼、物的影响，探究其影响注意的基本原理是一项复杂的工程，从学习注意的角度研究，必须首先从前文中提及的相关理论入手，找到研究之门，才能将复杂的色彩现象与学习资源设计结合起来进行深入研究。色彩虽然是千变万化的，但可以从画面构成的角度理出头绪，进而从学习注意的视角探究其在学习资源画面中的变化规律。具体而言：

（1）"理论分析→关系模型→基本原理"的外部研究脉络

关系模型即理论模型。从外部研究脉络分析，关系模型的形成必须经过"理论分析→关系模型→基本原理"的过程。关系模型虽然最大程度地在理论层面总结了色彩表征与学习注意之间的关系，但是尚不能从更高层面解释"色彩表征对学习注意影响的基本原理"。这是因为，原理是指自然科学和社会科学中具有普遍意义的基本规律；是在大量观察、实践的基础上，经过归纳、概括而得出的；既能指导实践，又必须经受实践的检验。任何一种基本原理的确定都应是基于大量科学研究与实证验证的基础上形成的，是稳定的、被证实的、反映本质的。本研究的关系模型的构建是从理论研究视角的总的研究推论，是本研究的理论之基，要想探讨"色彩表征对学习注意影响的基本原理"，需要在此基础上进行深入而广泛的教育实证研究。本研究是一项学习资源画面色彩表征设计的基础性研究，基础性研究工作的内容就是要从理论研究出发，从实验研究入手，为今后的实证研究打下基础。据此，本研究中经过理论推衍的关系模型的作用仅仅解释了色彩表征与学习注意之间的逻辑关系，是最终形成色彩表征影响学习注意基本原理的研究基础之一。

（2）在学习资源画面中将复杂的色彩信息分解为点、线、面的内部研究逻辑

关系模型中的色彩表征知识目标形态、知识关系形态、知识内容形态与色彩信息的色彩内容、色彩关系、色彩目标逐一对应。从画面设计的角度分析，色彩信息"点"即色彩目标的呈现形式，色彩信息"线"即色彩关系的呈现形式，色彩信息"面"即色彩内容的呈现形式。虽然在关系模型中没有指明"点、线、面"的色彩表征呈现形式，但是在色彩表征的三种基本形态中蕴含其中的色彩构成原理。本研究是针对画面设计（设计者）和用户体验设计（学习者）而进行的多媒体画面语言的色彩表征的设计研究，因此在学习资源画面中必须将色彩信息进行形式上的分解。这种分解就是基于色彩构成与平面构成相结合而生的色彩信息的"点、线、面"，归结到色彩表征设计形式即色彩目标、色彩关系和色彩内容。

（3）色彩信息的类型与学习注意的类型之间的关系

在关系模型中，三类色彩信息"色彩内容、色彩关系、色彩目标"与三类学习注意"选择性学习注意、持续性学习注意、分配性学习注意"具有对应的关系。由于本研究属于基础性研究，尚处于对色彩信息影响学习注意的心理机制的探索阶段，三类色彩信息并未融合在同一画面中，因此有必要分别进行"色彩内容→选择性学习注意""色彩关系→持续性学习注意""色彩目标→分配性学习注意"的独立研究。"色彩内容、色彩关系、色彩目标"如果出现在同一画面中，将会产生极其复杂的机制，三者必然存在交互作用。然而，只有首先厘清这三种不同色彩信息在不同画面的中学习注意机制，才能更深入地解决三种色彩信息融合设计的问题。关系模型中指明了色彩信息与学习注意的对应关系，关系模型的逻辑流向仅仅是一种理论上的推衍过程，并为后续操作模型的构建奠定基础，为实验研究厘清思路。

（4）有必要通过教学实证研究验证关系模型的合理性

关系模型是一种理论模型，是执行设计实践的理论基础。在关系模型的基础上仍需要进一步构建操作模型，使关系模型的理论"落地"，发展为具有可操作性的另一种模型。关系模型的验证与操作模型的验证紧密相关，只有在操作模型的基础上进行实验研究，得出相关研究结论，总结出一系列具有操作性的设计策略，才能运用到教学实践中进行可行性验证。因此，关系模型的验证并不是直接进行验证，而是间接地利用操作模型的设计流程以及设计策略细则检验研究结论的可行性，进而对关系模型的合理性进行逻辑性解释。关系模型来源于理论的分析，落实到教育实践的验证，还应在此过程中不断完善，实现解释色彩表征影响学习注意的基本原理的功效。

本节主要阐述了色彩表征设计影响学习注意的关系模型的构建。关系模型是在上述理论分析的基础上对色彩表征与学习注意之间关系的梳理。色彩表征影响学习注意的心理机制分析以及色彩表征基本形态影响学习注意的理论分析是构建关系模型的前提。关系模型的基本架构呈现出"色彩表征基本形态（承载）→色彩信息（影响）→学习注意（参与）→领会知识"的横向趋势；纵向趋势与横向趋势交叉，是"色彩内容→色彩关系→色彩目标"的色彩信息呈现形式，是"显性刺激（发展）→隐形刺激→目标导向"的学习注意发展过程，也出现了选择性学习注意、持续性学习注意、分配性学习注意的不同学习注意类型。只有明确色彩表征与学习注意之间的关系，才能进一步构建色彩表征设计影响学习注意的操作模型。

第四节　影响学习注意的色彩表征设计操作模型

学习资源画面色彩表征设计操作模型的构建是为了满足影响学习注意的色彩表征设计促进学习效果提升的实际需要，给设计者和广大教师提供影响学习注意的处方性解决方案。操作模型的构建过程包括：确定影响学习注意的色彩表征设计形式；分析色彩表征影响学习注意的因素；梳理构建影响学习注意的色彩表征设计操作模型的思路；形成影响学习注意的色彩表征设计操作模型的基本架构。

一、影响学习注意的色彩表征设计形式

确定行之有效的色彩表征设计形式是构建操作模型的首要任务。设计形式是学习诸资源画面要素及属性的表现形式，每一种设计形式必定具有其对应的形式设计功能。借鉴美术平面设计理论的"点、线、面"的画面构成基本元素概念，将画面色彩与平面构成元素相结合，生成三种色彩表征设计形式：画面的色彩信息"点"即色彩信号；画面中色彩信息"线"即色彩线索；画面中色彩信息"面"即色彩编码。这三种设计形式相互连接相互融合共同构成色彩表征设计的综合形式，使学习注意的自动加工、序列加工、精细加工的过程更为自然、流畅。

1.色彩编码设计形式

色彩编码是编码的一种，是以色彩为代码的视觉信息编码，在这里是指学习资源画面中反映相关知识组块的色彩元素矩阵，主要用于对色彩内容的组织，是反映知识实质、再现真实情境色彩内容的设计形式，其设计作用是为了使学习者大脑产生初步的"视觉意象"。根据色彩三属性，对色彩编码的设计形式包括色相编码、明度编码、纯度编码。不同的色彩编码会在学习者大脑中产生冷暖意象、轻重意象、远近意象、软硬意象、膨胀与收缩意象、前进与后退意象等不同的视觉意象 [1]，这即是色彩编码的具体设计类型。色彩编码设计形式有助于建立知识内容内部的意义关联，可以将知识从外部环境带入认知系统的工作记忆的过程中，学习者更易于产生选择性学习注意，大脑将会更积极投入认知加工，在获取知识的同时浮现出正确的视觉意象。合理的色彩编码设计使知识内容的性质更为鲜明，引起注意捕获效应，诱导学习者在学习之初产生对知识表征的本能反应，自然地开始学习。

色彩编码设计更适合知识内容形态的设计，这是因为色彩编码设计是在动态画面（视频、动画）、静态画面（文本、图形、图表、图片、图像）、具身画面（AR 与 VR）、创客空间等学习场景中建立色彩内容与知识内容之间的关联，更容易产生选择性注意，有利于注意的持续正常发展。在学习注意的自动加工阶段，色彩编码是视觉信息中一种独立的特征编码，易于使学习者尽快建立初期的"视觉意象"，为选择性学习注意的形成创造了客观条件。有效的色彩编码设计将知识内容从外部资源环境吸引到注意过程的"自动加工"阶段，使学习者身临其境，产生情感共鸣，立即进入选择性注意阶段，初步"领会"知识内容。

2.色彩线索设计形式

色彩线索是线索的一种，是以色彩为代码的视觉信息线索，在这里是指学习资源画面中链接知识结构的色彩元素关联信息，主要用于对色彩关系的调节，是整合知识材料的一种连续的、内隐的色彩关系设计形式，其设计作用是为了使学习者大脑产生稳定的"视觉线索"。根据色彩三属性，色彩线索的设计形式分为色相线索、明度线索、纯度线索。不同的色彩线索会在学习者的大脑中产生关联线索、结构线索、递推线索、强化线索等不同的视觉线索，这即是色彩线索的具体设计类型。色彩线索设计形式可以将知识按其内在的逻辑结构或顺序组接起来，学习者更易产生持续性学习注意，大脑会形成对知识的认知端

①刘杨, 谢丽娟. 信息色彩传达设计[M]. 重庆：西南师范大学出版社, 2013：28.

绪或认知路径，在构建知识意义的同时呈现出明确的"视觉线索"。有效的"色彩线索设计"会使知识之间的内在联系更为鲜明，诱导学习者在学习过程中沿着正确的认知途径进行学习。

色彩线索设计更适合知识关系形态的设计，这是因为色彩线索设计是在学习资源画面中建立色彩与知识关系之间对应关系，利用色彩关系映射知识关系，将知识按其内在结构或顺序组接起来。在学习注意的序列加工阶段，色彩线索作为一种连续的特征整合体，会占用学习者一定的注意资源，易于学习者建立清晰的、有序的、稳定的"视觉线索"，为持续性学习注意的形成创造了客观条件。有效的色彩线索设计会促使大脑形成对知识关系的认知端绪或认知路径，将知识关系从外部资源环境吸引到注意过程的"序列加工"阶段，使学习者产生理性的认知，逐渐进入持续性注意阶段，深刻"领会"知识关系。

3.色彩信号设计形式

色彩信号是信号的一种，是以色彩为代码的视觉信号，在这里是指学习资源画面中提示知识目标之间相互切换的色彩元素指令信息，主要用于对色彩目标的控制，是促进高效交互操作的一种迅即的、外显的色彩目标设计形式，其设计作用就是为了使学习者大脑中产生有助于学习交互和捕获知识目标的"视觉信号"。根据色彩三属性，色彩信号的设计形式分为独立色彩（单色）的构成、混合色彩（多色）的构成、标志色彩（社会普遍认同的标志性色彩）的构成。不同的色彩信号会在学习者大脑中产生提示信号、禁止信号、反馈信号等不同的视觉信号，这即是色彩信号的具体设计类型。色彩信号设计形式可以将知识目标按学习需要控制起来，大脑极易在瞬间形成暗示学习行为的认知符号，在捕获知识目标的同时显现出迅即而灵敏的"视觉信号"。有效的"色彩信号设计"会使知识目标的指向更为鲜明，诱导学习者顺利地执行交互操作，完成学习任务。

色彩信号设计更适合知识目标形态的设计，这是因为色彩信号设计是一种引导交互操作的色彩符号设计，包括便于提示操作步骤的色彩符号设计、便于表达允许或禁止交互操作的色彩符号设计、便于学习结果反馈的色彩符号设计。在学习注意的精细加工阶段，色彩信号作为一种凸显的特征整合体，易于使学习者形成精准而正确的"视觉信号"，为分配性学习注意的形成创造客观条件。有效的色彩信号设计将知识目标从外部资源环境吸引到注意过程的"精细加工"阶段，使知识目标的指向性十分明确，使学习者顺利地实施注意的分配，有效执行交互操作，及时收到反馈信号，对知识目标形成精准的"领会"。

综上所述，如表 3-1 所示，色彩表征的三种设计形式分别与知识内容、知识关系、知识目标对接，有各自的设计定位、设计目标及操作特点，旨在促进有效学习注意的形成。

表 3-1　色彩表征设计形式

色彩表征设计形式	形式 1　色彩编码设计	形式 2　色彩线索设计	形式 3　色彩信号设计
对接	知识内容	知识关系	知识目标
设计目标	色彩内容的组织设计	色彩关系的结构设计	色彩目标的符号设计
色彩构成操作特点	混合、对比、推移	对比、推移	对比
影响学习注意	选择性学习注意	持续性学习注意	分配性学习注意

二、影响学习注意的色彩表征设计因素分析

不同的色彩表征设计形式是为了满足不同类型的学习注意的设计需求。三类色彩表征设计形式（色彩编码设计、色彩线索设计、色彩目标设计）的具体设计要素是什么？为了回答这一问题，进行了两轮专家意见征询，咨询对象是教育技术学领域的学者。各类色彩表征设计形式的具体设计工作分别是什么？为了回答这一问题，进行了第三轮专家意见征询，征询对象是教育资源网站的界面设计人员。本研究共进行了三轮专家意见咨询，这是为了使操作模型更具有可行性。

1.首轮专家意见咨询

首轮专家意见征询是以开放式问卷方式进行咨询，是从多媒体画面色彩设计的角度征询研究方向与研究方法，根据征询问卷结果确定主要研究的内容和基本方法。咨询的问题是：影响学习注意的色彩表征设计的研究思路是什么？专家征询对象是多年来一直关注多媒体画面语言学研究的教育技术领域的十一位专家。如表 3-2 所示。

表 3-2 色彩表征设计因素首轮专家意见咨询结果

专家	领域	专家咨询主要观点
专家一	教育技术	1. 色彩的选择与运用，尽量符合不同年龄段的用户的认知特征。 小学生：饱和度高、色彩丰富。此年龄段的学生注意力集中度较差，对学习事物不敏感。采用饱和度的色彩，更容易吸引学生的注意力，激发学习的兴趣。 初中生：饱和度低、色彩丰富。此年龄段的学生有自控能力，采用太高的饱和度的色彩反而容易分散注意力，难以让学生将注意力集中在内容而不是色彩形式上。采用恰当数量的色彩能产生一定的界面美感，帮助用户感受内容想要表达的情感。 高中生：饱和度低、搭配自然统一，层次分明。此年龄段的学生更加理性，色彩多容易扰乱学生的思考，重点是使用色彩表达内容的主次，帮助学生理解思考的内容。 2. 色彩的选择与运用，须考虑具体的教学目的或者应用场景。 活跃课堂气氛：可采用明度亮度较高、具有强烈冲击力的色彩。 引起学生注意：需要引起学生注意的内容，可采用色彩与其他普通信息有差异的色彩。 引发学生思考：采用撞色对比色来让学生注意到内容的区别，采用临近色，或者同色不同饱和度来让学生注意到内容的层次关系。 3. 不同的颜色给人带来的情感体验，在选择多媒体素材进行教学时，教师不能仅仅因为个人偏好来选择颜色，而要结合内容想表达的情绪来选择。 红色：热情、冲动、喜庆　　　　橙色：快乐、温暖、活力 黄色：辉煌、灿烂、欢快　　　　绿色：和平、新鲜、青春 蓝色：寒冷、理智、平静　　　　紫色：神秘、高贵、孤寂 黑色：严肃、沉静、恐怖　　　　灰色：柔和、朴素、细致

专家	领域	专家咨询主要观点
专家二	教育技术	需要从脑科学、心理学的角度，看色彩对人的感知与认知作用与影响，要有科学的依据，同时要从人机交互的角度、从系统论的角度，把多媒体画面作为一个交互系统，进行科学的研究以分析，静态的、动态的。找到规律，才能谈它的有效设计与运用的问题。
专家三	教育技术	对于教学而言为了引导注意力。大众传播、广告就是吸引注意力，吸引注意力是头等要素。但是，吸引注意力的主要手段并不是媒体，而是内容本身，是认知、陷阱、认知冲突等问题，这才是教学吸引注意力最好的源泉。我从色彩的角度来看唯一的要求是：页面上不同的交互元素、交互对象、信息对象能够有区分度。如果没有区分度，容易引起阅读的误解。人在阅读时是跳着的，不管是图像，还是文本，在表达一个对象和另一个对象时要有区别，色彩上有差别就可以了。至于使用什么颜色好，心理学有明确的结论，这个结论能否在教学中搬过来，持怀疑态度。
专家四	教育技术	色彩是数字文档关键要素之一。以微软 Office 应用文档为例，它可以包含文本、图片或图像、表格、多媒体，并为用户提供了"主题"的选择与编制，"主题"包括三个要素：颜色、字体与效果，其中颜色就是一组色彩的组合应用，多媒体则对色彩提出了更复杂的要求。画面中色彩的和谐十分重要。
专家五	教育技术	色彩是多媒体画面非常重要的基本属性，我认为会对学习者的认知和体验产生重要的影响，建议如下： 　　1．色彩具有情感的，应该充分考虑到每种色彩的情感进行适当的设计。 　　2．色彩的设计要考虑恰当的教学内容主题，根据教学内容选择合适的色彩。 　　3．色彩的设计要充分考虑学习者的需求，或许可以先对学习者进行调查，根据学习者的喜好提供一些可选择的色彩搭配。 　　4．色彩的设计与搭配还要充分考虑人眼的识别能力，可以做一些眼动实验之类，找出两种颜色搭配的明度差的阈值，我想应该还比较有意义。
专家六	教育技术	一般的理解是色彩影响情感及动机，进而影响认知。 　　1．使多媒体画面更加整洁、美观。 　　2．使多媒体画面的主体或主题表现更加突出。 　　3．使多媒体画面的风格契合阅读者的心理特征、契合所要表现的知识内容或主题、契合具体 的应用情境。 　　4．使多媒体画面能够吸引阅读者的注意，引导他们观察关键之处。 　　5．色彩的运用应简约、大方、整体格调逻辑一致，但为突出内部重点或特殊效果，色彩运用可以出现强反差，甚至夸张。

专家	领域	专家咨询主要观点
专家七	教育技术	色彩是多媒体画面中具有较强的内隐性、浸润性、主观性、情绪性的元素，受设计者和受众主观判断的影响较大。在研究中应明确研究的关键问题和核心目标，有针对性地开展研究。 首先，在功能作用发挥方面，多媒体画面中的色彩具有审美功能（美化画面）、情感功能（诱发积极或消极情感）和认知功能（促进认知），在整个多媒体画面中处于基础性的位置，但由于其内隐性特点，在设计中常被设计者忽略。 其次，在色彩的设计方面，色彩的设计涉及主题色调的额确定、主题与背景颜色的搭配、线索提示颜色的使用、画面修饰美化的作用。在进行画面设计时应考虑色彩的定位与功能，有针对性地开展设计，但要注意色彩运用与整个学习材料设计开发的协调。 再次，在色彩影响方面，应注意从用户体验的角度考虑，注重学习者的喜好和主观体验，注重不同学习对象的性别、年龄、地区等差异所产生的色彩认知差异，有针对性地进行设计和搭配。 最后，在对色彩设计效果评价方面，应结合学习体验和学习效果，并将其放在系统化的学习过程中考虑，如果能够获取学习过程中因色彩因素引发的学习行为及认知等方面的变化，则有利于从色彩的影响机制方面探索色彩设计的方法与规律。
专家八	教育技术	色彩的设计应该在游泽清先生"多媒体画面艺术理论"和基本美学原理的基础上继续挖掘多媒体画面色彩设计规则。具体就是通过教与学的实验，从图文像三个维度或者其中一个维度摸索色彩设计规则，解决如美学原理与多媒体画面设计之间的关系？如何在多媒体画面设计者运用美学原理或美学设计原则？图文像在多媒体画面中的设计规则？多媒体画面背景的设计规则等问题。
专家九	教育技术	对游泽清先生已有的色彩设计规则进行具体化梳理，逐条进行研究。通过实验研究对其进行验证、修正、对比，研究色彩设计规则的认可度。
专家十	教育技术	将色彩作为一种多媒体呈现的线索，建立信息之间的关联，引导学生的视线，注意相关的学习内容。将色彩作为一种视觉符号，隐喻学习内容，促进工作记忆；将色彩作为视觉信息传达的数字化信息数据，设计时应注意不要产生无关的认知负荷，避免产生学习冗余。
专家十一	教育技术	以微课色彩设计为例，界面的色彩不要超过 4 种，要强调色彩的情感属性与学习内容相一致，以形色表义，促进认知。注意界面中色彩设计的面积、位置、搭配的合理性。

在首轮专家问卷中，"注意"被提及了 7 次，"交互"被提及了 5 次，"个体差异性"

的相关问题被提及了 5 次，与心理学、心理特征相关的内容被提及了 5 次，用户体验被提及了 4 次，游泽清先生的已有研究被提及了 3 次，眼动实验研究被提及了 4 次、脑电实验被提及了 3 次，"情感"被提及了 4 次，"学习动机"被提及了 3 次，"线索"被提及了 2 次，色彩设计（饱和度、明度等）与运用被提及了 4 次，界面、认知负荷、工作记忆、冗余、信息化数据等各提及一次。被专家们认可的观点概括为：从脑科学和认知心理学的角度，研究色彩对人的感知与认知作用及影响；从系统论的角度出发，把学习资源媒体画面理解为一个交互系统，以人机交互的视角进行科学的研究，分析静态和动态画面中色彩隐含的内涵及规律；从多媒体画面语言学角度开展对色彩表征设计形式的深入研究，从管控学习注意的视角研究色彩表征设计形式对应的设计策略与规则并加以验证。

2.第二轮专家意见咨询

第二轮专家意见咨询是从色彩表征影响学习注意的设计模型构建的角度，征询主要的影响因素并作为模型构建的重要依据。考虑到与专家交流的便捷性，交流方式有问卷调查、电话咨询（之后整理笔录）、微信留言等各种方式。主要对操作模型中影响学习注意色彩表征的主要因素进行意见征询，采用李克特五点量表整理征询结果。如表 3-3 所示，各类目的影响程度包括：基本属性中的色相、明度、纯度；动态属性中色彩的面积、大小、位置、移动轨迹；心理属性中色彩的联想、情感、偏好、兴趣；学习者的学段、年龄、性别、民族、所学专业、知识基础、学习风格；学习资源画面要素的图、像、文、交互；知识类型中的程序性知识、陈述性知识。

表 3-3 色彩表征设计因素第二轮专家意见咨询结果

一级指标	a 基本属性			b 心理属性			
二级指标	a1 色相	a2 明度	a3 纯度	b1 偏好	b2 联想	b3 情感	b4 兴趣
程度	4.80	4.80	4.80	4.90	4.90	4.86	4.32
一级指标	c 动态属性				d 知识类型		
二级指标	c1 面积	c2 数量	c3 位置	c4 移动轨迹	d1 程序性	d2 陈述性	d3 事实性
程度	4.89	4.32	4.10	3.65	4.73	4.10	4.10
一级指标	e 学习者						
二级指标	e1 学段	e2 年龄	e3 性别	e4 民族	e5 所学专业	e6 知识基础	e7 学习风格
程度	4.80	4.50	4.10	4.00	3.98	3.89	2.56
一级指标	f 画面要素						
二级指标	f1 图		f2 像		f3 文		f4 交互
程度	5.00		4.90		4.89		4.23

3.第三轮专家意见咨询

第三轮专家意见咨询结果落实了色彩编码设计形式、色彩线索设计形式、色彩信号设计形式分别对应的具体设计工作。如表 3-4 所示，针对一级指标细化三种色彩表征设计形式的二级指标，色彩表征的每种设计形式都具有其各自的设计特点与不同的设计工作。

表 3-4 色彩表征设计因素第三轮专家意见咨询结果

色彩表征设计形式	基本属性	心理属性	动态属性	学习者	画面要素	知识类型
色彩编码设计形式	a1, a2, a3	b2, b3	c1, c3	e1, e2, e3, e4, e5, e6, e7	f1, f2, f3	d1, d2, d3
色彩线索设计形式	a1, a2, a3	b1, b4	c2, c3, c4	e1, e2, e3, e4, e5, e6, e7	f1, f3	d1, d2, d3
色彩信号设计形式	a1, a2, a3	b1, b4	c2, c3	e1, e2, e3, e4, e5, e6, e7	f4	d1, d2, d3

经过上述三轮专家意见咨询，明确了色彩表征设计操作模型的基本研究思路，明确了色彩表征设计的影响因素，找到了构建操作模型的重要依据。

三、影响学习注意的色彩表征设计操作模型的构建思路

操作模型的构建思路是依据上述理论分析与专家意见征询的结果对色彩表征的设计目的、设计任务、设计流程、设计方式的系统梳理。

1.设计目的

色彩表征的设计目的是使学习者形成对知识的正确理解，超越对事实和程序的简单记忆，支持有效学习注意的产生，将知识表征与色彩表征设计整合到一个逻辑框架中的多媒体画面设计。

2.设计任务

色彩构成理论指出色彩构成设计是基于色彩之间的相互作用，从人对色彩的心理知觉出发，把复杂的色彩现象还原为色彩基本属性，利用色彩变幻按照一定的规律去组合、构成、创造出新色彩效果的过程。如果将色彩表征设计视为一种基于色彩构成规律的学习资源画面设计，按照画面色彩构成的艺术规律，创造出与知识结构（知识体系的构成情况与结合方式）匹配的色彩表征结构，具有超越艺术规律的知识表征的功效，这就需要设置色彩的基本属性、心理属性与动态属性。色彩表征的设计任务包括组织色彩内容、调节色彩关系、设置色彩目标。色彩内容、色彩关系、色彩目标三者不是孤立的，而是相互作用、相互影响的。

（1）色彩内容的组织

色彩内容的组织与知识内容相关，是为了正确表达知识内容的色彩关联设计。组织好色彩内容应对色彩基本属性、心理属性中联想与情感因素进行综合分析，对画面要素图、文、像色域数据进行设置。

（2）色彩关系的调节

色彩关系的调节与知识结构相关，是为了平衡知识之间的深层关系的色彩关联设计。调节好色彩关系应对色彩基本属性、心理属性中的兴趣与主观色彩偏好、动态属性的位置与移动轨迹等因素进行综合分析，对画面要素图、文、像、交互功能色域数值进行设置。

（3）色彩目标的控制

色彩目标的控制与知识目标的预设相关，是为了促进学习交互的色彩关联设计。控制好色彩目标应对色彩基本属性、心理属性中的兴趣与主观色彩偏好、动态属性中的位置与数量进行综合分析，对画面中的交互功能色域数值进行设置。

需要指出的是，色彩表征设计应注重色彩的美学功能、情感功能和认知功能的协调与平衡，充分发挥画面色彩设计对学习者的正向影响。因此，色彩内容、色彩关系、色彩目标在同一画面中应形成统一而不失变化的视觉融合效果，避免出现如下负向影响：①色彩刺激引发的条件反应过高，导致色彩内容的显性刺激程度过强，剥夺了知识内容本身的意义，色彩关系"失衡"，知识目标的指向性不明确，使学习者"对色彩的兴奋程度"大于"对知识的兴奋程度"；②色彩目标转换的过程中，视觉线索和视觉信号过多，色彩关系的"失衡"，知识目标不明确，导致知识关系的基本脉络不清晰，会削弱色彩表征的设计功效。

3.设计流程

为了提升色彩表征支持有效学习注意形成的设计功效，本研究构建了基于画面色彩语义设计的信息架构（色彩表征与知识内容）、画面色彩语用设计的功能架构（色彩表征与学习者）、画面色彩语构设计的视觉传达（色彩表征与画面整体设计）三位一体的色彩表征设计框架。设计者依据该设计框架搭建色彩表征设计流程，规划出管控学习注意的理想设计方案。色彩表征的设计应遵循多媒体学习资源画面特有的设计流程，即色彩语义设计、色彩语用设计、色彩语构设计三个层次。

（1）色彩语义设计

色彩语义设计位于操作模型的顶层，是为了建立色彩表征与知识之间的内在关联。色彩语义设计应考虑色彩表征与知识类型之间的关系，知识类型是依据安德森对布卢姆的教学目标分类修订的结果，分为陈述性知识、程序性知识、事实性知识与元认知知识。设计者据此从色彩编码设计、色彩线索设计、色彩信号设计中选用需要设计形式。

（2）色彩语用设计

色彩语用设计位于操作模型的中间层，是为了建立色彩表征与教学环境之间的内在关联。色彩语用设计应考虑色彩表征与媒介、教师、学习者之间的关系，对学习者的个体差异进行分析，对媒介进行分析，对教师进行分析。设计者据此确定在时空维度上管控学习注意的三条基本脉络，即瞬间的注意管控、连续的注意管控、持久的注意管控。

（3）色彩语构设计

色彩语构设计位于操作模型的基础层，是为了建立色彩表征与画面构成要素之间的内在关联。色彩语构设计应考虑色彩表征与画面视觉效果的关系，对画面进行色彩表征基本属性、心理属性、动态属性的设置，实现对画面要素的色彩量化表达。设计者据此落实具体的设计任务，进行色彩选择、色彩布局、色彩对比的具体操作。

色彩表征的设计方式应依据对学习科学理论、色彩艺术理论以及媒体技术的综合分析，对画面色彩进行相应的量化表达。需要指出的是，在技术层面，王志军等从基于大数据的学习资源画面设计的研究视角指出，色彩是一种基于学习者本能的情感体验数据[①]；在艺术层面，色彩构成设计规律揭示了支配画面"注意"心理活动的最关键的两种手段是"聚焦设计"与"融合设计"[②]；而在学习科学层面，早已阐明有意义的学习意味着学习者主动地参与认知加工，选择需要的学习信息并从中建构意义。因此，色彩表征影响学习注意的设计方式旨在实现对知识的意义建构，运用融合与聚焦的色彩构成设计手段对画面色彩的量化表达。

四、影响学习注意的色彩表征设计操作模型架构及内涵

1.操作模型架构

影响学习注意的色彩表征操作模型整体上呈现出了流程图的形式，指明了具体的操作步骤，具有较强的实用性（如图 3-7 所示）。该模型为设计者构筑设计模式、突破对色彩表征认识模糊的设计壁垒，使设计者的设计思路更为清晰，为进一步制定、修正、验证色彩表征设计规则提供了研究依据。

2.操作模型内涵

色彩表征设计的操作模型架构是以学习注意类型的分析作为起点，将学习注意分为"选择性学习注意、持续性学习注意、分配性学习注意"三类。根据不同的学习注意类型选用相应的色彩表征设计形式，然后分别规划"色彩编码、色彩线索、色彩信号"三类色彩表征设计形式对应的设计流程，每个分支流程基本一致，但是应根据不同的设计需求执行不同的设计任务。操作模型的流程是"学习注意类型的划分→色彩表征设计形式的划分→色彩语义设计→色彩语用设计→色彩语构设计"，最后归结为色彩表征的三种基本形态形成对学习注意的影响。具体包括三个层次：在色彩语义设计层，通过对知识类型的分析选用色彩表征设计形式，确定对应的知识表征形态；在色彩语用设计层，通过对"学习者、教师、学习环境"分析、确定对应的注意管控方式；在色彩语构设计层，进行色彩属性设置、色彩匹配设置。最后通过聚焦与融合的设计手段，实现画面色调的和谐统一，将学习注意的三种类型归结为与色彩表征三种基本形态的关系上，进而形成影响学习注意的色彩表征操作模型。

五、依据操作模型的研究推论

学习资源画面色彩表征设计的研究内容极为丰富，若全面地研究色彩表征设计规则，那么研究体系和范围较为庞大，但是若从影响学习注意的视角研究，则可以概括为关于色彩编码设计、色彩线索设计和色彩信号设计三个核心命题。依据模型这三个核心命题分别推衍相应的具体研究推论，并需要一一验证。需要指出的是，色彩表征设计是一种针对学习资源画面促进有效学习注意形成的画面设计，因此本研究中色彩表征影响学习注意的研究推论紧紧围绕多媒体画面图、文、声、像、交互五大要素提出了相应的三大研究推论，并细分为六条子推论。

---

①王志军, 吴向文, 等. 基于大数据的多媒体画面语言研究[J]. 电化教育研究, 2017, 04.
②梁景红. 色彩设计法则[M]. 北京：人民邮电出版社, 2017:14-27.

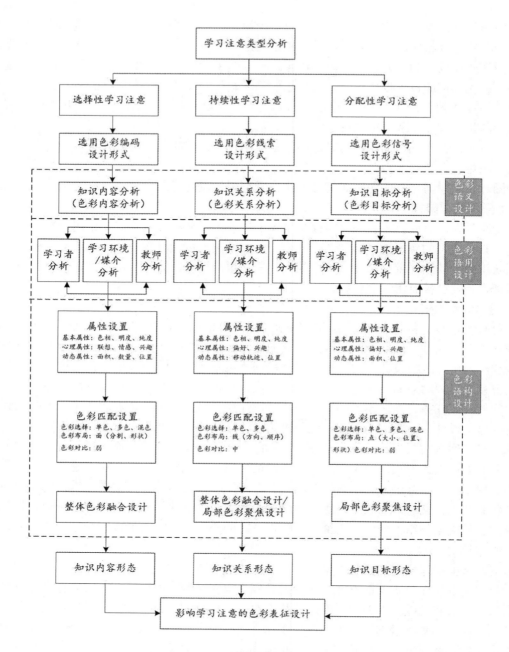

图 3-7 影响学习注意的色彩表征设计操作模型

1.关于色彩编码设计影响学习注意的研究推论

色彩编码设计是对学习资源画面色彩内容的整体设计，是建立在设计者对知识内容分析的基础上的，是对数字化学习资源色彩内容的合理组织，最终形成促进选择性学习注意的"知识内容形态"。本研究属于基础性研究，选用画面要素和色彩内容不宜过分复杂，以便于严密控制研究变量。依据多媒体画面语言要素，本研究认为数字化学习资源画面可以概括为动态画面、静态画面、文本画面三种基本类型。依据模型结合多媒体画面语言要素得出针对色彩内容组织的两条推论：即动态画面与静态画面的色彩内容的不同组织形式对选择性学习注意的影响存在显著性差异；文本画面中色彩内容的不同组织形式对选择性学习注意的影响存在显著性差异。

推论 1-1：动态画面与静态画面中色彩内容的不同组织形式对选择性学习注意的影响存在显著性差异。 从学习资源画面色彩表征影响学习注意的视角分析，动态画面要素包括图、文、声、像，静态画面要素包括图、文。因此，本研究中动态画面的设计是以具有提示知识内容作用的少量文本、反映知识内容的完整图像（视频）、反映知识内容的解说，以及与知识内容相关的背景音乐等四个部分共同组成，其中色彩内容的变化是以图像的色彩内容组织与知识内容的关联度进行设计的；本研究中静态画面的设计是以具有表征知识内容的图文融合的学习资源画面为主，图文融合设计是一种以静态方式对大量文本信息与详细图片信息进行知识内容综合表征的设计形式，其中色彩内容的变化是以文本与图片的色彩内容组织与知识内容的关联度进行设计的。具体包括：动态画面有色彩内容关联设计"图像＋解说＋音乐＋有色彩内容"，动态画面无色彩内容关联设计"图像＋解说＋音乐＋无色彩内容"，静态画面有色彩内容关联设计"图文融合＋有色彩内容"，静态画面无色彩内容关联设计"图文融合＋无色彩内容"，这四种学习资源画面的色彩内容设计形式对选择性学习注意存在显著性差异。

推论 1-2：文本画面中色彩内容的不同组织形式对选择性学习注意的影响差异显著。 从学习资源画面色彩表征影响学习注意的视角分析，文本画面中的要素包括图与文两种要素。在推论 1-1 中已经探讨了关于图文融合设计的色彩内容组织形式，推论 1-2 是关于文本画面中文字与背景色彩的搭配产生的明度差对选择性学习注意的影响。本研究根据游泽清提出的色彩设计规则中关于前景色与背景色的明度差应大于 50 灰度级的设计规则的描述，并结合色彩构成理论关于色彩明度的阐述，将学习资源文本画面中色彩内容的前景色与背景色彩搭配的复杂变化作为变量，推衍出前景色与背景色的明度差对选择性学习注意产生影响的研究推论。本研究从基础性研究的角度分析，文本画面中无论是色彩的色相变化、明度变化、纯度变化，其前景色与背景色的搭配都存在一定的明度差。一般而言，在互为对比色的色彩之间，明度差较大；互为近似色或邻近色彩之间的明度差较小。因此，本研究采用文本画面中前景色与背景色的明度差"大于 50 灰度级"、文本画面中前景色与背景色的明度差"小于 50 灰度级"这两种画面设计形式，这两种不同明度差的文本画面对选择性学习注意存在显著性差异。

需要指出的是，色彩编码设计形式极为丰富，带给学习者的情感体验和认知效果极为复杂，其理论推衍得出的研究推论不仅仅限于上述两条推论。上述两条推论中的动态画面、静态画面和文本画面是具有代表性的学习资源画面色彩内容设计，是针对色彩编码设计形式影响选择性学习注意的研究推论，这也是本研究针对色彩内容设计促进有效的选择性学习注意形成的实验研究的重要依据。

2.关于色彩线索设计影响学习注意的研究推论

色彩线索设计是对学习资源画面色彩关系的一种整体或局部的设计，是建立在设计者对知识关系分析的基础上的，是对数字化学习资源色彩关系的合理调节，最终形成促进持续性学习注意形成的"知识关系形态"。本研究属于基础性研究，色彩线索设计形式不宜复杂，色彩关系的调节功效是为了聚焦主要知识内容并辨别知识关系的，旨在实现学习资源画面整体色彩融合与局部画面色彩聚焦，进而探讨色彩线索设计形式对持续性学习注意的影响。依据模型结合知识类型差异得出针对色彩关系调节的两条推论：即不同的色彩线索设计形式对持续性学习注意的影响存在显著性差异；不同的知识类型与色彩线索设计形式对持续性学习注意的影响存在显著性差异。

推论 2-1：不同的色彩线索设计形式对持续性学习注意的影响存在显著性差异。 根据色彩构成理论，色彩的变化极为丰富，但是大体可分为暖色（红、橙等）、冷色（蓝、绿等）和中性色（黑、白、灰）。依据模型，学习者的主观色彩偏好可能与持续性学习注意相关。为了便于研究，本研究应进行学习者主观色彩偏好问卷调查，选取有代表性的学习者常用色彩作为研究变量，从基础性研究的角度探讨单一的色彩线索对持续性学习注意的影响。由于工作记忆与注意关系密切，应首先将学习者常用的单色作为单一的色彩线索，研究色彩与工作记忆的关系，探讨单一的色彩变化与持续性学习注意的关联。教育科学领域和心理学常常把促进记忆形成的研究作为案例探讨注意的问题，本研究将以促进有效工作记忆形成的研究作为探讨单一的色彩线索促进持续性学习注意的重点。本研究应首先采用最常用单一色彩作为色彩线索设计，将不同的色彩线索融合到以实现记忆为学习结果的学习资源中，探讨其中色彩线索对持续性学习注意的影响。因此，本研究推论是不同的色彩线索设计形式（单一的色彩变化如红、蓝、黑等）对持续性学习注意的影响存在显著性差异。

推论 2-2：不同的知识类型下的色彩线索设计对持续性学习注意的影响存在显著性差异。 色彩基本属性的变化到底适用于何种知识类型，使其更有利于持续性学习注意的形成，值得进一步验证。本研究将色彩三属性色相、明度、纯度的变化作为设计元素应用在不同的知识类型中，探讨色彩基本属性与知识类型的合理搭配问题，进而促进有效持续性学习注意的产生。知识类型主要针对陈述性知识和程序性知识，由于陈述性知识主要表达概念和事实的知识，而程序性知识主要表达流程、过程、顺序或逻辑性较强的知识，这两种知识类型势必会对学习者形成不同的心理感知，色彩表征设计形式必然存在差异。此外，知识关系的复杂性决定了色彩线索的差异，色彩构成的复杂性也决定了色彩线索的复杂性，色彩线索设计类型的差异势必影响持续性学习注意的形成。本研究的色彩线索设计拟采用最基本的七种不同色相的变化、七种色彩明度推移的变化和七种不同色彩纯度的变化，将这些变化与陈述性知识和程序性知识进行图文融合设计，探讨其中色彩线索对持续性学习注意的影响。因此，本研究推论是不同的色彩属性（色相、明度、纯度）变化与知识类型（陈述性知识、程序性知识）变化匹配对持续性学习注意的影响存在显著性差异。

需要指出的是，色彩线索设计形式极为丰富，不同的色彩和色彩组合就会产生不同的色彩线索带给学习者对知识信息的感知也不同，根据理论推衍得出的研究推论不仅仅限于上述两条推论。上述两条推论中的单一色彩线索、知识类型与色彩线索的匹配是具有代表性的学习资源画面色彩关系设计，是针对色彩线索设计形式影响持续性学习注意的研究推论，这也是本研究针对色彩线索设计促进有效持续性学习注意形成的实验研究的重要依据。

3.关于色彩信号设计影响学习注意的研究推论

色彩信号设计是对学习资源画面中色彩目标的一种局部设计，是建立在设计者对知识目标分析的基础上的，是对数字化学习资源色彩目标的合理控制，最终形成促进分配性学习注意的"知识目标形态"。本研究属于基础性研究，色彩目标设计形式不宜复杂，旨在实现学习资源画面局部色彩聚焦的功效，进而探讨色彩信号设计形式对分配性学习注意的影响。依据模型结合色彩构成理论得出针对色彩目标控制的两条推论：色彩信号凸显程度的不同对分配性学习注意的影响存在显著性差异；色彩信号呈现位置的不同对分配性学习注意的影响存在显著性差异。

推论 3-1：色彩信号凸显程度的不同对分配性学习注意的影响存在显著性差异。学习资源画面中局部的知识目标的色彩对比程度的强弱是否对分配性学习注意产生影响，值得深入研究。根据色彩构成理论，凸显程度与色彩变化、面积大小有关，对比度越大的色彩之间凸显性越大；面积反差越大的色彩之间凸显性越大。本研究将面积变化作为控制变量，仅研究色彩对比程度的强弱产生的凸显设计。色彩信号的凸显程度较为复杂，丰富的色彩变化会产生丰富的凸显设计，但是在视觉上只会形成凸显程度的强与弱的区别。本研究在学习资源画面的局部采用三种具有代表性的不同的色彩凸显性设计，互为对比色的色相信号（凸显性强）、互为近似色的明度推移信号（凸显性弱）、无色彩信号（无凸显），探讨学习者的分配性学习注意以及学习结果。本实验采用单因素三水平（色彩信号类型：无色彩刺激、有色彩刺激色相对比、有色彩刺激明度对比）。因此，本研究的推论是色彩信号凸显程度的不同对分配性学习注意的影响存在显著性差异。

推论 3-2：色彩信号呈现位置的不同对分配性学习注意的影响存在显著性差异。学习资源画面中，局部的知识目标的色彩信号呈现位置的变化是否对分配性学习注意产生影响，值得深入研究。由于在学习资源画面中，色彩信号多用于表征重点知识目标以及交互功能，其位置变化与学习者个体差异（工作记忆容量差异：高与低）必然存在关联。本研究将学习者的工作记忆容量的差异作为变量，与色彩信号的位置变化产生交互作用，探讨色彩信号的变化对分配性学习注意的影响。根据已有研究，局部位置变化的设计元素一般为顺序呈现和邻近呈现两种，本研究将色彩信号的位置变化分为"顺序呈现""邻近呈现"两个水平，学习者个体差异分为"工作记忆容量高""工作记忆容量低"两个水平。因此，本研究的推论是色彩信号呈现位置的不同对分配性学习注意的影响存在显著性差异。

需要指出的是，色彩信号设计形式极为丰富，不同的色彩会带给学习者对知识目标或交互作用的不同功效，根据理论推衍得出的研究推论不仅仅限于上述推论。上述推论中的色彩信号的凸显程度的不同、色彩信号的呈现位置不同是针对色彩信号设计形式影响持续性学习注意的研究推论，这也是本研究针对色彩信号设计促进有效的分配性学习注意形成的实验研究的重要依据。

六、验证模型及研究推论的合理途径

操作模型的构建是对色彩表征促进有效学习注意形成的设计流程的系统梳理，依据模型的六大研究推论（推论 1-1、推论 1-2、推论 2-1、推论 2-2、推论 3-1、推论 3-2）需要采用合理的研究途径进行验证，本研究认为，对主要推论的验证需要建立在实验研究的基础上，并有必要进行教学实践的验证。

1.基于实验室环境的研究是获取科学数据的重要工作

多媒体面语言学的系列研究中多数采用实验研究法，通过对已有研究的分析（包括文本、图文融合、交互性、移动学习、深度学习、AR 画面设计），关于色彩表征影响学习注意的研究必须首先通过实验研究得出相关研究结论，与其他系列研究建立关联形成统一的研究体系，为后续的教学实践验证模型的合理性提供科学而正确的依据。这是一个从研究色彩基本属性的局部问题辐射到研究多媒体画面语言学整体问题的合理思路。此外，实验研究经过严格的实验室环境控制变量，可以产生较高的研究信度，量化实验研究数据及分析结果是得出科学合理的研究结论的重要前提。关于注意的研究在心理学和教育科学领域中也常采用眼动实验和脑电波实验。本研究借鉴已有的研究范式，将色彩表征与学习注意相结合的研究必然要采用实验室的研究作为重要的研究基础。

2.从实验室环境的实验研究过渡到自然环境的教学实践研究的必要性

操作模型是用来指导设计流程的，有必要对操作模型的合理性以及相关研究推论进行自然环境下的教学实践检验。教学实践检验的目标是针对研究推论得出研究结论的合理性的程度、可行性的程度、可复制性的程度。经过实验研究后，必然会得出相关的研究结论并梳理出色彩表征影响学习注意的设计策略。设计策略只有在实践中得到设计者和学习者两个群体的一致性认可才是有效的设计策略。因此，有必要对设计者和学习者两个群体进行研究结论的实践验证。

本节主要阐述了色彩表征设计影响学习注意的操作模型的构建。首先阐述了影响学习注意的三种色彩表征设计形式，即色彩编码设计形式、色彩线索设计形式、色彩信号设计形式；然后进行了影响学习注意的色彩表征设计的因素分析，通过三轮专家意见征询，确定了色彩表征设计的主要因素；接着，在此基础上形成了操作模型的构建思路，明确了设计目的、设计任务、设计流程、设计方式，最终形成了影响学习注意的色彩表征设计操作模型。学习资源画面的色彩表征设计操作模型在指导色彩表征设计方面具有一定的处方性价值，其中蕴含着色彩表征影响学习注意的三大研究推论：色彩编码设计对选择性学习注意产生影响，色彩线索对持续性学习注意产生影响，色彩信号设计对分配性学习注意产生影响。这三大推论形成了实验研究的理论基础，也是实验假设的重要依据。本研究有必要通过实验研究对上述依据模型的研究推论进行逐一验证。

至此，在本章中"影响学习注意的色彩表征设计的模型构建"部分已系统阐述了四大核心内容：学习注意的相关分析（学习注意类型的分析、学习注意过程的分析）；色彩表征的相关分析（色彩表征基本特征分析、色彩表征基本形态分析）；影响学习注意色彩表征设计关系模型（色彩表征影响学习注意的心理机制、色彩表征基本形态对学习注意的影响、色彩表征影响学习注意的关系模型架构及内涵）；影响学习注意的色彩表征设计操作模型（影响学习注意的色彩表征设计形式、影响学习注意的色彩表征设计因素分析、影响学习注意的色彩表征设计操作模型及构建思路、影响学习注意的色彩表征设计模型架构及内涵、依据模型的研究推论）。

第四章 影响学习注意的多媒体画面色彩表征设计案例研究

第一节 案例研究整体方案

本研究通过实验研究探索色彩表征对学习注意的影响。实验通过对研究变量的严格控制，防止因额外变量控制不足而产生的混淆效应。高度控制研究变量的实验研究与自然环境下的教学研究相结合才能产生客观准确的研究结论。色彩表征设计影响学习注意的一系列实验研究是在自然教学环境下进一步验证研究结论之前的必要工作，基础性实验研究阶段产生的研究结论能否推广到自然环境下的教学案例中或其他测量方式中，是衡量其外部效度的重要标准[①]。

一、研究逻辑

在第三章的色彩表征影响学习注意的模型构建中，推衍出"色彩编码设计形式""色彩线索设计形式""色彩信号设计形式"三种影响学习注意的色彩表征设计形式，阐释了色彩表征对学习注意的管控是通过"色彩内容的组织""色彩关系的调节""色彩目标的控制"实现的。本研究通过实验研究验证这三种色彩表征设计形式的功效，从中探索色彩表征影响学习注意的设计策略。三个大实验项目的设计逻辑是依据前文理论分析中总结的学习过程中"领会"是对知识信息的"了解、认知、体会"的思路，色彩编码设计的实验研究主要围绕"选择性学习注意→对知识内容的了解"，色彩线索设计的实验研究主要围绕"持续性学习注意→对知识关系的认知"，色彩信号设计的实验研究主要围绕"分配性学习注意→对知识目标的体会"。具体的实验研究分为色彩编码设计形式影响选择性学习注意的实验研究（本章第二节）、色彩线索设计形式影响持续性学习注意的实验研究（本章第三节）、色彩信号设计形式影响分配性学习注意的实验研究（本章第四节）三个组成部分。

二、研究变量与假设

1.研究变量

变量是研究对象的一个特征或性质[②]。色彩表征是学习资源画面的特征之一，虽然色彩表征是可视化的，但是在学习过程中对学习者的影响却是隐性的，对学习注意的影响也是隐性的。因此，在学习资源画面中，色彩表征属于不可观测（隐藏、潜伏）的潜在变量。

自变量。色彩表征影响学习注意的实验研究的自变量是一个变量体系：体系一，学习资源画面中"色彩编码设计形式"的变化，反映知识内容形态的色彩内容附着在动态画面或静态画面中，有时会使学习者的情绪、学习体验、对知识内容的理解、学习投入发生变

---

①[美] Dimiter M D. 心理与教育中高级研究方法与数据分析[M]. 王爱民，译. 北京：中国轻工业出版社，2015：43.

②[美] Dimiter M D. 心理与教育中高级研究方法与数据分析[M]. 王爱民，译. 北京：中国轻工业出版社，2015：03.

化，这是一种由色彩编码设计引起的画面色彩表征变化；体系二，学习资源画面中"色彩线索设计形式"的变化，反映知识关系形态的色彩关系附着在图、文、或图文融合的静态画面中，色相变化、明度变化、纯度变化等构成的色彩关系变化在学习资源画面中发生变化，这是一种由色彩关系设计引起的画面色彩表征变化；体系三，学习资源画面中"色彩信号设计形式"的变化，反映知识目标形态的色彩信号附着在动态画面或静态画面中，凸显画面中的知识目标与交互色彩信号的位置、大小、凸显程度等构成的色彩目标变化在学习资源画面中发生变化，这是一种由色彩信号设计引起的画面色彩表征变化。本研究将根据这三种设计形式来确定每个实验对应的自变量。

因变量。①脑电波指标：通过脑波数据测量获取的反映学习注意的专注度指标和放松度指标的数值变化、反应脑力负荷的 Alpha 波的能量值。②眼动指标：通过眼动实验数据测量获取的眼动数据首次进入时间、首个注视点持续时间、总注视次数、平均注视时间，以及各个兴趣区眼动数据、典型的热点图与轨迹图。③问卷调查结果：实验前测包括学习者的个人基础信息、先前知识基础，实验后测包括学习者的学习情绪、学习结果等问卷调查。需要指出的是，学习注意会受到诸多因素的干扰，本研究将学习情绪作为干扰学习注意的因素之一进行问卷调查测量。

无关变量。无关变量是指实验中对实验结果产生影响的控制变量。本研究采用恒定法控制无关变量。为了严格控制实验的无关变量，实验安排在同一时间、同一地点、同样的实验仪器、同样的呈现时间、同样的温度湿度及环境刺激物（性质、灯光条件、形状、噪音、环境色彩等）等，使之保持恒定；还对被试（情绪、体力、状态）与主试（态度、着装色彩、语气、肢体动作）等加以控制，主试实验工作服装为白色大褂或淡浅色上装且不可化妆，最大化消除无关变量的影响。

2.研究假设

学习注意是学习过程中客观存在的自然规律，色彩表征设计应符合注意的规律，适应学习者注意的加工过程。学习注意的三种基本类型（选择性学习注意、持续性学习注意、分配性学习注意）决定了色彩表征设计的基本形式，只有促进并满足学习者的三种学习注意形成的色彩表征设计才是有效的设计，才能够最终实现知识内容形态、知识关系形态、知识目标形态三种有效的知识表征形态。"学习注意→色彩表征设计形式→知识表征基本形态"的逻辑链条中，一切都取决于能否促进学习注意的形成。色彩表征设计应与学习注意对接，色彩表征设计就是要适应学习注意的规律，学习过程才会快捷、方便、通畅，学习效率才能提升。操作模型推衍出色彩编码设计形式、色彩线索设计形式、色彩信号设计形式三种设计形式，就是针对提升学习效率促进有效学习注意形成的设计形式。本研究将这三种设计形式推衍为研究假设，进行色彩表征设计形式影响学习注意的实验研究，为后续多维验证奠定实验研究的基础。对学习注意的研究除了需要验证其注意的规律，还需要从学习者的对色彩表征所反映出的学习情绪、学习结果等方面进行综合分析评判，将学习情绪与学习结果作为辅助性的研究数据。据此，本研究共提出针对三种设计形式的三大假设，共计 16 条子假设。

H1：色彩编码设计形式的不同对学习注意的影响存在显著性差异，包括 6 条子假设。①动态画面与静态画面的三条子假设：H1-1-1 学习资源画面中色彩内容的不同对选择性学习注意的影响差异显著；H1-1-2 学习资源画面中色彩内容的不同对学习情绪的影响差异显著；H1-1-3 学习资源画面中色彩内容的不同对学习结果的影响差异显著。②文本画面的三条子假设：H1-2-1 前景色与背景色的明度差大于 50 灰度级比小于 50 灰度级的更有利于学习者产生选择性学习注意；H1-2-2 前景色与背景色差大于 50 灰度级比小于 50 灰度级学习资源画面对学习情绪的影响差异显著。H1-2-3 前景色与背景色的明度差大于 50 灰度级比小于 50 灰度级的学习资源画面对学习结果的影响差异显著。

H2：色彩线索设计形式的不同对学习注意的影响存在显著性差异，包括 6 条子假设。①不同色彩线索类型的三条子假设：H2-1-1 色彩线索类型的不同对持续性学习注意的影响差异显著；H2-1-2 色彩线索类型的不同对学习情绪的影响差异显著；H2-1-3 色彩线索类型的不同对学习结果的影响差异显著。②不同知识类型与不同色彩线索类型的三条子假设：H2-2-1 知识类型与色彩线索类型对持续性学习注意的影响差异显著；H2-2-2 知识类型与色彩线索类型对学习情绪的影响差异显著；H2-2-3 知识类型与色彩线索类型对学习结果的影响差异显著。

H3：色彩信号设计形式的不同对学习注意的影响存在显著性差异，包括 4 条子假设。①色彩信号的凸显程度不同的两条子假设：H3-1-1 学习资源画面中色彩信号的凸显性对分配性学习注意产生显著影响；H3-1-2 学习资源画面中色彩信号的凸显程度对学习结果产生显著影响。②色彩信号的呈现位置不同的两条子假设：H3-2-1 学习资源画面中色彩信号的呈现位置不同对分配性学习注意产生显著影响；H3-2-2 学习资源画面中色彩信号的位置不同对学习结果产生显著影响。

根据实验目的的不同，每个实验都有其各自的基本假设即子假设，将在下文具体实验研究（第四章第二节、第三节、第四节）中分别说明。

三、实验研究设计

1.研究的基本架构

本研究运用脑电波技术、眼动追踪技术、学习行为测量相结合的多模态数据分析手段进行实验研究。研究分为三个阶段，依次为：实验准备阶段、实验实施阶段、数据分析及结论总结阶段。阶段一，实验准备阶段：确定实验内容，设计制作实验材料，设计前测被试分组测试问卷、后测学习结果问卷，明确整体实验规划。阶段二，实施阶段：眼动实验、脑电实验、认知行为实验在各个分实验中合理规划，落实各个子实验的具体实验内容和实验步骤。三种色彩表征设计形式的实验思路分别有其特点，具有一定的差别，图 4-1 代表总体的实验研究思路。阶段三，数据分析：分析整理实验阶段所有实验数据，统计并汇总，依据数据得出相关子研究结论，研究并提炼出综合实验结论。

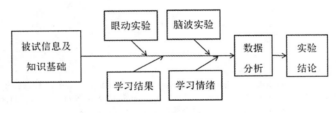

图 4-1 实验研究总体思路

（1）眼动实验与脑波实验。

本研究采用眼动行为（EM）技术与脑电波（EEG）监测技术相结合开展实验。Mayer 认为多媒体学习研究的过程中应采用脑电实验与眼动追踪等技术进行更深入的研究[①]。Shioirid 通过观察视线变化与脑电波的关系，发现了脑电波会随着视线的变化而不断变化的基本事实[②]。眼动实验并不能完全监控学习者的注意力情况，而脑波仪监测学习者认知过程能够使研究者明白被试此时心里的真实想法，是配合眼动实验的有效技术手段。本研究是基于色彩表征影响学习注意的研究，因此主要采用 EM 与 EEG 技术相结合的生物表征联合实验（如图 4-2 所示）。

图 4-2　EEG 与 EM 联合实验环境：CU Band 头戴式脑波配套设备与 Tobii 眼动配套设备

（2）学习情绪的测量。

本研究认为学习注意与学习情绪相关，因而采用实验后问卷调查被试的学习情绪。情绪是指个体对客观事物是否符合自身需求而产生的体验[③]。学习情绪是学习者在学习过程中对知识信息是否符合自身需求而产生的一种学习体验。有研究发现，积极情绪与消极情绪可能会转移学习者对学习材料的注意，诱导无关的想法从而阻碍学习（Seibert & Ellis，1991），这说明了情绪对学习注意有重要的影响[④]。还有研究表明，积极的情绪有助于扩大注意的范围（Frederickson，2005），消极的情绪可能会使学习者缩小注意的范围（Frederickson，2000；Kaspar & Koenig，2012）。由于学习情绪的研究不是本研究主要的研究问题，但考虑到学习情绪与学习注意具有一定的关联，拟通过测量被试的学习情绪探讨其与学习注意、色彩表征之间的关系，并将学习情绪测量结果作为辅助性的研究数据，佐证色彩表征对学习注意的影响。

（3）学习结果的测量。

本研究认为，学习结果与学习注意存在关联，在实验后分别采用保持测验与迁移测验的学习结果后测问卷、再认成绩与默写成绩后测问卷测量了学习结果。本实验研究中的实验项目和具体的实验内容如表 4-1 所示。

---

①Mayer R E. The Cambridge Handbook of Multimedia Learning 2nd Edition[M]. Cambridge University Press, 2014, 660-662.
②Shioirid S, Inoue T, Matsumura K, et al. Movement of visual attention. IEEE SMC'99 Conference Proceedings, 1999, (2): 5-9.
③王晶晶, 陈忠卫. 著. 组织行为学[M]. 北京:中国统计出版社, 2010,01.52.
④上官晨雨. 情绪设计对中学生多媒体学习的影响:先前知识经验的作用[D]. 华中师范大学, 2017, 05.

表 4-1 实验研究项目与实验内容

实验项目	实验名称	因素水平
研究一 色彩编码设计	实验 1-1 动态画面与静态画面色彩编码设计影响选择性注意的实验研究	知识内容相同、呈现方式不同、色彩内容不同 1. 视频动态画面呈现、有色彩内容画面 2. 图文融合静态画面呈现、无色彩内容画面
	实验 1-2 文本画面色彩编码设计影响选择性学习注意的实验研究	知识内容相同、色彩内容不同 1. 前景色与背景色明度差大于 50 灰度级 2. 前景色与背景色明度差小于 50 灰度级
研究二 色彩线索设计	实验 2-1 相同知识类型的色彩线索设计影响持续性学习注意的实验研究	知识类型相同，线索类型不同 1. 色相变化的线索 2. 明度变化的线索 3. 纯度变化的线索
	实验 2-2 不同知识类型的色彩线索设计影响持续性学习注意的实验研究	知识类型不同，陈述性、程序性、线索类型不同 1. 陈述性知识、色相变化的线索 2. 陈述性知识、明度变化的线索 3. 陈述性知识、纯度变化的线索 4. 程序性知识、色相变化的线索 5. 程序性知识、明度变化的线索 6. 程序性知识、纯度变化的线索
研究三 色彩目标设计	实验 3-1 色彩信号的不同位置影响分配性学习注意的实验研究	1. 色彩信号的临近呈现（色彩信号呈现位置临近） 2. 色彩信号的顺序呈现（色彩信号呈现顺序一致）
	实验 3-2 色彩信号的对比程度影响分配性学习注意的实验研究	1. 同一画面中的不同的色彩信号为互补色（色彩对比程度强） 2. 同一画面中的不同的色彩信号为近似色（色彩对比程度弱）

2.研究测量方法与工具

（1）实验仪器与参数的拟定

A．脑电波实验仪器及其实验参数的拟定

人体头部的前额部位在神经科学中称为 FP1 区，能够测量出高精度脑电信号，这些脑电信号经过复杂的数学运算后，被解读成多项反映人们心理状态变化的参数[1]。脑波实

---

①赵鑫硕, 杨现民, 李小杰. 移动课件字幕呈现形式对注意力影响的脑波实验[J]. 现代远程教育研究, 2017, 01.

验通过 e Sense TM 演算法将学习者的心理状态量化为注意力参数，实时记录被试的脑电信号，作为分析学习注意力的主要依据。采用型号为视友科技第五代便携式脑波仪 CU Band（内置 EEG 脑电生物传感器，信号采样频率为 512 Hz，配套软件为脑电生物反馈训练系统）。通过 Lenovo Think pad15.6 英寸笔记本电脑（i7-8750H 8GB 2 TB+128GB GTX1050Ti 4G 独显）用于运行脑电生物反馈训练系统，将笔记本电脑与脑波仪用数据线连接，使笔记本电脑与脑波仪形成联合系统监控、记录被试的脑波数据。此外，便携式脑波仪 CU Band 学习者的专注度与放松度（参数值介于 0~100 之间）的综合参数可以体现出学习者注意力的数值。在被试的脑波曲线中会呈现出专注度与放松度两条曲线，曲线的走势都是在 0~100 参数之间产生振幅，从振幅的变化趋势可以观测出注意水平的变化。本实验脑波实验与眼动实验同步进行，记录了所有有效被试的脑波数据。脑波实验通过对前额区域脑电信号的采集，可以实时分析出被试当前的专注力和放松度。生物电现象是生命活动的基本特征之一。人类在进行思维活动时，在大脑产生的生物电信号就是脑波。这些自发的脑电波信号的频率变动范围通常在 0.1~50Hz 之间，脑波实验中用专注度和放松度两个指标综合体现学习注意的水平。"专注度"指使用者在学习过程中的"专注程度"或"专心程度"，该参数反映了被试当前的注意力集中程度。"放松度"指被试在学习过程中精神状态的"平静程度"。注意力分值是专注度与放松度的综合体现。专注度和放松度参数均以 1~100 之间的具体数值来指示学习者的专注水平和放松水平。

表 4-2 脑波注意水平描述

数值	范围	描　述
0~40	低值区	精神状态表现为不同程度的心烦意乱、焦躁不安、思绪散乱，学习注意极其涣散
40~60	中间值区	常规脑电波测量技术中确定的"基线"，注意水平正常
60~80	较高值区	专注度或者是放松度比正常情况下高，注意水平较高
80~100	高值区	专注度或放松度达到了很高水平，即处于非常专注、非常放松的状态，注意水平极高

此外，本实验通过 EEG 能量谱相对值 Alpha 波的研究，探讨多媒体画面色彩线索变化与 EEG 脑电生物传感器实时记录中能量谱相对值 Alpha 波的关系。Alpha 波包括 Low Alpha（8~9 Hz）与 High Alpha（10~12 Hz）两个指标，也就是 Alpha1 与 Alpha2。当学习者对学习材料集中注意力时，脑力负荷会随之增强，EEG 脑电波中 Alpha 波能量谱相对值降低；相反，当学习者注意力处于涣散状态不够集中时，脑力负荷会随之减弱，Alpha 波的能量谱相对值升高。本研究在进行色彩线索影响持续性学习注意的实验中将利用此项指标研究注意的水平。

　　B．眼动仪设备及其实验数据参数的拟定

　　采用瑞典 Tobii Technology AB 公司的眼动仪一台，技术规格与参数采样率为 120 Hz，延迟 30~35 ms，追踪补偿时间平均 100 ms，头动范围 30×22×30 cm at 70 cm（宽×高

×深度），最大扫视角度 35°，总范围 22×22×30 cm at 70 cm（宽×高×深度）。当眼动仪使用计算机显示器作为屏幕时，在 Windows 中将呈现刺激材料的显示器设置主显示器，使用与该眼动仪配套的分析软件 Tobii Studio 3.2 对被试进行眼动数据的记录与处理。本实验采用的工作站呈现实验学习材料，型号为惠普 Z620，处理器为 Inter Xeon E5-2063 双核 1.8 GB，内存 12 GB，屏幕宽高比例为 4:3 的 19 英寸显示器，分辨率为 1280×1024 像素。

　　眼动有三种基本类型：注视、眼跳和随动。通过注视点的位置、注视点持续时间、注视次数、瞳孔大小等眼动指标以及热点图、轨迹图、蜂群图等可以清楚地了解被试的视线变化情况。本研究选取反映与学习者视觉注意相关的首次进入时间 、首个注视点持续时间、总注视时间、总注视次数作为主要指标，在每个具体的子实验中根据研究需要选用相应的指标，并根据研究需要呈现相应的热点图与轨迹图。

表 4-3 眼动指标描述

指标	简称	单位	描　　述
总注视时间	TFD	秒	被试对学习材料注视的持续时间，反映被试对学习材料的熟悉度与关注度。当认知难度大时，被试认知负荷加大，总注视时间会增加[1]。注视时间越长，注意集中程度越好
总注视次数	TFC	个	被试在兴趣区或一个兴趣区组中的注视点个数，反映对信息的熟悉度与兴趣度[2]，兴趣越高，注意的持续程度越高
首次进入时间	TFF	秒	被试用了多长时间第一次注视到兴趣区，即首次进入兴趣区的用时。时间越短对视觉注意力的吸引度越高，选择性注意水平越高
首个注视点持续注视时间	FFD	秒	第一个注视点的持续时间，在以字、词为兴趣区的相关指标中反映早期信息加工阶段视觉注意情况[3]

　　C．工作站

　　本实验采用工作站型号为惠普 Z620，处理器为 Inter Xeon E5-2063 双核 1.8 GB，内存 12 GB，显示器屏幕宽高比例为 4:3 的 19 英寸，分辨率为 1280×1024 像素，工作站用于呈现实验学习材料。

　　D．笔记本电脑

　　本实验通过 Lenovo Think pad15.6 英寸笔记本电脑（i7-8750H 8GB 2 TB+128GB GTX1050Ti 4G 独显）用于运行脑电生物反馈训练系统，将笔记本电脑与脑波仪用数据线连接，使笔记本电脑与脑波仪形成联合系统监控、记录被试的脑波数据，并在笔记本显示屏幕上实时观察被试的学习专注度与放松度。

①任延涛, 孟凡骞. 眼动指标的认知含义与测谎价值[J]. 心理技术与应用, 2015, 07.
②任延涛, 孟凡骞. 眼动指标的认知含义与测谎价值[J]. 心理技术与应用, 2015, 07.
③闫国利, 白学军. 眼动分析技术的基础与应用[M]. 北京：北京师范大学出版社, 2017:45.

（2）实验数据的获取及其有效性

A．情绪调节

被试在正式实验前的中性情绪调节方法：每个被试在开始实验之前都会接受中性情绪调节。其一，外部调节。a.环境色彩影响情绪的调节：被试视觉范围环境色彩是白色，本实验环境用大型白色挡板排除所有无关干扰物体的色彩干扰，主试不可化妆且实验工作服装为白色大褂或浅色服装；b.无关干扰因素影响情绪的排除调节。被试的行动范围无任何动态干扰（一切无关物品、闲杂人等附着的色彩特征干扰均排除）。其二，内部调节。a.音乐舒缓情绪调节，被试步入实验环境同时聆听舒缓音乐钢琴曲；b.主试引导被试中性情绪诱发的调节：微笑询问被试是否放松平静，是否可以开始学习两个口头问题之后，确认被试处于中性情绪状态之后，立刻关闭音乐，开始学习实验材料内容。

B．脑波数据

本研究所有实验均利用脑波仪对被试在学习实验材料的过程中进行的注意水平全程监控，并采集相关数据。实验过程保证脑波设备的电极与被试皮肤接触良好，头带松紧适宜，单侧耳夹应夹在左耳耳垂处。被试正确佩戴 Mindset 状态下电极状态图标为 5 格状态。当个别被试出现头部与设备接触状态不佳且未能出现电极 5 格状态时被谢绝继续参与实验，当实验过程中脑波仪参数监测过程中控制图像曲线出现中断或时断时续的情况时，数据被剔除。

C．眼动数据

眼动数据是体现学习者学习注意生物表征的重要依据，虽然眼动指标只能通过眼睛的注意位置和时间来体现被试的视觉注意情况，但是眼动数据可以与脑波数据、学习结果测量等数据相互印证，共同构建本实验的实证研究数据结构。本研究不在眼动指标中得出研究结论，但是可以说明色彩表征影响学习注意这个基本研究问题所存在的客观事实。实验过程中主试引导被试坐在眼动仪前进行眼睛注视校准，告知定标方法与注意事项，剔除眼动仪采样数据中采样率低于 70%的被试数据，保证数据的有效性，以便后期数据分析。

D．问卷调查数据

被试基本信息及知识基础前测问卷：指被试的个人信息，包括姓名、年龄、民族、性别、年级、所学专业、色彩偏好、学习风格等。知识基础问卷用于测量被试对实验材料的先前知识水平，通过主观评定题和客观问答题对被试已有的知识水平进行测量，保证被试的知识基础水平基本一致（见附录一、问卷 3）。

学习情绪后测问卷：情绪测量的基本前提是保证被试的实验环境处于严格控制在中性情绪色彩白色环境下，第一时间开始实验材料的色彩表征感知情绪的测量。情绪测量的具体操作：被试在学习实验材料之后，在零干扰情绪出现的最佳时刻接受情绪体验测量，填写多媒体画面色彩表征情绪测量问卷，在此期间主试与被试无任何言语和行为互动。本研究选用 DEELS 真实情绪量表测量不同色彩表征作为实验材料影响学习情绪的方法。Glomb（格隆布）对人的自我真实性（真实、假装、压制）以及情绪的正、负性的划分，编制了 DEELS 情绪量表，基于学校学生、医疗机构人员等各类群体等跨样本数据的分析结果显示，量表的信度和效度均达到心理测量的要求。Glomb 指出，量表所列的 14 个情绪词可以作情绪感受的研究使用 [①]。吴宇驹等 2012 年以大学生、教师和员工作为研究群体对该量表进行探索性、验证性因素分析，将内部一致性作为信度指标，克隆巴赫系数大于 0.75，正负情绪的相关介乎－0.35 到－0.32，具有跨样本一致性。研究表明 DEELS 真实情绪量表适用于中国人群情绪的测量。这 14 个情绪词是热情、高兴、喜欢、关心、满意、生气、消沉、害怕、焦虑、讨厌、恼火、悲痛、不喜欢、愤怒。本研究选择前 5 个积极情绪的词热情、高兴、喜欢、关心、满意对学习者情绪进行测量。本研究的学习者情绪量表采用 9 点李克特量表测量，情绪指数从 1 到 9 逐渐升高，1 为无，9 为最高（见附录一、问卷 4）。通过学习情绪的后测结果，分析色彩表征对学习者学习情绪的影响，进而分析学习资源画面色彩表征对学习注意的影响。

学习结果后测问卷：采用 Mayer 的多媒体学习实验的测量方法，每个实验均做学习结果的数据分析。根据研究需要，以学习者学习完实验材料之后的保持测验成绩和迁移测验成绩进行计分，或者以知识记忆的再认成绩或默写成绩进行计分，通过得分评定学习者的后测学习成绩，分析学习结果与学习注意之间的相关性（见附录一、问卷 5），进而分析学习资源画面色彩表征设计对学习注意的影响。

第二节 案例 1：动态与静态画面色彩内容影响选择性学习注意的实验

色彩编码设计是指对学习资源画面中知识内容的色彩内容的组织，反映学习资源画面中整体的色彩表征效果。色彩编码设计形式呈现出一种大面积的色彩内容，覆盖学习资源画面的整体，在平面中以色彩"面"的呈现形式出现，旨在促进学习者在学习之初对知识内容的了解。学习资源动态画面包括视频、动画等动态画面呈现方式，还包括图文融合、文本等静态画面呈现方式。

本实验研究通过动态画面与静态画面进行对照、有色彩内容画面与无色彩内容画面进行对照，探讨动态画面与静态画面中色彩编码设计影响学习注意的问题。本实验项目主要是针对多媒体画面的"图、文、像"三大要素的色彩表征设计影响选择性学习注意的研究。

一、实验目的与假设

本实验探讨动态视频画面与静态图文融合画面的色彩编码设计对选择性学习注意的影响。研究假设：在动态画面与静态画面中提出三个研究假设：H1-1-1，学习资源画面中，色彩内容的不同对选择性学习注意的影响差异显著；H1-1-2，学习资源画面中，色彩内容的不同对学习情绪的影响差异显著；H1-1-3，学习资源画面中，色彩内容的不同对学习结果的影响差异显著。

二、实验设计

本实验采用 2（有色彩－自然色彩、无色彩－黑白色彩）×2（动态画面、静态画面）

①吴宇驹,凌文辁,路红,等. DEELS 真实情绪量表的修订[J]. 广州大学学报（社会科学版），2012, 05.

的实验设计。实验材料的知识内容相同，呈现方式不同、色彩编码设计类型不同。

　　实验的自变量：①学习资源画面色彩编码设计两个水平，即色彩内容的组织方式：有色彩内容（知识内容的匹配程度高）、无色彩内容（知识内容的匹配程度低）；②画面呈现方式：动态画面（视频）、静态画面（图文融合）。

　　因变量：①眼动指标：首次进入时间、首个注视点持续时间、总注视时间、总注视次数；②兴趣区眼动指标：将主要知识内容划为兴趣区（对主要知识内容的选择性学习注意）的眼动数据；③脑波变化曲线；④学习成绩后测：保持测验成绩、迁移测验成绩；⑤学习情绪后测。

　　三、实验材料

　　实验材料是将知识内容与色彩内容建立关联，在视频和图文融合的 PPT 中分别呈现，形成对知识内容的表达，使学习者产生一种对知识内容的"临场感"与"真实感"。学习资源的呈现形式是动态画面与静态画面，实验材料的知识内容为"心脏结构与血液循环"。与之相近的知识内容多次被多媒体画面语言学的相关研究作为实验材料，例如冯小燕博士在移动学习资源画面设计影响学习投入的实验中，王雪博士关于在文本要素设计规则的实验研究中。本研究参考百度百科中的"心脏结构与血液循环"医学视频（经过三位专业医师进行了知识内容正确性鉴定，可以作为实验材料），保留原有知识内容不变，将色彩编码设计作为主要研究变量，进一步开发改进。将实验材料分为有色彩（自然色调）与无色彩（黑白灰色调）两类共四份实验材料，知识内容相同，播放时长相同，都是 300s。具体说明：1，NA 与 NB 实验组：NA 组是动态视频画面、NB 组是静态图文融合画面，两组使用相同色彩内容设计，即黑灰白的无色彩画面；2，YA 与 YB 实验组：YA 组是动态视频画面、YB 组是静态图文融合画面，两组使用相同的色彩内容设计，即色彩内容符合知识内容的语义内涵的画面。实验材料截图见附录二实验材料实验 1-1。

　　四、被试

　　从 T 大学中招募在读本科及以上的在校学生作为被试，随机分为 YA 组与 YB 组、NA 组与 NB 组，年龄在 19~25 岁之间，专业为非心理学、非教育学、非艺术类的在校大学生，被试均获得一定报酬。所有被试分为 4 个实验组：YA "有色彩内容＋动态画面"组、YB "有色彩内容＋静态画面"组、NA "无色彩内容＋动态画面"组、NB "无色彩内容＋静态画面"组，通过知识基础前测剔除高知识基础和低知识基础的被试。实验中若出现无效数据，随时招募被试，确保可供采集有效实验数据的被试每组 15 名，共 60 名（如图 4-3 所示）。

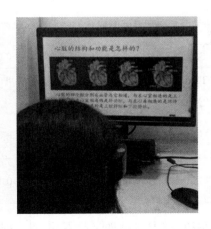

图 4-3 动态与静态画面色彩内容影响学习注意实验的被试

五、实验过程

1.实验的实施

①被试填写个人信息；②被试知识基础前测；③主试为被试佩戴脑波仪调试正常；④主试引导被试坐在眼动仪前进行眼睛注视校准，告知定标方法与注意事项；⑤被试观看引导语之后，主试开启脑波监控分段记录被试脑波数据；⑥被试开始学习视频或 PPT 图文融合的实验材料；⑦学习结束后，摘掉脑波仪并离开眼动仪等实验设备，进行后测学习结果和学习情绪的问卷填写。每个实验材料的学习时间是 5min 左右，实验准备与问卷、访谈的时间大约 15min，共计 20min。

2.实验测量

实验的测量项目包括：①眼动指标中的 TFD（总注视时间），实验材料所有注视点的持续时间之和；TFC（总注视点个数，实验材料中注视点个数的总和，即总注视次数）；TFF（首次进入时间），实验材料开始呈现的时间，直到被试的注视点第一次出现在画面，也就是被试用了多长时间第一次注视到画面，即首次进入画面的用时；FFD（首个注视点的注视时间）：实验材料出现的第一个注视点的持续时间。②脑波指标中的专注度与放松度曲线的变化以及注意分值。③学习情绪的测量（DEELS 情绪量表问卷调查）。④学习结果的测量（保持测量后测问卷与迁移测验后测问卷调查）。

六、数据分析

包括眼动数据分析、脑波分析、学习结果与学习情绪的问卷调查数据分析。使用 Excel 2013 进行数据管理，采用 Spss24.0 进行数据分析。

1.眼动数据分析

（1）画面整体的眼动数据分析

实验后导出的整体眼动指标是对 YA、YB、NA、NB 四个实验组的 TFD、TFC、TFF、FFD 四项眼动指标数据的统计结果。

表 4-4 色彩内容在动态画面与静态画面中的眼动指标统计（每组 *N*=15）

无色彩内容（图文融合）	255.325±63.06	1087.46±181.39	0.051±0.31	0.1620±0.035
画面　　眼动指标 　　　方式	TFD（秒）（M±SD）	TFC（个）（M±SD）	TFF（秒）（M±SD）	FFD（秒）（M±SD）
动态　有色彩内容（解说＋音乐）	237.192±17.53	682.20±63.85	0.038±0.25	0.553 3±0.25
无色彩内容（解说＋音乐）	214.820±20.13	712.06±118.10	0.127±0.71	0.213 3±0.07
静态　有色彩内容（图文融合）	273.516±62.75	1 060.40±237.11	0.058±0.51	0.164 7±0.02

如表 4-4 所示，"有色彩内容＋静态画面"的总注视时间最长，"无色彩内容＋动态画面"的总注视时间最短；"无色彩内容＋静态画面"的总注视次数最多，"有色彩内容＋动态画面"的总注视次数最少；"有色彩内容＋动态画面"首次注视时间最短；"无色彩内容＋动态画面"首次注视时间最长。"有色彩内容＋动态画面"的首个注视点持续时间最长，"无色彩内容＋静态画面"的首个注视点持续时间最短。

为了清晰地表述上述眼动数据，用直方图分别对各眼动指标进行描述性统计分析，明确本实验中的色彩表征是否存在显著性差异。

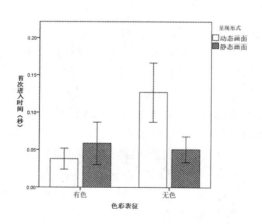

图 4-4 色彩内容在动态画面与静态画面中的首次进入时间

首次进入时间如图 4-4 直方图所示，方差齐性检验结果显示（F=0.511，p=0.06>0.05），表明数据方差齐性。色彩表征主效应显著（F=10.492，p=0.002<0.05）；呈现形式主效应显著（F=4.937，p=0.030<0.05）；色彩表征与呈现形式交互作用显著（F=15.067，p=0.000<0.05）。

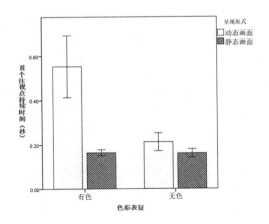

图 4-5　色彩内容在动态画面与静态画面中的首个注视点持续时间

首个注视点持续时间如图 4-5 直方图所示，方差齐性检验结果显示（F=10.580，p=0.00<0.05）。色彩表征主效应显著（F=24.760，p=0.000<0.05）；呈现形式主效应显著（F=40.824，p=0.000<0.05）；色彩表征与呈现形式交互作用显著（F=23.996，p=0.000<0.05）。

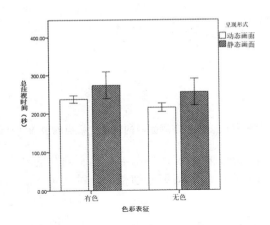

图 4-6　色彩内容在动态画面与静态画面中的总注视时间

总注视时间如图 4-6 直方图所示，方差齐性检验结果显示（F=8.584，p=0.00<0.05）。色彩表征主效应不显著（F=2.860，p=0.096>0.05）；呈现形式主效应显著（F=10.262，p=0.002<0.05）；色彩表征与呈现形式交互作用不显著（F=0.030，p=0.862>0.05）。

总注视次数如图 4-7 直方图所示，方差齐性检验结果显示（F=4.563，p=0.006<0.05）。色彩表征主效应不显著（F=0.454，p=0.503>0.05）；呈现形式主效应显著（F=79.500，p=0.000<0.05）；色彩表征与呈现形式交互作用不显著（F=0.001，p=0.974 >0.05）。

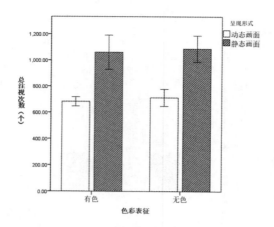

图 4-7 色彩内容在动态画面与静态画面中的总注视次数

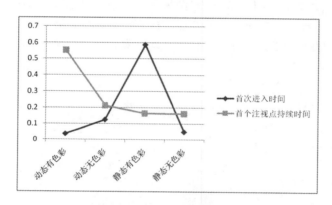

图 4-8 色彩内容在动态与静态画面中的首个注视点的进入时间和持续时间

　　如图 4-8 所示，利用 Excel 图表统计显示，有色彩内容的动态画面的首次进入时间最短，首个注视点持续时间最长；而静态画面则相反，首次进入时间最长，首个注视点持续时间最短。至此分析结果还不能得出研究结论，这可能是因为被试面对"视觉"与"听觉"双通道呈现的动态画面与"视觉"单通道呈现的图文融合的静态画面所产生的视觉注视状况会受到通道呈现方式差异的影响，因此有必要划分兴趣区，从中进一步得到支撑研究目标的实验数据。

　　动态画面兴趣区划分是以"时间线"为依据的，将学习资源中的"主要知识内容"作为兴趣区。本学习资源中有两个主要知识内容，兴趣区一是第一个主要知识内容（心脏的结构）；兴趣区二是第二个主要知识内容（血液的循环）。

　　（2）兴趣区一的眼动数据分析

　　从实验材料整体时间轴中截取了呈现时长 51s、知识内容为"心脏的结构"（本实验材料中的第一个主要知识内容）、解说词为 152 字的动态视频画面，有色彩与无色彩实验材料的兴趣区学习内容一致。静态画面的眼动数据兴趣区一的学习内容与动态画面的学习内容一致，呈现在三幅图片中（时长分别为 15s，16s，20s），文本字数 152 字。在控制学习时长和学习内容的条件下，对学习过程中的 TFF、FFD、TFD、TFC 等眼动指标进行描述性统计分析，如表 4-5 所示。

表 4-5 动态画面与静态画面中兴趣区一的眼动指标统计（每组 N=15）

色彩表征	呈现形式	TFD（秒）（M±SD）	TFC（个）（M±SD）	TFF（秒）（M±SD）	FFD（秒）（M±SD）
有色	动态画面	37.316±6.254	121.00±17.402	0.0183±0.00919	0.5760±0.3351
	静态画面	36.888±4.692	114.60±18.764	0.0320±0.01373	0.6953±0.7728
无色	动态画面	42.786±5.935	94.066±13.198	0.0920±0.2981	0.1447±0.0483
	静态画面	37.239±8.161	110.60±22.176	0.1167±0.07168	0.1800±0.1094

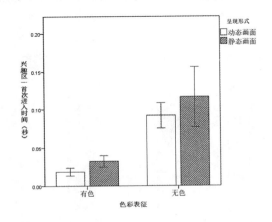

图 4-9　兴趣区一色彩内容在动态画面与静态画面中的首次进入时间

如图 4-9 所示，将主要知识内容作为兴趣区，色彩内容的有无在动态画面与静态画面的眼动指标首次进入时间的数据中，色彩表征主效应显著（F=59.691，p=0.000<0.05）；呈现形式主效应不显著（F=3.499，p=0.067>0.05）；色彩表征与呈现形式交互作用不显著（F=0.288，p=0.594>0.051）。

如图 4-10 所示，将主要知识内容作为兴趣区，色彩内容的有无在动态画面与静态画面的眼动指标首个注视点持续时间的数据中，色彩表征主效应显著（F=18.473，p=0.000<0.05）；呈现形式主效应不显著（F=0.493，p=0.485>0.05）；色彩表征与呈现形式交互作用不显著（F=0.145，p=0.704>0.05）。

如图 4-11 所示，将主要知识内容作为兴趣区，色彩内容的有无在动态画面与静态画面的眼动指标总注视时间的数据中，色彩表征主效应不显著（F=3.217，p=0.078>0.05）；呈现形式主效应不显著（F=3.188，p=0.080>0.05）；色彩表征与呈现形式交互作用不显著（F=2.328，p=0.133>0.05）。

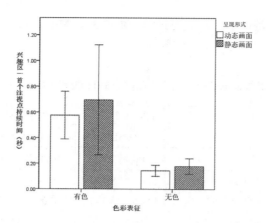

图 4-10 兴趣区一色彩内容在动态画面与静态画面中的首个注视点持续时间

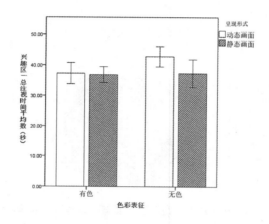

图 4-11 兴趣区一色彩内容在动态画面与静态画面中的总注视时间

如图 4-12 所示，将主要知识内容作为兴趣区，色彩内容的有无在动态画面与静态画面的眼动指标总注视次数的数据中，色彩表征主效应显著（$F=10.829$，$p=0.002<0.05$）；呈现形式主效应不显著（$F=1.162$，$p=0.286>0.05$）；色彩表征与呈现形式交互作用显著（$F=5.952$，$p=0.018<0.05$）。

如图 4-13 所示，将主要知识内容作为兴趣区，色彩内容的有无在动态画面与静态画面的眼动指标平均注视点持续时间数据中，色彩表征主效应显著（$F=24.632$，$p=0.000<0.05$）；呈现形式主效应显著（$F=5.940$，$p=0.018<0.05$）；色彩表征与呈现形式交互作用显著（$F=6.606$，$p=0.013<0.05$）。

上述兴趣区一的眼动数据中的 TFF、FFD、TFD、TFC 显示，首次进入时间的色彩表征主效应显著（$F=59.691$，$p=0.000<0.05$）；首个注视点持续时间色彩表征主效应显著（$F=18.473$，$p=0.000<0.05$）；总注视次数色彩表征主效应显著（$F=10.829$，$p=0.002<0.05$）；平均注视时间色彩表征主效应显著（$F=24.632$，$p=0.000<0.05$）。有色彩内容组显著高于无色彩内容组。

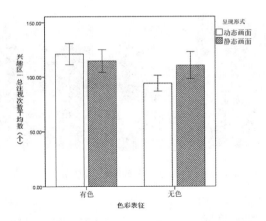

图 4-12 兴趣区一色彩内容在动态画面与静态画面中的总注视次数

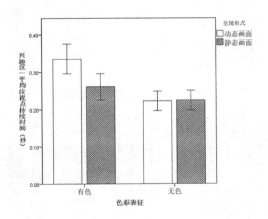

图 4-13 兴趣区一色彩内容的有无在动态画面与静态画面中的平均注视点持续时间

　　兴趣区一的热点图与轨迹图进一步证实，无论是动态画面还是静态画面，有色彩内容的学习资源画面比无色彩内容的学习资源画面更多地吸引了学习者的视觉注意，更易于产生选择性学习注意。如图 4-14、图 4-15、图 4-16、图 4-17 所示。

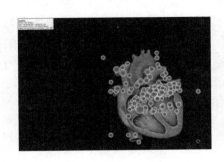
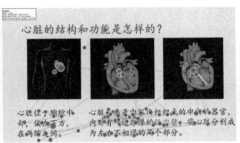

图 4-14 有色彩内容的动态画面与静态画面眼动轨迹图（左：动态　右：静态）

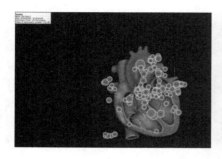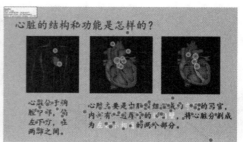

图 4-15 无色彩内容的动态画面与静态画面眼动轨迹图（左：动态 右：静态）

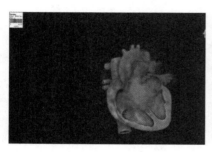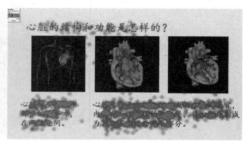

图 4-16 有色彩内容的动态画面与静态画面眼动热点图（左：动态 右：静态）

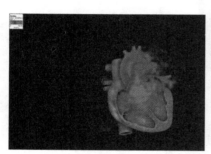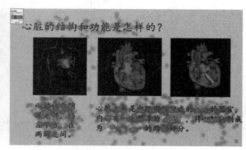

图 4-17 无色彩内容的动态画面与静态画面眼动热点图（左：动态 右：静态）

（3）兴趣区二的眼动数据分析

　　动态画面的眼动数据兴趣区划分是以时间线为依据，在本实验材料中，在整体时间轴中截取了呈现时长 130s 内容为"血液的循环"解说词为 286 字的动态画面，这是本学习资源实验材料中的第二个主要知识内容，有色彩与无色彩实验材料内容一致。静态画面的眼动数据兴趣区内容与动态画面对应一致，呈现在四幅图片中（时长根据内容长短分别为 35s，35s，35s，25s），文本字数 286 字。在控制学习时长和学习内容的条件下，对学习过程中的 TFF、FFD、TFD、TFC 等眼动指标进行描述性统计分析，如表 4-6 所示。

表 4-6 动态画面与静态画面中兴趣区二的眼动指标统计（每组 *N*=15）

色彩表征	呈现形式	TFD（秒）(M±SD)	TFC（个）(M±SD)	TFF（秒）(M±SD)	FFD（秒）(M±SD)
有色	动态画面	116.3453±6.27847	280.1333±44.41343	0.1173±0.1068	0.1867±0.597
	静态画面	121.7487±9.50324	555.4000±102.4867	0.1527±0.0843	0.1460±0.099
无色	动态画面	128.0447±2.53218	523.0000±81.01146	0.0467±0.0289	0.2433±0.065
	静态画面	117.2640±6.03646	616.6000±94.67599	0.1167±0.0571	0.1080±0.066

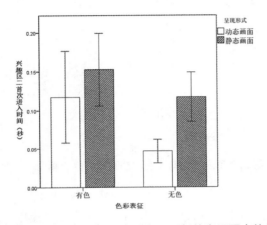

图 4-18 兴趣区二色彩内容的有无在动态画面与静态画面中的首次进入时间

　　如图 4-18 所示，将学习资料画面中的第二个主要知识内容作为兴趣区，色彩内容的有无在动态画面与静态画面的眼动指标首次进入时间的数据。在兴趣区二的首次进入时间的眼动指标中色彩表征主效应显著（F=7.448，p=0.008<0.05）；呈现形式主效应显著（F=8.658，p=0.007<0.05）；色彩表征与呈现形式交互作用不显著（F=0.828，p=0.367>0.05）。

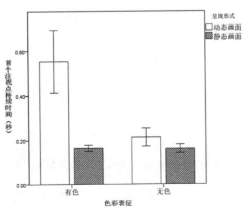

图 4-19 兴趣区二色彩内容在动态画面与静态画面中的首个注视点持续时间

如图 4-19 所示，将学习资料画面中的第二个主要知识内容作为兴趣区，色彩内容的有无在动态画面与静态画面的眼动指标首个注视点持续时间的数据。兴趣区二的首个注视点持续时间眼动指标中色彩表征主效应不显著（$F=0.234$，$p=0.630>0.05$）；呈现形式主效应显著（$F=20.805$，$p=0.000<0.05$）；色彩表征与呈现形式交互作用显著（$F=6.019$，$p=0.017<0.05$）。

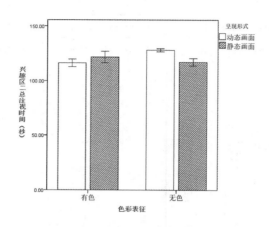

图 4-20 兴趣区二色彩内容的有无在动态画面与静态画面中的总注视时间

如图 4-20 所示，将学习资料画面中的第二个主要知识内容作为兴趣区，色彩内容的有无在动态画面与静态画面的眼动指标总注视时间的数据。兴趣区二的总注视时间眼动指标中色彩表征主效应显著（$F=4.524$，$p=0.038<0.05$）；呈现形式主效应不显著（$F=2.531$，$p=0.119>0.05$）；色彩表征与呈现形式交互作用显著（$F=22.765$，$p=0.000<0.05$）。

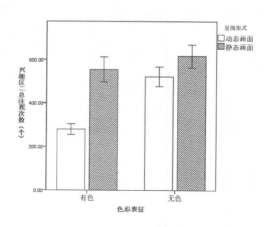

图 4-21 兴趣区二色彩内容的有无在动态画面与静态画面中的总注视次数

如图 4-21 所示，将学习资料画面中的第二个主要知识内容作为兴趣区，色彩内容的有无在动态画面与静态画面的眼动指标总注视次数的数据。兴趣区二的总注视次数眼动指标中色彩表征主效应显著（$F=49.526$，$p=0.000<0.05$）；呈现形式主效应显著（$F=72.884$，

$p=0.000<0.05$）；色彩表征与呈现形式交互作用显著（$F=17.678$，$p=0.000<0.05$）。

兴趣区二的眼动数据中的 TFF、FFD、TFD、TFC 显示，首次进入时间的眼动指标中色彩表征主效应显著（$F=7.448$，$p=0.008<0.05$）；总注视时间眼动指标中色彩表征主效应显著（$F=4.524$，$p=0.038<0.05$）；总注视次数眼动指标中色彩表征主效应显著（$F=49.526$，$p=0.000<0.05$）。

图 4-22 动态画面兴趣区二眼动热点图（左：有色彩内容　右：无色彩内容）

如图 4-22 所示，动态画面是视觉和听觉的双通道加工，视觉通道可以集中在动画画面上，听觉通道可以同时听取学习内容的声音信息资源，产生双通道加工效应。动态画面的热点图中有色彩内容的画面出现了明显的红色热点集中注视的区域，而无色彩内容的画面注视热点较为分散，没有明显的集中区域。动态画面热点图分析："有色彩内容"的动态画面将"血液从心脏左侧出发回到右侧构成体循环"和"血液从心脏右侧出发回到左侧构成肺循环"这两个构成血液循环图的核心内容用红色和蓝色加以区分。在动画中配合了运动画面的特点，呈现过程中出现了红色系和蓝色系中的不同变化。色彩的区分从语义表征的角度解读了学习内容的核心问题。热点图的注视热点集中度较好。"无色彩内容"的动态画面对"血液从心脏左侧出发回到右侧构成体循环"和"血液从心脏右侧出发回到左侧构成肺循环"这两个构成血液循环图的核心内容没有加以区分。虽然在动画呈现中配合了运动画面的特点，但是在没有色彩表征的动画中，学习者无法区分血液循环图的左右差异，缺乏语义表征。热点图中出现了注视热点向右偏移的不良现象。

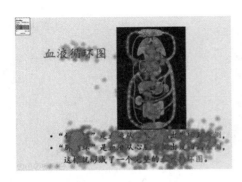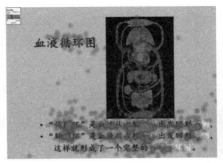

图 4-23 静态画面兴趣区二眼动热点图（左：有色彩内容　右：无色彩内容）

如图 4-23 所示，静态画面是视觉单通道信息加工，在视觉通道中，必须将学习注意分散在图片区和文本区，文本区的文字学习内容作为视觉信息资源，在有限的时间内夺取了图片区的视觉注意，学习者不断在文本区与图片之间产生注视回视，建立了图文之间的关联。在热点图中并未出现明显的红色热点集中注视区域。静态画面热点图分析："有色彩内容"的静态画面将"血液从心脏左侧出发回到右侧构成体循环"和"血液从心脏右侧出发回到左侧构成肺循环"这两个构成血液循环图的核心内容用红色和蓝色加以区分。在有色彩静态画面中，虽然从语义角度用红色与蓝色进行了区分，但是静态呈现效果不能将语义表征中所需要的运动和变化过程更加准确直接地传递给学习者，使学习者需要建立更多的图文关联思维才能更准确理解学习内容。热点图中的注视热点明显劣于有色彩动态画面。"无色彩内容"的静态画面"血液从心脏左侧出发回到右侧构成体循环"和"血液从心脏右侧出发回到左侧构成肺循环"这两个构成血液循环图的核心内容没有在学习者的视觉通道中以辨别性的表征加以区分，学习者判断知识内容的通道是文字，学习者大脑可能不会形成正确的视觉意象。在无色彩静态画面中，缺乏通过色彩内容对主要知识内容的解读，缺乏知识内容在色彩内容运动变化过程中的完整呈现。

2.脑波变化分析

在脑波变化曲线图中，纵轴是被试注意力得分的数值，专注度的变化范围是在 0~100 之间，数值越高代表专注度越高，40 是基础线，低于 40 的被试专注度较低，高于 60 的专注度较高；横轴为时间（即观看学习资源画面的时长）。中间两条波动的曲线是专注度与放松度的趋势，一个为放松度变化的单曲线，另一个为专注度与放松度的脑波变化双曲线，一般而言有效脑波曲线的专注度与放松度曲线的趋势是一致的。波幅波动幅度较小时，学习者投入的认知努力较小，刺激吸引注意水平较低；波动幅度较大时，学习者投入的认知努力较多，刺激吸引注意水平较高[1]。（本研究其他实验的脑波图也是如此，后文不再赘述。）

本实验对 YA"有色彩内容＋动态画面"组、YB"有色彩内容＋静态画面"组、NA"无色彩内容＋动态画面"组、NB"无色彩内容＋静态画面"四组被试，分别选取各组专注指数和放松指数接近的被试，对其专注度曲线和放松度曲线反映出的脑波动态变化进行比较。

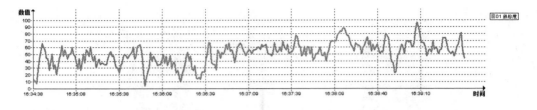

YA 组"动态画面-有色彩内容"放松度脑波曲线

---

①冯小燕. 促进学习投入的移动学习资源画面设计研究. [D]天津：天津师范大学. 2018.

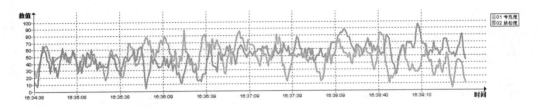

YA 组"动态画面-有色彩内容"放松度与专注度脑波曲线

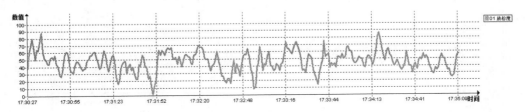

YB 组"静态画面-有色彩内容"放松度脑波曲线

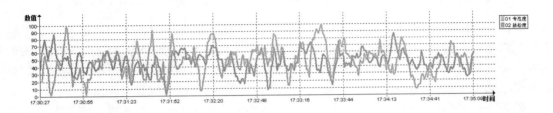

YB 组"静态画面-有色彩内容"放松度与专注度脑波曲线

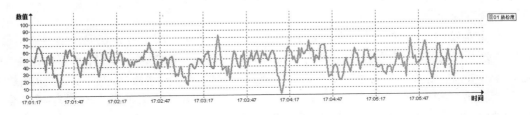

NA 组"动态画面-无色彩内容"放松度脑波曲线

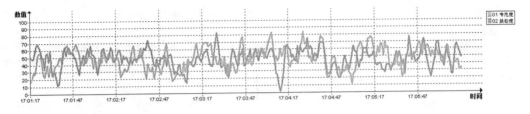

NA 组"动态画面-无色彩内容"放松度与专注度脑波曲线

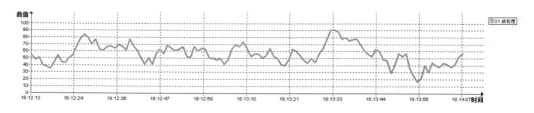

NB 组"静态画面-无色彩内容"放松度脑波曲线

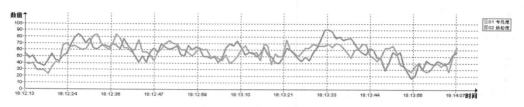

NB 组"静态画面-无色彩内容"放松度与专注度脑波曲线

图 4-24 色彩内容在动态与静态画面中典型被试的专注度与放松度的脑波变化图

如图 4-24 所示，YA"动态画面-有色彩内容"组的脑波曲线在时间横轴中呈现逐渐平稳轻微上升的趋势，波幅波动幅度较大，刺激吸引注意水平高；YB"静态画面-有色彩内容"组的脑波曲线在时间横轴中呈现逐渐平稳轻微下降的趋势，波幅波动幅度较大，刺激吸引注意水平较高；NA"动态画面-无色彩内容"组的脑波曲线在时间横轴中呈现逐渐平稳趋势，在时间轴中后期出现明显的探底，波幅波动幅度不大，刺激吸引注意水平不高；NB"静态画面-无色彩内容"组的脑波曲线在时间横轴中呈现平稳下降趋势，波幅波动幅度很小，呈现出平缓的波浪形，刺激引发注意的水平较低。

3.学习情绪分析

在本实验中，被试学习情绪的数据采用主观问卷评判的测量方式获取。学习情绪量表α 系数为 0.820，信度在可接受范围内。将被试对 DEELS 情绪量表中 5 个积极情绪相关词进行李克特 9 点量表主观评判得分求和得到该被试的学习情绪数据，对 YA"动态画面-有色彩内容"组、YB"静态画面-有色彩内容"组、NA"动态画面-无色彩内容"组、NB"静态画面-无色彩内容"四组被试的学习情绪进行数据统计分析。

表 4-7 动态与静态画面实验各组被试学习情绪后测结果

色彩表征	画面	组别	学习情绪（M±SD）
无色彩内容	动态	NA	29.56±4.48
	静态	NB	20.03±3.19
有色彩内容	动态	YA	39.01±3.67
	静态	YB	38.54±4.82

如表 4-7 所示，色彩内容（有、无）和不同画面要素（动态、静态）的学习情绪两因

素被试间方差分析显示，画面要素（F=3.342，p=0.059<0.1）主效应边缘显著，动态画面（34.28±4.07）>静态画面（29.28±4.05）；色彩内容（F=19.192，p=0.000<0.01）主效应显著，有色彩内容画面（38.27±4.14）>无色彩内容画面（29.79±3.83）。色彩内容与画面要素二者的交互作用（F=0.000，p=0.979>0.05）不显著。实验表明学习资源画面要素对学习情绪有显著影响，色彩内容对学习情绪有极其显著的影响。

4.学习结果分析

本实验对有色彩内容动态画面、有色彩内容静态画面、无色彩内容动态画面、无色彩内容静态画面四组被试的保持测验和迁移测验的学习成绩使用 Spss24.0 进行后测问卷统计分析。学习者的保持测验成绩通过后测获得，后测问卷满分 10 分，学习者学习完测试知识后闭卷回答，由两位实验助理判分并给出最终得分。

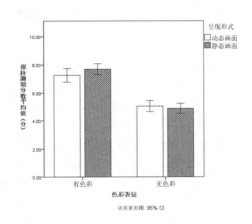

图 4-25 色彩内容在动态画面与静态画面的学习结果保持测验

如图 4-25 所示，在保持测验学习结果测验中，色彩表征主效应显著（F=167.375，p=0.000<0.05，η^2=0.749），学习资源动态静态呈现形式主效应不显著（F=0.476，p=0.493>0.05，η^2=0.008），色彩表征与呈现形式交互作用不显著（F=2.410，p=0.126>0.05，η^2=0.041）。通过学习结果可以看出，动态画面与静态画面呈现形式的不同对保持测验结果的影响不存在显著性差异；有色彩组的保持测验成绩高于无色彩组，表明有色彩表征的知识内容可以促进保持测验成绩的提升，无色彩表征的知识内容在促进学习效果的提升方面不具有优势。

如图 4-26 所示，在迁移测验学习结果测验中，色彩表征主效应显著（F=18.410，p=0.000<0.05，η^2=0.247），学习资源动态静态呈现形式主效应显著（F=10.765，p=0.002<0.05，η^2=0.161），色彩表征与呈现形式交互作用显著（F=4.424，p=0.040<0.05，η^2=0.073）。通过学习结果可以看出有色彩组的迁移测验成绩均高于无色彩组，说明无色彩表征的动态和静态画面均不会促进学习效果的提升，动态画面与静态画面呈现形式迁移测验结果的差异较为显著，有色彩表征的动态画面迁移测验学习效果最好。

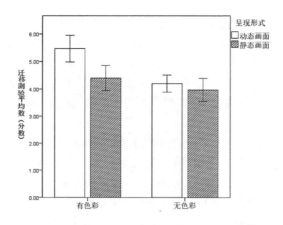

图 4-26 色彩内容在动态画面与静态画面的学习结果迁移测验

七、实验结果讨论

本实验是为了探讨在动态画面与静态画面中色彩编码设计影响"选择性学习注意"并促进学习者对知识内容的"了解"的问题。本实验以色彩内容的有无作为实验变量，对色彩表征主效应显著的数据进行探讨。实验结果的具体讨论从色彩内容的有无在动态画面与静态画面中的眼动指标、学习情绪、学习结果等方面展开。

1.动态画面与静态画面中色彩内容对眼动指标的影响

本实验通过对整体眼动数据、兴趣区一眼动数据、兴趣区一眼动数据的分析，验证 H1-1-1 学习资源画面中色彩内容的不同对选择性学习注意的影响差异显著。

（1）整体眼动数据讨论

TFF 眼动数据分析结果表明，色彩表征主效应显著。本次实验中"首次进入时间"反映了学习者在"学习之初"领会知识内容阶段选择知识内容注视的速度，首次进入时间越短，被试的注意水平越高；首次进入时间越长，被试的注意水平越低。TFF 排序为："有色彩内容＋动态画面"＜"有色彩内容＋静态画面"＜"无色彩内容＋静态画面"＜"无色彩内容＋动态画面"。"有色彩内容＋动态画面"TFF 最短，"无色彩内容＋动态画面"TFF 最长。

FFD 眼动数据分析结果表明，色彩表征主效应显著。本次实验中"首个注视点持续时间"反映学习者在"学习之初"领会知识内容阶段所选择的知识信息点上的首次停留时间，首个注视点持续时间越长，被试的注意水平越高；首个注视点持续时间越短，被试的注意水平越低。FFD 排序为："有色彩内容＋动态画面"＞"无色彩内容＋动态画面"＞"有色彩内容＋静态画面"＞"无色彩内容＋静态画面"。"有色彩内容＋动态画面"FFD 最长，"无色彩内容＋静态画面"FFD 最短。

TFF 与 FFD 两个眼动指标反映被试"选择性学习注意"的视觉生物指标。从视觉注意的视角来看，TFF 和 FFD 整体眼动数据表明色彩内容的有无影响了学习者在学习之初了解知识内容时的选择性学习注意，无论是动态画面还是静态画面，有色彩内容比无色彩内容的画面更易使学习者对知识内容产生选择性学习注意。

（2）兴趣区一主要知识内容眼动数据讨论

兴趣区一的主要知识内容一"心脏的构造"呈现在整个学习资源时间轴的"前期"，学习者此时的学习注意是否会受到色彩表征的影响，需要将此知识内容作为兴趣区进行眼动数据的讨论。

TFF 眼动数据分析结果表明，色彩表征主效应显著。本次实验中"首次进入时间"反映学习者在学习过程前期"了解主要知识内容"时视觉注视的速度，首次进入时间越短，被试的注意水平越高；首次进入时间越长，被试的注意水平越低。TFF 排序为："有色彩内容＋动态画面"<"有色彩内容＋静态画面"<"无色彩内容＋动态画面"<"无色彩内容＋静态画面"。"有色彩内容＋动态画面"TFF 最短，"无色彩内容＋静态画面"TFF最长。

FFD 眼动数据分析结果表明，色彩表征主效应显著。本次实验中"首个注视点持续时间"反映学习者在学习过程前期"了解主要知识内容"时在所选知识信息点上的首次停留时间，首个注视点持续时间越长，被试的注意水平越高；首个注视点持续时间越短，被试的注意水平越低。FFD 排序为："有色彩内容＋静态画面">"有色彩内容＋动态画面">"无色彩内容＋静态画面">"无色彩内容＋动态画面"。"有色彩内容＋静态画面"FFD 最长，"无色彩内容＋动态画面"FFD 最短。

TFC 眼动数据分析结果表明，色彩表征主效应显著。本次实验中"总注视次数"反映学习者在学习过程前期"了解主要知识内容"时的选择性注意的状况，总注视次数越多，被试的注意水平越高；总注视次数越少，被试的注意水平越低。TFC 排序为："有色彩内容＋动态画面">"有色彩内容＋静态画面">"无色彩内容＋静态画面">"无色彩内容＋动态画面"。"有色彩内容＋动态画面"的总注视次数最多，"无色彩内容＋动态画面"的总注视次数最少。

"平均注视点持续时间"眼动数据分析结果表明，色彩表征主效应显著。本次实验中"平均注视点持续时间"反映学习者在学习过程中"了解主要知识内容"时选择知识内容后的学习注意持续情况，虽然这个指标可以反映持续性学习注意的视觉注意水平，但这与选择性学习注意的有效性相关（只有在选择性注意之后产生了对此知识内容的持续性注意才是有效的选择性注意），因此对此数据进行讨论。平均注视点持续时间数越长，被试的注意水平越高；反之，被试的注意水平越低。平均注视点持续时间排序为："有色彩内容＋动态画面">"有色彩内容＋静态画面">"无色彩内容＋静态画面">"无色彩内容＋动态画面"。"有色彩内容＋动态画面"的平均注视点持续时间最长，"无色彩内容＋动态画面"的平均注视点持续时间最短。可见"有色彩内容＋动态画面"产生了更为有效的选择性学习注意。

（3）兴趣区二主要知识内容眼动数据讨论

兴趣区二的主要知识内容二"血液的循环"呈现在整个学习资源呈现时间轴的"后期"，学习者此时选择性学习注意是否还会受到色彩表征的影响，需要将此知识内容作为兴趣区进行眼动数据分析与讨论。

TFF 眼动数据分析结果表明，色彩表征主效应显著。本次实验中"首次进入时间"反映学习者在学习过程后期"了解主要知识内容"时视觉注视的速度，首次进入时间越短，被试的注意水平越高；首次进入时间越长，被试的注意水平越低。TFF 排序为："无色彩内容＋动态画面"<"无色彩内容＋静态画面"<"有色彩内容＋动态画面"<"有色彩内容＋静态画面"。"无色彩内容＋动态画面"TFF 最短，"有色彩内容＋静态画面"TFF 最长。

FFD 眼动数据分析结果表明，色彩表征与呈现形式交互效应显著。本次实验中"首个注视点持续时间"反映学习者在学习过程后期"了解主要知识内容"时在所选知识信息点上的首次停留时间，首个注视点持续时间越长，被试的注意水平越高；首个注视点持续时间越短，被试的注意水平越低。FFD 排序为："有色彩内容＋动态画面">"无色彩内容＋动态画面">"有色彩内容＋静态画面">"无色彩内容＋静态画面"。"有色彩内容＋静态画面"FFD 最长，"无色彩内容＋静态画面"FFD 最短。

TFC 眼动数据分析结果表明，色彩表征主效应显著。本次实验中"总注视次数"反映学习者在学习过程后期"了解主要知识内容"时的选择性学习注意状况，总注视次数越多，被试的注意水平越高；总注视次数越少，被试的注意水平越低。TFC 排序为："无色彩内容＋静态画面">"有色彩内容＋静态画面">"无色彩内容＋动态画面">"有色彩内容＋动态画面"。"无色彩内容＋静态画面"的总注视次数最多，"有色彩内容＋动态画面"的总注视次数最少。随着学习时间向后期延续，无色彩内容画面的总注视次数比有色彩内容的多。表明在学习过程的后期，学习者消耗了更多的注意资源在无色彩内容的学习资源画面上。

根据兴趣区二中的色彩内容的有无在动态画面与静态画面中的眼动数据描述性统计，无色彩内容静态画面的首次进入时间最长，无色彩内容动态画面的首次进入时间最短；无色彩内容静态画面的首个注视点持续时间最长，无色彩内容静态画面的首个注视点持续时间最短；无色彩内容动态画面的总注视时间最长，有色彩内容动态画面的总注视时间最短；有色彩内容动态画面的总注视次数最少，无色彩内容静态画面的总注视次数最多。需要指出的是，在兴趣区二中，无色彩内容动态画面的首次进入时间最短，而总注视时间最长，这可能是因为学习资源画面中缺乏色彩内容，引发了学习者认知负荷的增加，学习者需要投入更多的努力，学习者在学习过程后期主动加强了对知识内容的视觉注意。

2.动态画面与静态画面中色彩内容对学习情绪的影响

本实验通过对学习情绪问卷调查数据分析，验证 H1-1-2 学习资源画面中色彩内容的不同对学习情绪的影响差异显著。学习情绪量表测量数据分析结果表明，色彩表征主效应显著。本量表中的测量指标为积极情绪词，分值越高，学习情绪越积极；反之，学习情绪越消极。

本实验中有色彩内容的学习资源画面比无色彩内容画面的学习情绪分值高；动态画面比静态画面的学习情绪分值高。积极学习情绪的排序为："有色彩内容＋动态画面">"有色彩内容＋静态画面">"无色彩内容＋动态画面">"无色彩内容＋静态画面"。"有色彩内容＋动态画面"的学习情绪分值最高，"无色彩内容＋静态画面"的学习情绪分值最低。研究表明，色彩内容与知识内容密切关联的学习资源画面可以促进积极学习情绪的提升；色彩内容与知识内容无关联的学习资源画面（本实验为无色彩内容的动态画面与静态画面）可能会引发消极的学习情绪。

3.动态画面与静态画面中色彩内容对学习结果的影响

本实验通过对学习结果后测问卷调查数据分析，验证 H1-1-3 学习资源画面中色彩内容的不同对学习结果的影响差异显著。学习结果保持测验与迁移测验数据分析结果表明，色彩表征主效应显著。

本实验保持测验成绩的排序为："有色彩内容＋静态画面"＞"有色彩内容＋动态画面"＞"无色彩内容＋静态画面"＞"无色彩内容＋动态画面"。"有色彩内容＋静态画面"的保持测验成绩最高，"无色彩内容＋动态画面"的保持测验成绩最低。

本实验迁移测验成绩的排序为："有色彩内容＋动态画面"＞"有色彩内容＋静态画面"＞"无色彩内容＋动态画面"＞"无色彩内容＋静态画面"。"有色彩内容＋动态画面"的迁移测验成绩最高，"无色彩内容＋静态画面"的迁移测验成绩最低。

学习结果数据显示，无论是动态画面还是静态画面，有色彩内容的学习资源画面的保持测验和迁移测验成绩均好于无色彩内容的画面，表明学习资源画面色彩内容与知识内容的高度关联，真实性与临场性的表征效果可以提升学习结果。

八、实验结论

本实验探讨了在动态画面与静态画面中色彩内容对眼动数据、学习情绪、学习结果的影响，得出如下实验结论：

①无论是动态画面还是静态画面，有色彩内容比无色彩内容的学习资源画面的首次进入时间更短、首个注视点持续时间更长、总注视时间更短、脑力负荷更低、脑波曲线振动波幅度大且波动密集。有色彩内容的学习资源画面更有利于促进学习者在学习之初快速对知识内容产生"选择性学习注意"；随着学习过程的不断发展，尤其是在学习过程的后期，色彩表征对选择性学习注意的影响会越来越小。

②有色彩内容的学习资源画面会使学习者产生更积极的学习情绪，学习资源画面具有色彩内容为积极的学习情绪的出现创造了条件，在学习之初学习情绪对"选择性学习注意"的出现具有正向的促进作用。无色彩内容的画面则可能带给学习者消极情绪，出现无效的学习注意，增加脑力负荷。

③有色彩内容的学习资源画面会使学习者产生更好的保持测验和迁移测验的学习成绩，在学习之初有色彩内容的画面更有利于促进学习者对知识内容的"了解"，极可能是因为色彩内容的合理组织使学习者的大脑中产生了正确的"视觉意象"，进而产生更好的学习结果。

需要指出的是，学习资源画面色彩表征在客观上是引发学习者选择性学习注意的条件，这可能会引发无效的注意、有效的注意、高效的注意三种情况。无效的学习注意：总注视时间短，脑力负荷高，保持测验成绩低，脑波曲线振动幅度小，学习情绪消极。有效的学习注意：总注视时间长，脑力负荷低，保持测验成绩高，脑波曲线振动幅度大，学习情绪积极愉悦程度适中。高效的学习注意：总注视时间短，脑力负荷低，迁移测验成绩高，脑波曲线振动幅度大，学习情绪积极愉悦程度高。从学习注意的过程分析，有效或高效的选择性学习注意发生在学习过程的初始阶段，应表现为：眼动指标首次进入时间短、首个注视点持续时间长、总注视时间短等特点；脑波指标显示出振幅曲度大且稳定，注意水平分值高；学习情绪好；保持测验与迁移测验成绩均好。

第三节 案例 2：文本画面色彩内容影响选择性学习注意的实验

实验材料是将文本的前景色与背景色按照明度差达到"50 灰度级以上"和"50 灰度级以下"进行区分，利用实验环境呈现阅读材料。还将通过文本画面中前景色与背景色彩搭配的差异，探讨文本画面色彩编码设计影响学习注意的问题。

一、实验目的与假设

学习资源文本画面的色彩内容的灰度级主要是前景色（文本色）与背景色（底色）之间的明度差，画面中文本画面的灰度级越大，画面的亮度范围越大。游泽清认为，多媒体画面色彩设计中文本背景底色应与文本色之间的明度差达到 50 灰度级以上。本实验目的是探讨文本画面中前景色（文本色）与背景色（底色）之间达到 50 灰度级明度差对选择性学习注意的影响。研究假设：H1-2-1 前景色与背景色的明度差大于 50 灰度级比小于 50 灰度级的更有利于学习者产生选择性学习注意。H1-2-2 前景色与背景色差大于 50 灰度级比小于 50 灰度级学习资源画面对学习情绪的影响差异显著。H1-2-3 前景色与背景色的明度差大于 50 灰度级比小于 50 灰度级的学习资源画面对学习结果的影响差异显著。

二、实验设计

本实验采用单因素两水平被试间实验设计。所有实验材料的知识内容相同，前景色与背景色的搭配不同。实验的自变量：文本画面前景色与背景色搭配的两个水平，即前景色与背景色的色差大于 50 灰度级、色差小于 50 灰度级。实验的因变量：①眼动指标：首次进入时间、首个注视点持续时间、总注视时间、总注视次数；②脑波变化；③学习成绩后测：保持测验成绩、迁移测验成绩；④学习情绪后测。

三、实验材料

学习资源的呈现形式是静态文本画面，实验材料的知识内容为"元认知知识"。本实验材料选自布鲁姆教学目标知识分类中对元认知知识的阐释，经过教育心理学三位博士生的审定，无知识内容和呈现形式方面的任何异议，共计 1247 字。文本材料内容共四段，呈现总分结构。第一段元认知知识的概述 166 字，第二段、第三段、第四段分别按照元认知知识分类阐述了策略性知识 605 字、认知任务知识 209 字和自我知识 217 字。实验前采用 E-Prime 软件对阅读材料进行了反应时间测定，随机选取天津师范大学 20 名非教育学和非心理学的本科生进行测试，对材料的阅读时间采用均值计算结果表明反应时间 166 字（36m±2.72M±SD）；605 字（198m±5.11M±SD）；208 字（57m±3.89M±SD）；217 字（59m±3.61M±SD）。按照已测定时间将四段学习材料分别呈现在眼动数据采集软件中，分为两种变量：黄紫搭配代表底色与文本色之间的"明度差"大于 50 灰度级，浅蓝和蓝代表底色与文本色之间的"明度差"小于 50 灰度级。四段阅读材料均采用格式为 BMP 大小为 1920×1200 像素的图片形式呈现在眼动仪上，为了避免文本字体与字号对实验结果的影响，所有文字均采用一致的字体与字号。实验材料截图见附录二实验材料之实验 1-2。

四、被试

从 T 大学中招募在读本科及以上的在校学生作为被试，年龄在 19~25 岁之间，专业为非心理学、非教育学、非艺术类的在校大学生，被试均获得一定报酬。所有被试随机分为 B 组（色差大于 50 灰度级组）与 S 组（色差小于 50 灰度级组）两个实验组，通过知识基础前测问卷调查结果剔除高知识基础和低知识基础的被试，实验中若出现无效数据，则随时招募被试，确保可供采集有效实验数据的被试每组 30 名，共 60 名。

图 4-27 文本画面实验被试

五、实验过程

1.实验的实施

①被试填写个人信息；②被试知识基础前测；③主试为被试佩戴脑波仪并调试正常；④主试引导被试坐在眼动仪前进行眼睛注视校准并告知定标方法与注意事项；⑤被试观看引导语之后，主试开启脑波监控分段记录被试脑波数据；⑥被试开始在屏幕前学习阅读文本实验材料；⑦学习结束后，摘掉脑波仪并离开眼动仪等实验设备，进行后测问卷填写。每个实验材料的学习时间是 5min 左右，实验准备与问卷、访谈的时间大约 15min，共计 20min。

2.实验测量

实验的测量项目包括：①眼动指标中的 TFD（总注视时间）；TFC（总注视点个数）；TFF（首次进入时间）；FFD（首个注视点的注视时间）。②脑波指标中的专注度与放松度曲线的变化以及注意分值。③学习情绪的测量（DEELS 情绪量表问卷调查）。④学习结果的测量（保持测量后测问卷与迁移测验后测问卷调查）。

六、数据分析

1.眼动数据分析

本实验对首次进入时间、首个注视点的注视时间、总注视点个数、总注视时间、平均注视点持续时间五项眼动指标的导出，使用 Spss24.0 进行统计分析。

如表 4-8、图 4-28 所示，在四段文本的阅读中，166 字、605 字、209 字、227 字的 TFD 数据"大于 50 灰度级"比"小于 50 灰度级"的文本画面的总注视时间长；166 字 TFC"大于 50 灰度级"比"小于 50 灰度级"的文本画面的总注视次数少；605 字、209 字、227 字的 TFC"大于 50 灰度级"比"小于 50 灰度级"的文本画面的总注视次数多。可以看出，被试在学习之初对 166 字的文本画面"大于 50 灰度级"的总注视时间长、总注视次数少。

表 4-8 文本画面色彩内容的总注视时间与总注视次数

字数	TFD 总注视时间（秒）（M±SD）		TFC 总注视次数（个）（M±SD）	
	大于 50 灰度级 n=30	小于 50 灰度级 n=30	大于 50 灰度级 n=30	小于 50 灰度级 n=30
166	38.29±4.62	30.20±3.62	110.78±19.98	142.29±17.46
605	143.34±25.90	116.75±18.46	603.17±79.37	519.67±61.26
209	51.95±6.43	28.89±4.06	195.22±26.17	165.56±18.34
227	43.94±7.33	32.80±8.00	185.33±23.28	112.06±30.72

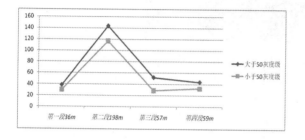 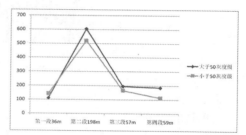

图 4-28 文本画面色彩内容的总注视时间与总注视次数

为了进一步考察两组眼动指标的差异，对两组的眼动指标进行配对样本 T 检验，大于 50 灰度级组与小于 50 灰度级组差的总注视时间差异不显著（$p=0.081>0.05$）；大于 50 灰度级组与小于 50 灰度级组差的总注视次数差异不显著（$p=0.012>0.05$）。

表 4-9 文本画面色彩内容的首次进入时间和首个注视点持续时间

字数	FFD 首个注视点持续时间（秒）（M±SD）		TFF 首次进入时间（秒）（M±SD）	
	大于 50 灰度级 n=30	小于 50 灰度级 n=30	大于 50 灰度级 n=30	小于 50 灰度级 n=30
166	0.2±0.05	0.11±0.01	0.13±0.01	0.17±0.01
605	0.19±0.08	0.03±0.01	0.16±0.02	0.25±0.03
209	0.21±0.06	0.04±0.03	0.16±0.01	0.16±0.01
227	0.24±0.01	0.16±0.02	0.23±0.01	0.19±0.02

表 4-9、图 4-29 所示为"大于 50 灰度级"与"小于 50 灰度级"的文本画面的 TFF 首次进入时间和 FFD 首个注视点持续时间的眼动数据。"大于 50 灰度级"的四段文本画面的 TFF 首次进入时间均比"小于 50 灰度级"画面的时间短；"大于 50 灰度级"的四段文本画面的 FFD 首个注视点持续时间比"小于 50 灰度级"画面的时间长。

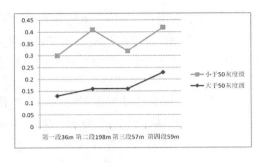

首次进入时间

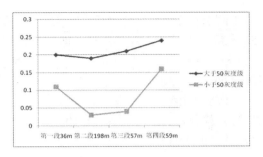

首个注视点持续时间

图 4-29 不同色彩内容的文本画面的首次进入时间与首个注视点持续时间

　　为了进一步考察两组眼动指标的差异，对两组的眼动指标进行配对样本 T 检验，大于 50 灰度级组与小于 50 灰度级组差的首次进入时间差异极其显著（$p=0.000<0.05$）；大于 50 灰度级组与小于 50 灰度级组差的首个注视点持续时间差异显著（$p=0.012<0.05$）。

表 4-10 不同色彩内容的文本画面的平均注视点持续时间

段落	字数	平均注视点持续时间（秒）	
		大于 50 灰度级（M±SD）n=30	小于 50 灰度级（M±SD）n=30
1	166	0.3456±0.47	0.2122±0.316
2	605	0.2376±1.95	0.2247±2.183
3	209	0.2661±0.64	0.1745±0.419
4	227	0.2370±0.73	0.2927±0.811

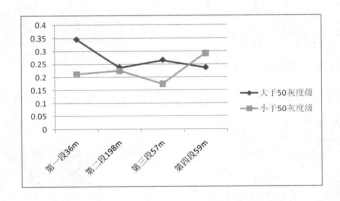

图 4-30 文本画面色彩内容的平均注视点持续时间

　　如图 4-30 所示，由于四段的文本字数和学习时间的不同，进一步对每一段的平均注视点持续时间进行比较：在第一段 36m 的文本中"大于 50 灰度级"比"小于 50 灰度级"的平均注视点持续时间长；在第二段 198m 的文本中"大于 50 灰度级"与"小于 50 灰度级"的平均注视点持续时间基本一致；在第三段 57m 的文本中"大于 50 灰度级"比"小于 50 灰度级"的平均注视点持续时间长；在第四段"小于 50 灰度级"比"大于 50 灰度级"的平均注视点持续时间略长。"大于 50 灰度级"比"小于 50 灰度级"的平均注视点持续时间长。

为了进一步考察两组眼动指标的差异，对两组的平均注视点持续时间眼动指标进行配对样本 T 检验，大于 50 灰度级组与小于 50 灰度级组差的平均注视点持续时间差异不显著（$p=0.610>0.05$）。

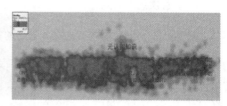

前景色与背景色的色差大于 50 灰度级（左）与小于 50 灰度级（右）的第一段热点图

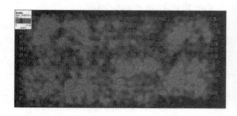

前景色与背景色的色差大于 50 灰度级（左）与小于 50 灰度级（右）的第二段热点图

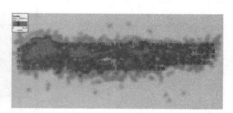

前景色与背景色的色差大于 50 灰度级（左）与小于 50 灰度级（右）的第三段热点图

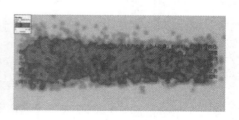

前景色与背景色的色差大于 50 灰度级（左）与小于 50 灰度级（右）的第四段热点图

图 4-31 不同色彩内容的文本画面眼动热点图

　　如图 4-31 所示，热点图显示"大于 50 灰度级"与"小于 50 灰度级"的文本画面的注视热点相似，这是因为文本内容本身引导了学习者的视觉注意，学习者在 300 秒的学习时长中会付出一定的心理努力来克服色彩内容可能带来的不舒适体验。在文本阅读过程中，被试对文本的视觉注意较为集中，似乎没有受到色彩内容变化的影响。通过实验后访谈发现，多数被试在实验中尽量克服色彩因素的干扰，对文字的阅读均付出的一定的心理努力，两组的认知负荷可能存在差异。虽然眼动热点的差异不明显，眼动轨迹的差异不大，但被试的脑力负荷是否存在差异？两组的总注视时间和总注视次数都不存在显著性差异，而首次进入时间和首个注视点持续时间存在显著性差异。通过进一步的研究分析脑波变化来判断被试的学习注意情况。

2.脑波变化分析

　　本实验对 B 组（色差大于 50 灰度级组）与 S 组（色差小于 50 灰度级组）两组被试，分别选取各组专注指数和放松指数接近的被试，对其专注度曲线和放松度曲线反映出的脑波动态变化进行比较。

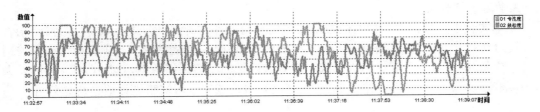

B 组"色差大于 50 灰度级"放松度脑波曲线

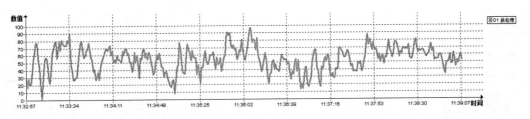

B 组"色差大于 50 灰度级"放松度与专注度脑波曲线

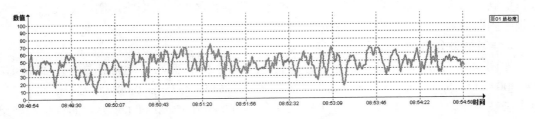

S 组"色差小于 50 灰度级"放松度与专注度脑波曲线

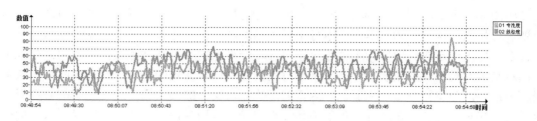

S 组"色差小于 50 灰度级"放松度与专注度脑波曲线

图 4-32 文本画面不同组别中典型被试的专注度与放松度的脑波变化图

如图 4-32 所示，B 组（色彩明度差大于 50 灰度级）脑波曲线在时间横轴中波幅较大，专注度水平较高，放松度曲线在学习过程后期明显上升，注意水平分值较高，表明被试维持了对知识内容的学习注意；S 组（色彩明度差小于 50 灰度级）脑波曲线在时间横轴中呈现平稳趋势，波幅振动不大，在学习过程的后期专注度水平曲线呈现下降趋势，注意水平分值较低。

3.学习情绪分析

在本实验中，被试学习情绪的数据采用主观问卷评判的测量方式获取。学习情绪量表 α 系数为 0.877，信度在可接受范围内。将被试对 DEELS 情绪量表中 5 个积极情绪相关词进行李克特 9 点量表主观评判得分求和得到该被试的学习情绪数据，对 B 组（明度差大于 50 灰度级）、S 组（明度差小于 50 灰度级）组被试的学习情绪进行数据统计分析。

表 4-11 文本画面实验各组被试学习情绪后测结果

色彩表征	组别	学习情绪（M±SD）
明度差大于 50 灰度级	B	39.86±5.88
明度差小于 50 灰度级	S	30.09±4.61

如表 4-11 所示，采用独立样本 T 检验，两组的学习情绪显著差异，$t=4.180$，$df=22$，$p<0.0005$。同明度差小于 50 灰度级的画面相比，明度差大于 50 灰度级的画面的学习情绪分值更高。这表明画面色彩内容产生的明度差对学习情绪有显著影响，明度差大于 50 灰度级的画面更易于学习者产生良好的学习情绪。

4.学习结果分析

如图 4-33 所示，在各组的学习结果测验中中，色彩表征主效应显著（$F=29.624$，$p=0.000<0.05$，$\eta^2=0.346$），学习结果主效应显著（$F=59.363$，$p=0.000<0.05$，$\eta^2=0.515$），色彩表征与学习结果交互效应显著（$F=4.202$，$p=0.045<0.05$，$\eta^2=0.070$）。通过学习结果分数可以看出，前景色与背景色明度差大于 50 灰度级的保持测验与迁移测验的学习成绩均好于明度差小于 50 灰度级的成绩。这一结果验证了游泽清与王志军等学者基于多媒体画面前景色与背景色的明度差大于 50 灰度级的色彩搭配原则。

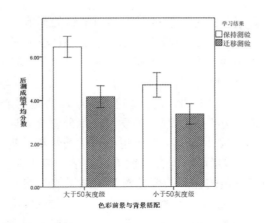

图 4-33 不同色彩内容的文本画面的学习结果

七、实验结果讨论

本实验是为了探讨在文本画面阅读材料中，色彩内容对"选择性学习注意"的影响且促进学习者对知识内容的"了解"的问题。本实验以色彩内容的有无作为实验变量，对实验结果中色彩表征主效应显著的数据进行探讨。实验结果的讨论以色彩内容（前景色与背景色的搭配变化）在文本态画面中的眼动指标、学习情绪、学习结果等方面展开。

1.文本画面中前景色与背景色的色彩明度差对眼动指标的影响

本实验通过对眼动数据的分析，验证 H1-2-1 前景色与背景色的明度差"大于 50 灰度级"比"小于 50 灰度级"的画面更有利于学习者产生选择性学习注意。

"首次进入时间"在本次实验中反映了学习者在"学习之初"领会知识内容阶段选择知识内容注视的速度。学习者面对阅读材料的首次进入时间越短，被试的注意水平越高；首次进入时间越长，被试的注意水平越低。TFF 首次进入时间"大于 50 灰度级"的文本画面比"小于 50 灰度级"的画面更短，表明学习之初前景色与背景色彩明度差"大于 50 灰度级"更快地吸引了学习者的视觉注意。

"首个注视点持续时间"在本次实验中反映学习者在"学习之初"领会知识内容阶段所选择的知识信息点上的首次停留时间。学习者面对阅读材料的首个注视点持续时间越长，被试的注意水平越高；首个注视点持续时间越短，被试的注意水平越低。FFD 首个注视点持续时间"大于 50 灰度级"的文本画面比"小于 50 灰度级"的画面时间更长，表明在学习之初前景色与背景色彩明度差"大于 50 灰度级"更好地维持了学习者的视觉注意，证明了本实验学习之初的选择性学习注意是一种有效的学习注意。

"平均注视点持续时间"在本次实验中反映学习者在阅读过程中"了解主要知识内容"时选择知识内容后的学习注意持续情况，虽然这个指标反映了被试持续性的视觉注意情况，但这与选择性学习注意的有效性相关，有必要对此进行讨论。学习者面对阅读材料的平均注视点持续时间数越长，被试的注意水平越高；平均注视点持续时间数越短，被试的注意水平越低。研究数据表明，"大于 50 灰度级"比"小于 50 灰度级"的平均注视点持续时间更长。可见，文本画面前景色与背景色明度差"大于 50 灰度级"更有利于产生选择性学习注意。

2.文本画面前景与背景色的色彩明度差对学习情绪的影响

本实验通过对学习情绪问卷调查数据分析，验证 H1-2-2 前景色与背景色明度差"大于 50 灰度级"比"小于 50 灰度级"文本画面对学习情绪的影响存在显著性差异。本实验学习情绪量表测量数据分析结果表明，色彩表征主效应显著。本量表中的测量指标为积极情绪词，分值越高，学习情绪越积极；分值越低，学习情绪越消极。本实验中"大于 50 灰度级"比"小于 50 灰度级"文本画面的学习情绪分值高。研究表明，前景色与背景色明度差"大于 50 灰度级"文本画面可以促进积极学习情绪的提升；前景色与背景色明度差"小于 50 灰度级"的文本画面可能会引发消极的学习情绪。

3.文本画面前景与背景色的色彩明度差对学习结果的影响

本实验通过对学习结果后测问卷调查数据分析，验证 H1-2-3 前景色与背景色的明度差"大于 50 灰度级"比"小于 50 灰度级"的学习资源画面对学习结果的影响存在显著性差异。学习结果保持测验与迁移测验数据分析结果表明，色彩表征主效应显著。本实验学习结果后测成绩的排序为：大于 50 灰度级的保持测验成绩>大于 50 灰度级的迁移测验成绩>小于 50 灰度级的保持测验成绩>小于 50 灰度级的迁移测验成绩。学习结果后测"大于 50 灰度级"的保持测验成绩最高，"小于 50 灰度级"的迁移测验成绩最低。学习结果数据显示，无论是保持测验成绩还是迁移测验成绩，文本画面前景色与背景色明度差"大于 50 灰度级"比"小于 50 灰度级"的学习结果更好。

八、实验结论

本实验探讨了文本画面中前景色与背景色明度差的变化对眼动数据、学习情绪、学习结果的影响，得出如下实验结论：

①前景色与背景色明度差"大于 50 灰度级"比"小于 50 灰度级"的文本画面的首次进入时间更短、首个注视点持续时间更长、平均注视点持续时间更长、脑力负荷更低、脑波曲线振动波幅度大且波动密集。实验结果表明，前景色与背景色明度差"大于 50 灰度级"的学习资源文本画面更有利于促进学习者在学习之初快速对阅读材料中的知识内容产生"选择性学习注意"。

②前景色与背景色明度差"大于 50 灰度级"的文本画面会使学习者产生更积极的学习情绪，前景色与背景色明度差"大于 50 灰度级"的文本画面为学习者出现积极的学习情绪创造了条件，在学习之初，学习情绪对"选择性学习注意"的出现具有正向的促进作用。前景色与背景色明度差"小于 50 灰度级"的文本画面则可能带给学习者消极情绪，出现无效的学习注意，增加脑力负荷，易引起视觉疲劳。

③前景色与背景色明度差"大于 50 灰度级"的文本画面会使学习者愿意更好地保持测验和迁移测验的学习成绩，在学习之初，更有利于促进学习者对阅读材料中知识内容的"了解"，这极可能是因为色彩内容的合理组织使学习者的大脑中产生了正确的"视觉意象"，进而产生更好的学习结果。

需要指出的是，本次实验只是初步验证了游泽清提出的文本画面前景色与背景色明度差应"大于 50 灰度级"的设计规则，未来还应将实验变量进行数据量化，扩展变量的范围，不断地修正已有实验结论。

第四节 案例 3：不同的色彩线索设计类型影响持续性学习注意的实验

　　色彩线索设计是对学习资源画面中知识关系的色彩关系的调节，色彩线索设计形式呈现出一种局部的色彩结构，表征学习资源画面中的知识关系，在平面中以色彩"线"的呈现形式出现，旨在促进学习者在学习过程中对知识信息的有效认知。王福兴等认为，静态画面中线索可以有效引导注意，而动态画面中的线索引导注意的效果不明显[①]。已有研究关于线索结合图文位置的研究发现，线索能使邻近效应得到凸显，更好地促进图文信息的注视加工，但能否改进学习效果尚不明确。学习资源的静态画面有文本、图文融合等呈现方式，在静态画面中，知识关系与色彩关系建立关联，使学习者形成对知识关系的追逐。本实验研究共有两个大实验：一是色彩线索类型的不同影响持续性学习注意的实验研究，在图文融合的静态画面中呈现学习材料，将知识关系与色彩关系建立关联形成色彩线索，探讨相同的知识类型中，色彩线索设计影响持续性学习注意的问题；二是不同色彩线索类型与不同知识类型影响持续性学习注意的实验研究，在图文融合静态画面中呈现不同的知识类型并设计不同的色彩线索，探讨不同的知识类型中，色彩线索设计影响持续性学习注意的问题。本实验研究是在图文融合的静态画面中进行色彩线索设计，探讨"图、文"画面要素中色彩线索影响学习注意的问题。

一、实验目的与假设

　　本实验探讨学习资源画面中不同的色彩线索类型对"持续性学习注意"的影响；同一画面中"色彩线索区"与"非色彩线索区"的注意水平差异。研究假设：H2-1-1 色彩线索类型的不同对持续性学习注意的影响差异显著；H2-1-2 色彩线索类型的不同对学习情绪的影响差异显著；H2-1-3 色彩线索类型的不同对学习结果的影响差异显著。

二、实验设计

　　本实验采用单因素完全随机三组设计，实验任务是英语单词记忆。实验的自变量是图文融合设计的静态画面的三个水平：红色线索、蓝色线索、无色彩（黑）线索。实验的因变量：①眼动指标：首次进入时间、首个注视点持续时间、总注视时间、总注视次数；②脑波变化曲线、脑力负荷；③学习成绩后测：再认测验成绩、默写测验成绩；④学习情绪后测。

三、实验材料

　　在心理学工作记忆领域的实验研究中，常把记忆英语单词作为研究工作记忆的实验任务，记忆与注意的关系密切。本实验借鉴该类实验材料结合大学生的英语学习情况确定实验内容为大学生英文单词记忆任务。实验材料内容是 25 个英文动物名称单词：ape bull cobra dove ewe foal gorilla heron impala jaguar koala lark mole nightingale ostrich perch quail robin shrimp termite uakari vole yak wasp zebra。在确定实验材料内容之前，首先进行了专

---

①王福兴, 段朝辉, 周宗奎. 线索在多媒体学习中的作用[J]. 北京：心理科学进展. 2013, 21 (8): 1430-1440.

家访谈，针对 25 个动物单词的难度，三位大学英语公共课的副高级以上教授一致认为，单词的难度符合非英语专业大学生的学习程度，4%为已学过的简易词汇，26%为大学本科一年级同步学习的词汇，70%的词汇是不常见、不常用的较难动物名称词汇，可以用作实验材料测试记忆效果。其次，对 31 名英语水平考试四级以下、32 名通过四级水平考试和 31 名通过六级水平考试的大学生进行了单词难度调查，调查结果与专家访谈意见基本一致。因此，本研究可以选用这 25 个英文动物单词作为实验材料。

为了获悉大学生习惯运用的色彩线索类型，笔者在北京、天津、河南、内蒙古等地的四所高校采用问卷调查大学生英语单词的学习方式、学习材料中习惯使用的色彩。219 份问卷调查结果显示：红色、蓝色和黑色是大学生日常学习中习惯使用的三种色彩。在本实验中，将色相结合对应的波长作为学习资源色彩线索类型的区分标准。红色的波长（652~740nm）在七色光中最长，蓝色（440~485nm）和紫色波长最短，红色与蓝色几乎处于光谱色波长的两端。黑色是几种颜色的混叠，没有光反射，是"中性"的反应；波长较长的红、橙等暖色引起人体机能"扩散性"反应；波长较短的蓝、绿等冷色引起"收缩性"的反应。 实验材料应强调对知识连续性表征的画面干预，通过设计统一、有序的色彩线索，为画面中具有知识层级关系的知识内容提供视觉线索。据此，本实验材料的线索类型分为红色线索、蓝色线索、无色线索三个类型。

本实验使用 Photoshop 图像处理软件对其进行再次开发重新编辑以满足构成多媒体画面图文融合设计的研究需求。每个单词的学习内容包括单词拼写、例句、相关语义图示（与单词一致的动物图片）。主要记忆任务单词做了色彩线索表征设计的处理，增加其凸显效果和区分度，形成色彩线索视觉链。以单词"黄蜂"为例，主要任务单词 Wasp 处于线索区，非主要任务单词 stung 处于非线索区。所有文本均采用一致的字体与字号避免文本字体与字号对实验结果的影响。

红色线索　　　　　　　蓝色线索　　　　　　　无色彩线索

图 4-34 色彩线索影响持续性学习注意的实验材料（以单词 Wasp 为例红、蓝、黑三种线索类型）

动物语义图片的原始素材均在百度图片中选取。包括漫画与实景照片（其中动漫 12 幅、实景图 13 幅），分为 25 屏，在电脑屏幕上逐屏显示。每个单词的浏览学习时间在实验材料开发阶段使用 E-prime 心理实验生成系统软件进行浏览计时实验，在 6 分钟内对 25 个单词的呈现时间进行限定，保证被试在合理的时间内完成视觉浏览的次数。图片大小为 1920×1200 像素，每张图片的呈现时间为 14.4s。实验材料截图见附录二实验材料实验 2-1。

　　四、被试

从 T 大学中招募在读本科及以上的在校学生作为被试，男女配比均衡，年龄在 19~25 岁之间，被试均获得一定报酬。所有被试随机分为三个实验组，即红色线索组、蓝色线索组、无色彩线索组。通过知识基础前测问卷调查结果，剔除高知识基础和低知识基础的被试。实验中如果出现了无效数据，则随时招募被试，确保可供采集有效实验数据的被试每组有效被试 25 名，共 75 名。被试在实验过程的实验前、实验后、实验中的基本情况如图 4-35 所示。

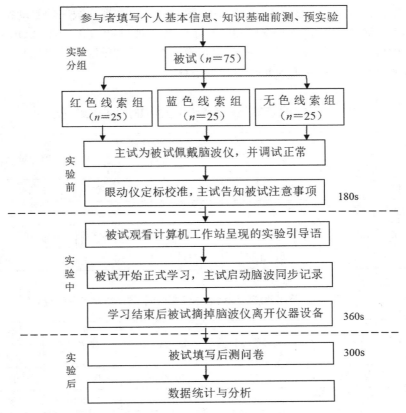

图 4-35　色彩线索影响持续性学习注意的实验流程与被试

五、实验过程

1.实验的实施

①被试填写个人信息；②被试知识基础前测；③主试为被试佩戴脑波仪并调试正常；④主试引导被试坐在眼动仪前进行眼睛注视校准，告知定标方法与注意事项；⑤被试观看引导语之后，主试开启脑波监控分段记录被试脑波数据；⑥被试开始在屏幕前学习图文融合的 PPT 实验材料；⑦学习结束后，摘掉脑波仪并离开眼动仪等实验设备，进行后测问卷填写。每个实验材料的学习时间是 360s，实验准备与问卷、访谈的时间大约 15min 左右，共计 20min。

2.实验测量

实验的测量项目包括：①眼动指标中的 TFD（总注视时间）；TFC（总注视点个数）；TFF（首次进入时间）；FFD（首个注视点的注视时间）。②脑波指标中的专注度与放松度曲线的变化以及注意分值。③学习情绪的测量（DEELS 情绪量表问卷调查）。④学习结果的测量（再认成绩后测问卷与默写成绩后测问卷调查）。

六、数据分析

1.眼动数据分析

本实验对首个注视点的注视时间、总注视时间、总注视次数三项眼动指标的导出，反映持续性注意的情况。使用 Spss24.0 进行单因素被试间方差分析（One-Way Between Subjects ANOVA）进行数据统计分析，比较不同组被试实验数据的平均数。

（1）画面中主要任务单词的眼动数据分析

表 4-12 不同色彩线索组的总注视时间（单位：秒）

分组	N	M±SD	95%置信区间		最小值	最大值
			下限	上限		
红色线索组	25	7.4225±0.3974	7.2587	7.5862	6.58	8.05
蓝色线索组	25	7.3072±0.2803	7.1915	7.4229	6.46	7.78
无色线索组	25	7.0528±0.3085	6.9254	7.1802	6.16	7.42
总计	75	7.2608±0.3627	7.1774	7.3443	6.16	8.05

表 4-13 不同色彩线索组的总注视时间 LSD 事后多重比较

(I)组别	(J)组别	平均差（I-J）	标准误差	显著性	95% 置信区间	
					下限	上限
红色线索组	蓝色线索组	0.11528	0.09397	0.2240	-.0721	.3026
	无色线索组	0.36968*	0.09397	0.0001	.1823	.5570
蓝色线索组	红色线索组	-0.11528	0.09397	0.2240	-.3026	.0721
	无色线索组	0.25440*	0.09397	0.0080	.0671	.4417

续表

（I)组别	（J)组别	平均差（I-J）	标准误差	显著性	95% 置信区间	
					下限	上限
无色线索组	红色线索组	-0.36968*	0.09397	0.0001	-.5570	-.1823
	蓝色线索组	-0.25440*	0.09397	0.0080	-.4417	-.0671

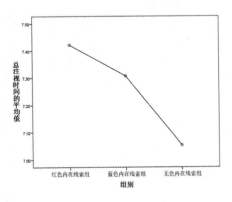

图 4-36 不同色彩线索组的总注视时间

　　如表 4-12、表 4-13、如图 4-36 所示，对不同色彩线索组的总注视时间眼动数据分析，LSD 事后多重比较检发现，红色线索组的总注视时间比无色线索组更长（$p=0.0001<0.05$）；蓝色线索组的总注视时间比无色线索组更长（$p=0.0080<0.05$）；红色线索组与蓝色线索组总注视时间差异不显著（$p=0.2240>0.05$）。

表 4-14 不同色彩线索组的总注视次数（单位：次）

分组	N	M±SD	95%置信区间		最小值	最大值
			下限	上限		
红色线索组	25	34.9676±2.1836	34.0663	35.8689	31.53	40.71
蓝色线索组	25	36.2248±2.7543	35.0879	37.3617	30.67	41.44
无色线索组	25	38.8272±2.0662	37.9743	39.6801	35.06	43.81
总计	75	36.6732±2.8301	36.0221	37.3243	30.67	43.81

表 4-15 不同色彩线索组的总注视次数 LSD 事后多重比较

（I）组别	（J）组别	平均差（I-J）	标准误差	显著性	95% 置信区间	
					下限	上限
红色线索组	蓝色线索组	-1.25720	0.66579	0.0630	-2.5844	.0700
	无色线索组	-3.85960*	0.66579	0.0001	-5.1868	-2.5324

（I）组别	（J）组别	平均差（I-J）	标准误差	显著性	95% 置信区间	
					下限	上限
蓝色线索组	红色线索组	1.25720	0.66579	0.0630	-.0700	2.5844
	无色线索组	-2.60240*	0.66579	0.0001	-3.9296	-1.2752
无色线索组	红色线索组	3.85960*	0.66579	0.0001	2.5324	5.1868
	蓝色线索组	2.60240*	0.66579	0.0001	1.2752	3.9296

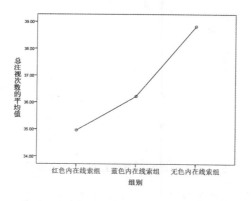

图 4-37 不同色彩线索组的总注视次数

如表 4-14、表 4-15、图 4-37 所示，对不同色彩线索组的总注视次数眼动数据分析，LSD 事后多重比较分析发现，红色线索组的总注视次数比无色线索组更少（$p=0.0001<0.05$）；蓝色线索组的总注视次数比无色线索组更少（$p=0.0001<0.05$）；红色线索组与蓝色线索组的总注视次数差异不显著（$p=0.0630>0.05$）。

表 4-16 不同色彩线索组的首个注视点持续时间（单位：秒）

分组	N	M±SD	95%置信区间		最小值	最大值
			下限	上限		
红色线索组	25	0.1840±0.03202	0.1708	0.1972	0.13	0.24
蓝色线索组	25	0.1956±0.04379	0.1775	0.2137	0.14	0.30
无色线索组	25	0.1736±0.03067	0.1609	0.1863	0.11	0.25
总计	75	0.1844±0.03662	0.1760	0.1928	0.11	0.30

如表 4-16、表 4-17、图 4-38 所示，对不同色彩线索组的首个注视点持续时间眼动数据分析，LSD 事后多重比较分析发现，蓝色线索组的首个注视点持续时间比无色线索组更多（$p=0.0340<0.05$）；蓝色线索组的首个注视点持续时间与红色线索组差异不显著

（*p*=0.2580>0.05）；红色线索组与无色线索组的首个注视点持续时间差异不显著（*p*=0.3100>0.05）。

表 4-17 不同色彩线索组的首个注视点持续时间 LSD 事后多重比较

（I）组别	（J）组别	平均差（I-J）	标准误	显著性	95% 置信区间	
					下限	上限
红色线索组	蓝色线索组	-.01160	.01018	0.2580	-.0319	.0087
	无色线索组	.01040	.01018	0.3100	-.0099	.0307
蓝色线索组	红色线索组	.01160	.01018	0.2580	-.0087	.0319
	无色线索组	.02200*	.01018	0.0340	.0017	.0423
无色线索组	红色线索组	-.01040	.01018	0.3100	-.0307	.0099
	蓝色线索组	-.02200*	.01018	0.0340	-.0423	-.0017

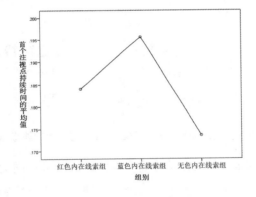

图 4-38 不同色彩线索组的首个注视点持续时间

（2）兴趣区眼动数据分析

根据色彩线索标注的位置划分兴趣区，兴趣区一：线索区（主要任务单词）有色彩线索视觉链表征的核心记忆词汇 Termite；兴趣区二：非线索区（非主要任务单词）出现在例句中的背景词汇 disaster、investigation 等没有用色彩线索视觉链进行表征的词汇等。如表 4-18 所示对"线索区"与"非线索区"的首个注视点持续时间、总注视时间、总注视次数等眼动指标在满足方差齐性的条件下，进行单因素方差分析。

如表 4-18 所示，线索区的总注视时间存在显著性差异（*F*=8.103，*p*=0.001<0.05）；非线索区的首个注视点持续时间存在显著性差异（*F*=4.976，*p*=0.047<0.05）；非线索区的总注视时间存在显著性差异（*F*=6.347，*p*=0.010<0.05）；非线索区的总注视次数存在显著性差异（*F*=3.284，*p*=0.042<0.05）。

表 4-18　不同色彩线索组的线索区与非线索区的眼动指标描述性统计分析

指标	组别	线索区			非线索区		
		M±SD	F	p	M±SD	F	p
首个注视点持续时间	红色线索组	0.184±0.032			0.103±0.056		
	蓝色线索组	0.195±0.043	2.339	0.104	0.155±0.035	4.967	0.047
	无色线索组	0.171±0.030			0.162±0.021		
总注视时间	红色线索组	7.422±0.396			6.085±0.368		
	蓝色线索组	7.307±0.280	8.103	0.001	7.072±0.184	6.347	0.010
	无色线索组	7.052±0.309			7.026±0.307		
总注视次数	红色线索组	33.967±2.183			28.736±3.184		
	蓝色线索组	36.224±2.754	9.986	0.061	31.446±2.872	3.284	0.042
	无色线索组	38.827±2.066			35.788±1.988		

图 4-39 三种色彩线索类型（从左至右：红、蓝、黑）典型眼动轨迹图

如图 4-39 所示，以单词 Termite（蚂蚁）为例，显示了不同的色彩线索类型的典型眼动轨迹。在红色线索组中，例句中的非任务单词 disaster、investigation 没有出现注视点或者注视点极少，说明对非任务单词等词汇没有分配太多的注意，注意力主要集中在了被色彩线索标注的主要任务单词如 Termite 上。

图 4-40 三种色彩线索类型（从左至右：红、蓝、黑）典型眼动热点图

图 4-40 所示热点图显示，红色组的非线索区出现明显的视觉盲区，蓝色线索组没有出现视觉盲区，无色线索组对非线索区出现了注视热点。

2.脑波数据分析

脑波数据中的专注度与放松度可以综合体现出被试的注意力分值，本实验根据 75 名被试的脑波实验报告的结果，对三个色彩线索组进行注意分值的描述性统计分析，各组注意分值的平均值和标准差如表 4-19 所示。

表 4-19 不同色彩线索组的脑波注意分值

色彩线索分组	平均值 M	标准差 SD	N
蓝色线索	59.33	10.191	25
红色线索	52.33	5.989	25
无色线索	66.00	5.441	25
总计	59.22	9.098	75

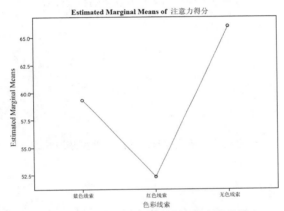

图 4-41 不同色彩线索组的脑波注意分值

表 4-20 不同色彩线索组的脑波数据注意分值的 LSD 均值多重比较

色彩线索(I)	色彩线索 (J)	均值差（I-J）	标准误差	显著性	95% 置信区间	
					下限	上限
蓝色线索	红色线索	7.00	4.338	.127	-2.25	16.25
	无色线索	-6.67	4.338	.145	-15.91	2.58
红色线索	蓝色线索	-7.00	4.338	.127	-16.25	2.25
	无色线索	-13.67*	4.338	.007	-22.91	-4.42
无色线索	蓝色线索	6.67	4.338	.145	-2.58	15.91
	红色线索	13.67*	4.338	.007	4.42	22.91

如图 4-41、表 4-20 所示，被试投入的注意力分值从高到低依次为无色线索组、蓝色线索组、红色线索组，这表明红色线索组的被试消耗的注意资源最少，无色线索组被试消耗的注意资源最多。为了检验三组的注意分值是否存在显著性差异，进一步进行单因素方

差分析。通过 Oneway 方差分析检验不同的色彩线索组之间差异是否达到显著水平。红色内在线索组与蓝色内在线索组差异不显著（$p=0.127>0.05$）；蓝色内在线索组与无色彩内在线索组差异也不显著（$p=0.145>0.05$）；红色内在线索组与无色内在线索组差异显著（$p=0.007<0.05$）。色彩线索主效应显著（$F=4.965$, $p=0.022<0.05$, $\eta^2=0.398$）。

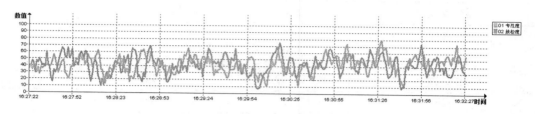

红色线索组放松度与专注度的脑波曲线

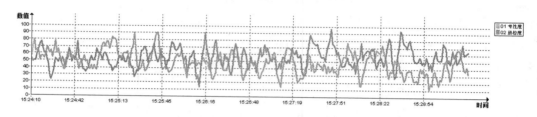

无色线索组放松度与专注度的典型脑波曲线

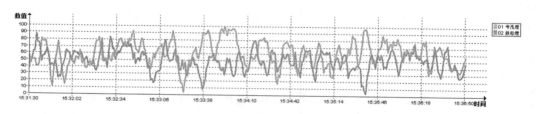

蓝色线索组放松度与专注度的脑波曲线

图 4-42 不同色彩线索组的典型被试的专注度与放松度的脑波图

本实验对不同色彩线索组被试的专注度曲线和放松度曲线反映出的脑波动态变化进行比较。如图 4-42 所示，蓝色线索组脑波曲线在时间横轴中波幅较大，专注度水平较高，注意的分值较高；无色彩线索组脑波曲线在时间横轴中呈现平稳趋势，波幅振动不大，在学习过程的后期专注度水平曲线呈现逐渐下降趋势，注意分值较低。红色线索组脑波曲线在时间横轴中呈现平稳趋势，波幅振动不大，注意分值较低。

为了研究学习者的脑力负荷是否因为不同的色彩线索类型存在显著性差异，对三组脑电波 Alpha1 与 Alpha2 能量谱相对值数据分别进行了方差同质性检验，在满足方差齐性要求的基础上，对三组被试的 Alpha1 波能量谱相对值分别进行了 ANOVA 单因素方差分析，结果如表 4-21 所示。

表 4-21　不同色彩线索组脑电波 Alpha 波能量谱相对值描述性统计分析

组别	Alpha 1			N	Alpha 2		
	M ± SD	F	p		M ± SD	F	p
红色线索组	14.13 ± 2.642			25	13.83 ± 2.229		
蓝色线索组	12.67 ± 2.350	2.750	0.075	25	13.64 ± 2.111	1.106	0.900
无色线索组	11.600 ± 3.738			25	13.25 ± 3.012		

如表 4-21 所示，不同色彩线索组 Alpha1 波能量谱相对值不存在显著性差异（$F=2.750, p=0.075>0.05$）；不同色彩线索组 Alpha2 波能量谱相对值也不存在显著性差异（$F=1.106, p=0.900>0.05$）。

由于本实验的任务是关于单词记忆的，因此有必要阐述工作记忆容量与色彩表征之间的关系。为了进一步验证工作记忆容量的高低与三种色彩线索的关联度，对三组被试进行了工作记忆容量后测，分为工作记忆容量高组和工作记忆容量低组，对这两组的被试所对应的三个色彩线索组的脑波数据注意分值进行描述性统计分析。

如表 4-22、图 4-43 所示，工作记忆容量与色彩线索的交互作用不显著（$F=1.806, p=0.186>0.05$）。蓝色线索组工作记忆容量高的注意水平高于工作记忆容量低的注意水平；红色线索组工作记忆容量高的注意水平高于工作记忆容量低的注意水平；无色彩线索组的两种工作记忆容量无差异。

表 4-22　不同色彩线索组不同工作记忆容量的被试的脑波注意分值描述性统计分析

色彩线索	工作记忆容量	M	SD	N
蓝色线索	工作记忆容量高	65.00	9.539	12
	工作记忆容量低	56.00	9.539	12
	总分	60.50	9.854	24
红色线索	工作记忆容量高	53.33	7.506	12
	工作记忆容量低	49.00	2.646	12
	总分	51.17	5.565	24
无色线索	工作记忆容量高	66.00	8.544	12
	工作记忆容量低	66.00	1.000	12
	总分	66.00	5.441	24
总分	工作记忆容量高	61.44	9.606	36
	工作记忆容量低	57.00	8.916	36
	总分	59.22	9.277	72

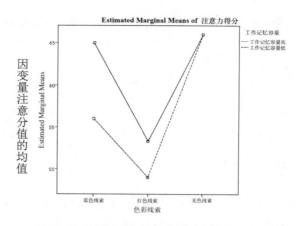

图 4-43 不同色彩线索组不同工作记忆容量的脑波注意分值

3.学习情绪分析

　　在本实验中，被试学习情绪的数据采用主观问卷评判的测量方式获取。学习情绪量表α 系数为 0.798，信度在可接受范围内。将被试对 DEELS 情绪量表中 5 个积极情绪相关词进行李克特 9 点量表主观评判得分求和得到该被试的学习情绪数据，对红色线索组、蓝色线索组、无色彩线索组的被试学习情绪进行数据统计分析。

　　如表 4-23 所示，红色线索组的学习情绪分值高于其他两组，无色彩线索组的学习情绪分值最低，三组学习情绪的分值不存在显著差异。

表 4-23 不同色彩线索组的学习情绪描述性统计分析

色彩线索	学习情绪（M±SD）	N
红色线索组	31.62±4.86	25
蓝色线索组	30.19±3.28	25
无色（黑色）线索组	30.04±4.91	25

4.学习结果分析

　　学习结果后测为主要任务单词（范围在 25 个英文单词中）和非主要任务单词（例句中的其他单词）的再认成绩和默写成绩。再认单词测试是中英文连线题，连接正确 13 个单词计 13 分，每准确连接一个单词记 1 分，答错不计分；默写英文单词是写英文单词测验题，默写正确 13 个单词计 13 分，每正确写一个单词记 1 分，写错不计分。使用 Spss24.0 对学习成绩进行统计分析。无色彩线索组、红色线索组、蓝色线索组三组的后测学习成绩的平均值和标准差如表 4-24 所示。

　　如图 4-44 所示，在三个线索组的学习结果测验中，色彩线索类型主效应不显著（$F=1.847, p=0.164>0.05, \eta^2=0.042$），学习结果主效应显著（$F=4.072, p=0.047<0.05, \eta^2=0.046$），色彩线索与学习结果交互作用不显著（$F=0.716, p=0.491>0.05, \eta^2=0.017$）。通过学习结果数据分析可以看出：无色彩线索组的学习结果分数均低于有色彩线索组；红色线索组的再认成绩高于其他两组；蓝色线索组的默写成绩高于其他两组。

表 4-24 不同色彩线索组主要任务单词的学习结果后测成绩

组别	后测	平均数 M	标准差 SD	N
无色彩线索	再认成绩	7.07	0.799	25
	默写成绩	6.80	0.676	25
红色线索	再认成绩	7.67	0.976	25
	默写成绩	6.93	1.033	25
蓝色线索	再认成绩	7.47	0.915	25
	默写成绩	7.27	1.163	25

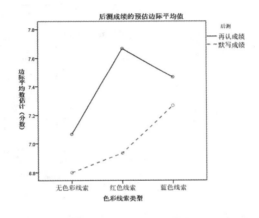

图 4-44 不同色彩线索组任务单词的学习结果后测成绩

对非任务单词进行再认测试，具体是将非任务单词（例如：Termite 蚂蚁这个单词中的例句中出现的非记忆任务单词 investigation 作为后测目标单词）要求被试辨认是否在例句中出现过这个单词，默写出该单词，只要求辨认并默写其中的 13 个单词即可。每辨认正确一个计 1 分，辨认错误不计分；每默写正确一个单词计 1 分，写错不计分。如表 4-25 所示。

如图 4-45 所示，在三个线索组的兴趣区非任务单词的学习结果测验中，色彩线索类型主效应显著（$F=6.876, p=0.002<0.05, \eta^2=0.141$），学习结果主效应显著（$F=9.748, p=0.002<0.05, \eta^2=0.104$），色彩线索类型与学习结果交互效应不显著（$F=0.982, p=0.379>0.05, \eta^2=0.017$）。通过兴趣区非任务单词的学习结果数据分析可以看出：无色彩线索组的学习结果分数均高于有色彩线索组，非任务单词 investigation 等吸引了学习者的关注度，影响了对主要任务单词 Termite 等词汇的注意力；红色线索组的再认成绩和默写成绩均低于其他两组，说明在红色线索组，学习者的注意力主要集中在了任务单词如 Termite 等上，对非任务单词 investigation 等词汇没有分散太多的注意力；蓝色线索组的非任务单词的学习结果再认成绩和默写成绩均高于红色线索组，说明在此实验中蓝色线索不如红色线索更容易集中学习者的学习注意。

表4-25 不同色彩线索组的非主要任务单词学习结果后测描述性统计分析

组别	后测	平均数 M	标准差 SD	N
无色彩线索组	再认成绩	7.53	0.915	25
	默写成绩	7.00	1.069	25
红色线索组	再认成绩	6.87	1.060	25
	默写成绩	5.87	0.743	25
蓝色线索组	再认成绩	7.07	0.884	25
	默写成绩	6.73	0.961	25

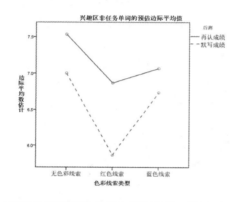

图 4-45 不同色彩线索组非任务单词的学习结果后测成绩

七、实验结果讨论

本实验是为了探讨在图文融合的学习资源画面中色彩线索影响"持续性学习注意"并促进学习者对知识内容的认知的问题。本实验以色彩线索设计的变化作为实验变量，对色彩表征主效应显著的数据进行探讨。实验结果的具体讨论从色彩线索在图文融合的静态画面中的眼动指标、脑波变化、学习情绪、学习结果四个方面展开。

1.色彩线索类型对眼动指标的影响

本实验通过对整体眼动数据、线索区与非线索区作为兴趣区的眼动数据，验证 H2-1-1 学习资源画面中，色彩线索类型对持续性学习注意的影响差异显著。

整体眼动数据讨论：总注视时间的排序：红色线索组>蓝色线索组>无色线索组。红色线索组的总注视时间最长，无色彩线索组的总注视时间最短，本次实验中总注视时间越长学习者的认知加工越精细。总注视次数排序：无色彩线索组>红色线索组>蓝色线索组。无色线索中的总注视次数最多，蓝色线索组的总注视次数最少，本次实验中总注视次数越多学习者可能消耗的注意资源越多。首个注视点持续时间排序：蓝色线索组>红色线索组>无色线索组。蓝色线索组的首个注视点持续时间最长，无色线索组的首个注视点持续时间最短，本次实验中首个注视点持续时间越长，学习者的持续性学习注意水平越高。

兴趣区眼动数据讨论：兴趣区分为线索区和非线索区，本实验将有色彩线索的线索区的眼动数据与无色彩线索的非线索区的眼动数据进行比较。线索区的总注视时间排序：红色线索组>蓝色线索组>无色线索组。线索区的总注视次数排序：无色线索组>蓝色线索组>红色线索组。线索区的首个注视点持续时间排序：蓝色线索组>红色线索组>无色线索组。非线索区的总注视时间排序：蓝色线索组>无色线索组>红色线索组。非线索区的总注视次数排序：无色线索组>蓝色线索组>红色线索组。非线索区的首个注视点持续时间排序：无色线索组>蓝色线索组>红色线索组。

2.色彩线索类型对脑波指标的影响

本实验从脑波数据的角度验证 H2-1-1 学习资源画面中色彩线索类型对持续性学习注意的影响差异显著。红色线索组的注意水平最高，Alpha 波能量谱相对值最高，脑力的消耗最小。红色线索组与无色组存在显著性差异，但与蓝色组不存在显著性差异；蓝色线索组与无色彩线索组不存在显著性差异；红色与蓝色同为"有色彩线索"两者之间也不存在显著性差异。这说明了色彩线索类型影响了学习者的持续性学习注意。Alpha1 与 Alpha2 呈现相同趋势，不同组别的 Alpha 波能量谱相对值体现均不存在显著性差异。这说明了单一的色彩线索类型差异不会造成对脑力负荷的影响。本实验只是验证了三组单一色彩线索对学习注意的影响，假设同一画面出现了两种或两种以上的色彩线索的组合与叠加，色彩线索之间的交互作用是否会造成脑力负荷的增加或变化，尚需要进一步深入研究。

3.色彩线索类型对学习情绪的影响

通过问卷结果验证本实验 H2-1-2 色彩线索类型对学习情绪的影响差异显著。实验结果显示三组的学习情绪得分排序为红色线索组>蓝色线索组>无色彩线索组，但数据分析显示三组不存在显著性差异。

4.色彩线索类型对学习结果的影响

通过对线索区和非线索区的学习结果类验证 H2-1-3 色彩线索类型对学习结果的影响差异显著。①线索区的学习结果的分析。色彩线索类型对线索区的学习结果的影响不存在显著性差异。虽然学习结果与学习注意关系密切，但是将脑波注意力测量数据、眼动视觉注意测量数据与学习成绩后测数据三者综合分析发现：色彩线索的确吸引、引导、保持了学习者视觉注意，但是单一色彩线索并没有对主要学习任务的成绩产生显著影响。②非线索区的学习结果的分析。色彩线索类型对非线索区的学习结果的影响存在显著性差异。红色线索组非任务单词的再认成绩和默写成绩均低于其他两组。

八、实验结论

①验证假设 H2-1-1 色彩线索类型对持续性学习注意的影响差异显著，需要从同一画面和不同画面两种情况进行分析。

从眼动数据来看：第一，在同一画面中，色彩线索对学习注意的影响分析。红色组线索区的总注视时间最长、其次是蓝色组、无色组；蓝色组非线索区的总注视时间最长，其次是无色组与红色组。红色组非线索区的首次进入时间最长，其次是无色组与蓝色组；无色组非线索区首个注视点持续时间最长，其次是蓝色组与红色组。在同一画面中，眼动指标体现的视觉注意水平与脑波实验中注意水平的趋势基本一致，说明实验中注视点与持续性学习注意保持一致。第二，在不同画面中，色彩线索类型对学习注意的影响分析。红色线索组的首次进入时间最短，蓝色线索组总注视时间最长。可以推测：红色在"吸引"学习者视觉注意上具有优势，蓝色在"引导""保持"视觉注意上具有优势；无色彩线索的学习资源画面不利于学习者对画面重要信息的关注。波长较长的色彩在"吸引"学习者视觉注意上具有优势，如红色、橙色；波长较短的色彩在"保持"学习者视觉注意上具有优势，如蓝色、紫色。此外，绿色与蓝色在色相环中同为冷色调系列，但是在七色光波长分布中，绿色位于中间，与黄色邻近，将绿色作为色彩线索在保持注意方面的功效有待进一步验证。

从脑波数据来看，红色线索组的脑波注意力水平最高，但是红色线索组的非线索区出现了视觉盲区，是导致非线索区学习结果不良的原因，可以推测是因为红色具有"扩散性"从而影响了对整体画面的持续性学习注意。蓝色线索组的热点图显示没有出现视觉盲区，可以推测是因为蓝色具有的"收缩性"从而影响了对整体画面的持续性学习注意。虽然无色彩线索组的脑波显示的注意力水平最低，但并没有影响对知识建构的完整性。可见，由于眼动指标体现的视觉注意水平与脑波指标中注意水平的趋势存在不一致的方面，因此不能简单地认为暖色调可以吸引学习注意，冷色调可以保持学习注意。

②验证 H2-1-2 色彩线索类型对学习情绪的影响差异显著主要是对单一的色彩线索进行讨论。单一的色彩线索不会对学习者学习情绪产生显著影响，色彩线索与学习注意的关系应进一步从学习者的主观色彩偏好的视角进行深入研究。

③验证 H2-1-3 色彩线索类型对学习结果的影响差异显著。单一的色彩线索不会影响学习者对主要学习任务学习结果；在非主要学习任务中，如果色彩线索类型选用不当，会干扰学习者对非主要知识内容的认知，进而影响学习者获取知识的完整性。

第五节 案例 4：不同知识类型下色彩线索影响持续性学习注意的实验

一、实验目的与假设

本实验探讨学习资源画面中不同知识类型与不同色彩线索类型对学习注意的影响。研究假设：H2-2-1 知识类型与色彩线索类型对持续性学习注意的影响差异显著；H2-2-2 知识类型与色彩线索类型对学习情绪的影响差异显著；H2-2-3 知识类型与色彩线索类型对学习结果的影响差异显著。

二、实验设计

本实验为 3（色相、明度、纯度）×2（陈述性知识、程序性知识）两因素三水平被试实验设计。实验的自变量为学习资源画面色彩三属性设计的变化，知识类型的变化。三个水平为：水平一，学习材料中色彩线索采用七种不同色相的变化；水平二，学习材料中色彩线索采用七种色彩明度推移的变化；水平三，学习材料中色彩线索采用七种不同纯度的变化。两个因素为：因素一，陈述性知识类型；因素二，程序性知识类型。因变量为①眼动指标：首次进入时间、首个注视点注视持续时间、总注视时间、总注视次数；②脑波指标：专注度、放松度、被试的注意分值；③学习成绩后测：保持测验、迁移测验；④学习情绪后测。

三、实验材料

实验材料共六份：DH 组"陈述性知识＋色相线索"、DB 组"陈述性知识＋明度线索"、DC 组"陈述性知识＋纯度线索"、PH 组"程序性知识＋色相线索"、PB 组"程序性知识＋明度线索"、PC 组"程序性知识＋纯度线索"。色彩的基本属性包括色相（Hue）、明度（Brightness）、纯度（Chroma），色彩线索类型依据色彩三属性进行划分。前文色彩构成理论指出，色相是区别色彩的名字或名称，如红色、黄色、蓝色等；明度是识别色彩明暗的性质，如深蓝、浅蓝等；纯度是描述色彩的饱和状态，纯度最高的是色彩原色，随着纯度降低色彩就会变暗淡。本实验色彩关系的调节方式：色相（色相差异线索）、明度（明度推移线索）、纯度（纯度推移线索）。

陈述性知识的实验内容：钢琴的结构。三份陈述性知识学习资源的呈现形式是静态图文融合设计的多媒体画面学习资源，主题为"钢琴的构造"，是陈述性知识。本实验材料内容经过某艺术学院三位器乐专业教师的审定，无知识内容和呈现形式方面的任何异议，文字部分共计 636 字。钢琴的构造分为：踏板、调音灯、琴槌、制音器、击弦机、响板、琴键。材料一：这七个部分的学习资源分别用红（RGB:255,0,0）、橙（RGB:255,128,0）、黄（RGB:255,255,0）、绿（RGB:0,255,0）、蓝（RGB:0,0,255）、靛（RGB:0,255,255）、紫（RGB:128,0,255）七种不同色相类型进行表征，分别呈现在七张图片中。材料二：以蓝色（RGB:0,0,255 ）为基础色彩的不同明度推移的搭配，将学习内容分别呈现在不同明度推移搭配中。材料三：将学习内容呈现在以暗红（RGB:178,34,34）、褐色（RGB:160,82,45）、土黄（RGB:138,54,15）、墨绿（RGB:56,94,15）、深蓝（RGB:25,25,12）、深紫（RGB:138,43,226）、深玫红（RGB:188,143,143）不同纯度的色彩中（选自百度文库中常用 RGB 颜色表）。图片大小均为 1920×1200 像素。为了避免文本字体与字号对实验结果的影响，所有文字均采用一致的字体与字号。实验材料截图见附录二实验材料实验之 2-2-1。

程序性知识的实验内容：感冒的形成。 PH 组、PB 组、PC 组的三份程序性知识学习资源的呈现形式是静态图文融合设计的多媒体画面学习资源，主题为"感冒病毒传染给人体的步骤"，是程序性知识。本实验材料内容参考 Mayer（2006）关于多媒体演示文稿中无关的趣味性细节会导致学习成绩下降的实验研究中的素材，本研究对其进行了再次开发，将本研究变量色彩表征的变化附着在实验材料图式中，将核心内容"病毒传染"的每一个具体步骤在三份不同的学习材料中用不同的色彩进行表征，文字部分共计 621 字。感冒病毒传染人体的步骤分为：病毒进入机体、攻击宿主细胞、注入遗传物质、复制病毒、打破宿主细胞、蔓延到全身导致病毒传染。三份材料的色彩线索设计与上述陈述性知识学习材料"钢琴的结构"相同。实验材料截图见附录二实验材料之实验 2-2-2。

四、被试

从 T 大学本科生中随机抽取有效被试 150 名学生参加实验，随机分为六组被试，男女配比均衡，剔除高知识基础和低知识基础的被试，剔除主修与实验材料内容接近的专业学生，每组有效被试 25 名。DH 组观看的学习内容为"钢琴的结构"且色彩线索为"陈述性知识＋色相线索"；DB 组观看的学习内容为"钢琴的结构"且色彩线索为"陈述性知识＋明度线索"；DC 组观看的学习内容为"钢琴的结构"且色彩线索为"陈述性知识＋纯度线索"；PH 组观看的学习内容为"感冒的形成"且色彩线索为"程序性知识＋色相线索"；PB 组观看的学习内容为"感冒的形成"且色彩线索为"程序性知识＋明度线索"；PC 组观看的学习内容为"感冒的形成"且色彩线索为"程序性知识＋纯度线索"。如图 4-46 所示。

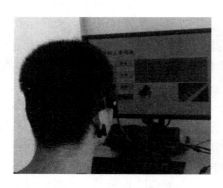

图 4-46 不同知识类型与不同色彩线索影响学习注意实验的被试

五、实验过程
1.实验的实施
①被试填写个人信息；②被试知识基础前测；③主试为被试佩戴脑波仪并调试正常；④主试引导被试坐在眼动仪前进行眼睛注视校准，告知定标方法与注意事项；⑤被试观看引导语之后，主试开启脑波监控分段记录被试脑波数据；⑥被试开始在屏幕前学习图文融合的 PPT 实验材料；⑦学习结束后，摘掉脑波仪并离开眼动仪等实验设备，进行后测问卷填写。每个实验材料的学习时间是 5min 左右，实验准备与问卷、访谈的时间大约 15min，共计 20min。

2.实验测量
实验的测量项目包括：①眼动指标中的 TFD（总注视时间）；TFC（总注视点个数）；TFF（首次进入时间）；FFD（首个注视点的注视时间）。②脑波指标中的专注度与放松度曲线的变化以及注意分值。③学习情绪的测量（DEELS 情绪量表问卷调查）。④学习结果的测量（保持测量后测问卷与迁移测验后测问卷调查）。

六、数据分析
本实验的数据分析包括眼动数据、脑波数据、学习情绪、学习结果四个方面。

1.眼动数据分析
眼动数据分析包括画面整体眼动数据与兴趣区眼动数据两部分。本实验的兴趣区划分为"文本区"与"图片区"两个部分，对其进行相关的眼动数据分析。

（1）画面整体眼动数据分析

本实验对陈述性知识与程序性知识两种知识类型的色相变化、明度变化、纯度变化的首次进入时间、首个注视点的注视时间、总注视时间、总注视次数四项眼动指标的导出，使用 Spss24.0 进行描述性统计分析。

色彩线索色相变化的眼动数据如下：

表 4-26 色相变化在不同知识类型的总注视次数与总注视时间的平均值与标准差

色相	TFC 总注视次数（个）		TFD 总注视时间（秒）	
	陈述性知识 （M±SD ）	程序性知识 （M±SD）	陈述性知识 （M±SD）	程序性知识 （M±SD）
红	79.74±9.71	56.25±6.75	16.61±1.96	18.20±2.80
橙	82.93±13.06	79.38±9.49	16.99±3.95	18.54±2.86
黄	68.16±8.58	80.00±8.57	13.82±1.90	17.55±3.89
绿	82.15±11.8	91.00±10.90	17.02±3.39	18.22±4.08
蓝	87.30±11.30	93.00±9.27	17.90±3.15	18.00±3.44
靛	84.19±19.83	90.00±13.36	17.83±5.04	16.61±3.92
紫	86.41±13.28	59.38±10.34	18.42 ±3.18	12.90±3.21

表 4-27 色相变化在不同知识类型的首次进入时间与首个注视点持续时间的平均值与标准差

色相	TFF 首次进入时间（秒）		FFD 首个注视点持续时间（秒）	
	陈述性知识 （M±SD）	程序性知识 （M±SD）	陈述性知识 （M±SD）	程序性知识 （M±SD）
红	0.06±0.14	0.01±0.00	0.21±0.18	0.27±0.19
橙	0.02±0.05	0.09±0.18	0.18±0.10	0.21±0.08
黄	0.01±0.05	0.03±0.06	0.18±0.16	0.18±0.11
绿	0.09±0.18	0.01±0.01	0.20±0.28	0.16±0.12
蓝	0.07±0.16	0.08±0.16	0.22±0.23	0.19±0.10
靛	0.05±0.15	0.02±0.06	0.23±0.13	0.15±0.13
紫	0.07±0.15	0.03±0.07	0.23±0.16	0.11±0.09

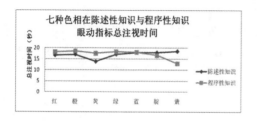
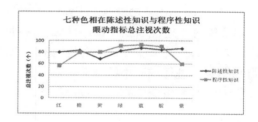
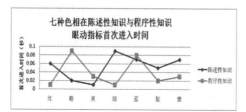
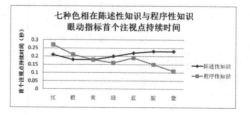

图 4-47   色相变化在不同知识类型中的眼动数据

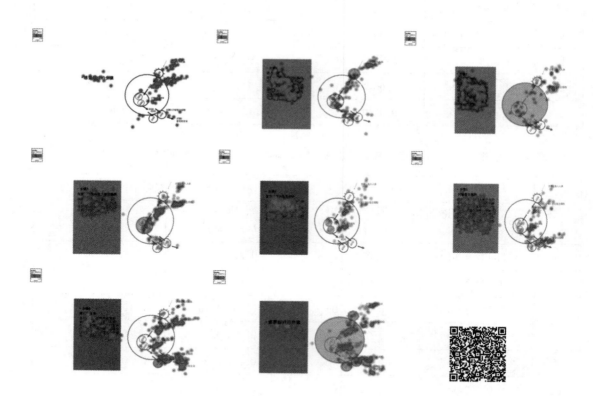

图 4-48 程序性知识色相变化眼动热点图

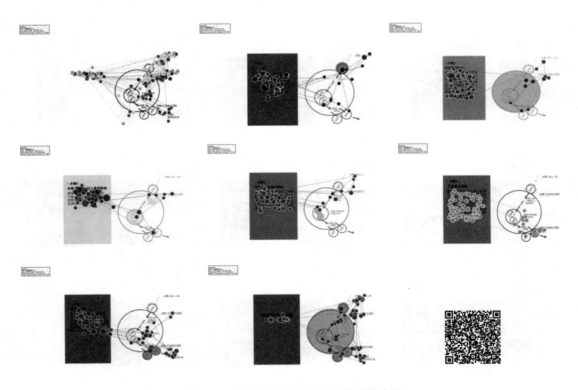

图 4-49 程序性知识色相变化眼动轨迹图

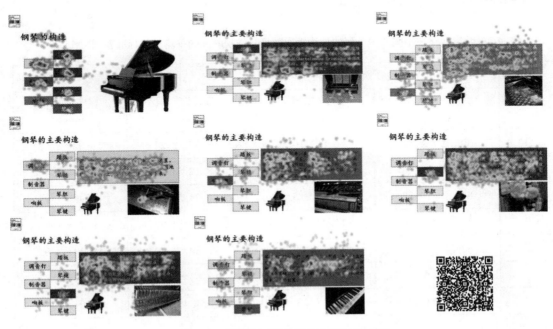

图 4-50 陈述性知识色相变化眼动热点图

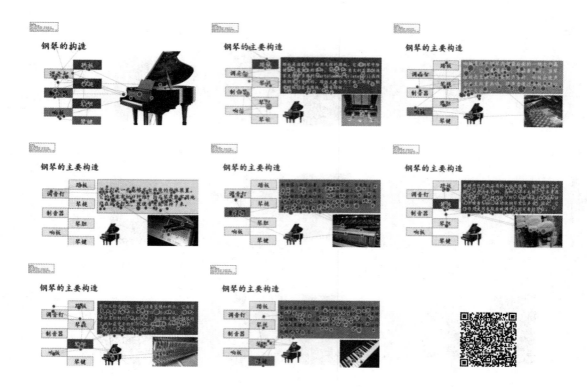

图 4-51 陈述性知识色相变化眼动轨迹图

色彩线索明度变化的眼动数据如下：

表 4-28 明度变化在不同知识类型的总注视次数与总注视时间的平均值与标准差（N=25）

明度	TFC 总注视次数（个）		TFD 总注视时间（秒）	
	陈述性知识 （M±SD）	程序性知识 （M±SD）	陈述性知识 （M±SD）	程序性知识 （M±SD）
L1	68.40±8.02	66.83±10.12	13.68±2.24	19.93±1.03
L2	81.60±16.45	75.67±10.37	18.12±3.20	19.31±1.45
L3	84.00±10.72	72.67±15.37	17.24±3.59	19.42±1.23
L4	91.13±7.96	71.31±18.63	18.49±3.02	19.72±1.66
L5	88.20±10.27	79.17±10.19	17.69±3.19	18.74±2.09
L6	87.33±9.11	72.57±11.27	19.04±4.24	18.62±1.87
L7	59.67±9.08	52.00±6.99	13.43±2.80	14.61±1.49

表 4-29 明度变化在不同知识类型的首次进入时间与首个注视点持续时间的平均值与标准差

明度	TFF 首次进入时间（秒）		FFD 首个注视点持续时间（秒）	
	陈述性知识（M±SD）	程序性知识（M±SD）	陈述性知识（M±SD）	程序性知识（M±SD）
L1	0.07±0.17	0.08±0.17	0.22±0.13	0.27±0.17
L2	0.05±0.12	0.02±0.04	0.17±0.15	0.22±0.12
L3	0.04±0.09	0.05±0.12	0.22±0.11	0.18±0.11
L4	0.02±0.06	0.04±0.10	0.29±0.09	0.27±0.08
L5	0.02±0.03	0.01±0.01	0.19±0.12	0.17±0.14
L6	0.01±0.08	0.09±0.15	0.13±0.11	0.14±0.10
L7	0.08±0.22	0.03±0.04	0.13±0.12	0.14±0.12

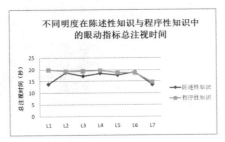
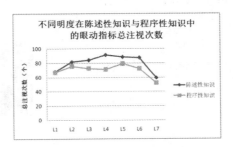
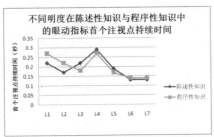
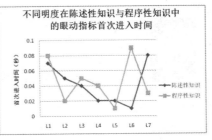

图 4-52　明度变化在不同知识类型中的眼动数据

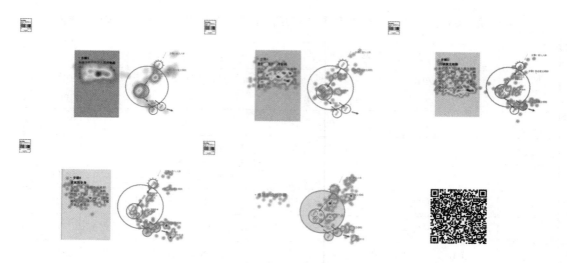

图 4-53　明度变化在程序性知识中的眼动热点图

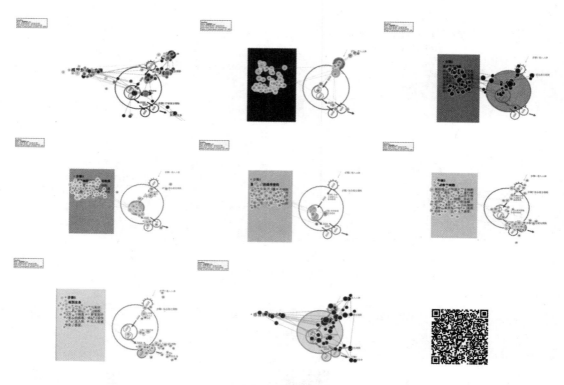

图 4-54　明度变化在程序性知识中的眼动轨迹图

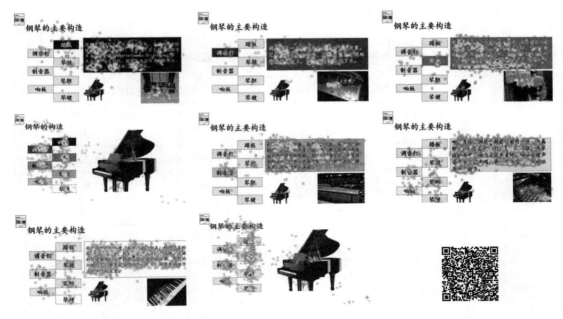

图 4-55　明度变化在陈述性知识中的眼动热点图

图 4-56　明度变化在陈述性知识中的眼动轨迹图

色彩线索纯度变化的眼动数据如下：

表 4-30 纯度变化在不同知识类型的总注视次数与总注视时间的平均值与标准差

纯度	TFC 总注视次数（个）		TFD 总注视时间（秒）	
	陈述性知识（M±SD）	程序性知识（M±SD）	陈述性知识（M±SD）	程序性知识（M±SD）
P1	79.93±9.25	80.00±10.00	15.89±3.05	18.33±2.34
P2	66.83±6.60	72.33±14.09	13.73±2.44	17.96±2.81
P3	88.93±10.76	75.50±13.47	17.51±3.45	17.76±2.01
P4	82.00±7.27	61.83±15.90	16.94±3.03	17.98±2.83
P5	90.00±8.82	67.00±8.94	18.38±3.08	17.87±2.84
P6	85.07±5.19	71.33±12.64	17.60±2.66	17.37±3.25
P7	89.47±11.13	57.00±12.38	18.80±3.76	11.34±4.35

表 4-31 纯度变化在不同知识类型的首次进入时间与首个注视点持续时间的平均值与标准

纯度	TFF 首次进入时间（秒）		FFD 首个注视点持续时间（秒）	
	陈述性知识（M±SD）	程序性知识（M±SD）	陈述性知识（M±SD）	程序性知识（M±SD）
P1	0.08±0.19	0.02±0.01	0.23±0.14	0.15±0.10
P2	0.07±.012	0.05±0.12	0.10±0.11	0.23±0.11
P3	0.09±0.13	0.02±0.02	0.12±0.08	0.14±0.11
P4	0.04±0.16	0.01±0.18	0.17±0.16	0.16±0.08
P5	0.05±0.11	0.04±0.01	0.18±0.12	0.21±0.11
P6	0.06±0.16	0.03±0.01	0.18±0.11	0.10±0.14
P7	0.01±0.02	0.02±0.21	0.20±0.13	0.11±0.08

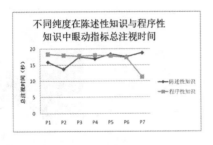
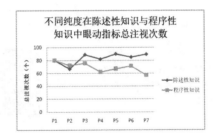
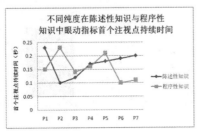
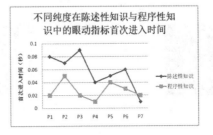

图 4-57　纯度变化在不同知识类型中的眼动数据

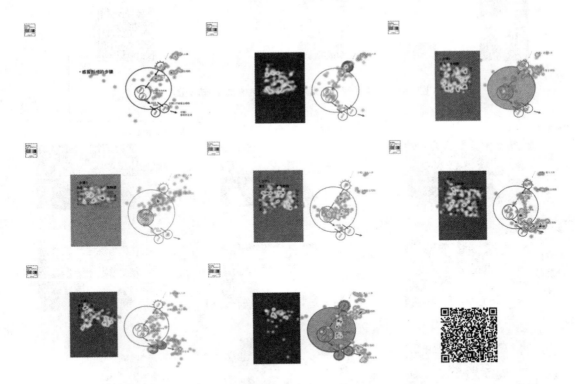

图 4-58　纯度变化在程序性知识中的眼动热点图

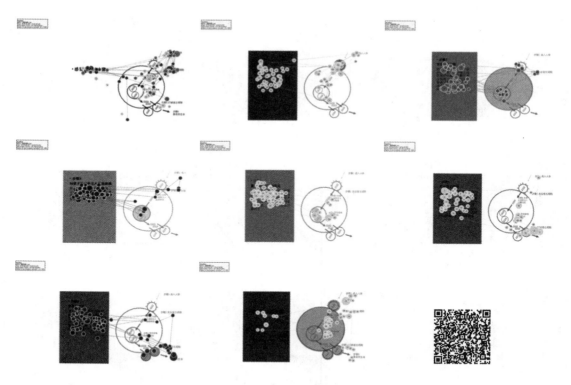

图 4-59　纯度变化在程序性知识中的眼动轨迹图

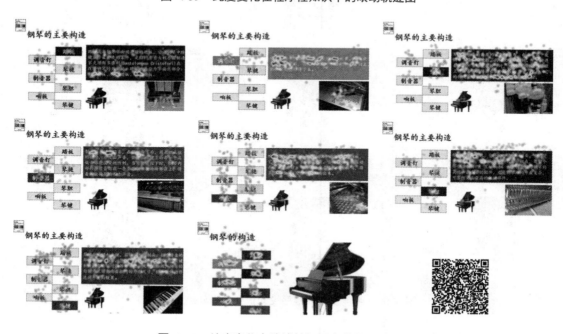

图 4-60　纯度变化在陈述性知识中的眼动热点图

图 4-61　纯度变化在陈述性知识中的眼动轨迹图

如图 4-47 到图 4-61 所示及表 4-26 到表 4-31 所示，是色相、明度、纯度在陈述性知识与程序性知识实验材料中的眼动数据。三组的总注视时间、总注视次数、首次进入时间、首个注视点注视持续时间等眼动指标进行两因素三水平被试间方差分析，并进一步考察不同的色彩表征条件下各项眼动指标是否具有显著性差异，分析结果如图 4-62 所示。

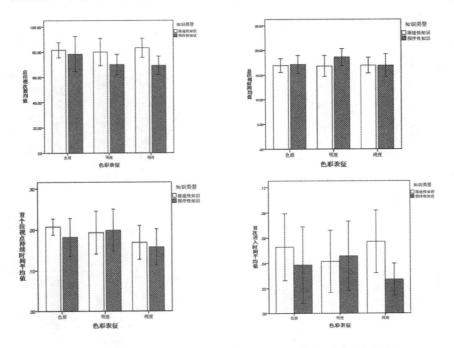

图 4-62　不同知识类型与不同色彩线索类型的整体眼动数据分析

总注视时间：方差齐性检验结果显示（$F=0.414$，$p=0.836>0.05$），表明数据方差齐性。色彩表征主效应不显著（$F=0.602$，$p=0.553>0.05$）；知识类型主效应不显著（$F=1.143$，$p=0.292>0.05$）；色彩表征与知识类型交互作用不显著（$F=0.880$，$p=0.423>0.05$）。

总注视次数：方差齐性检验结果显示（$F=1.541$，$p=0.202>0.05$），表明数据方差齐性。色彩表征主效应不显著（$F=0.918$，$p=0.408>0.05$）；知识类型主效应显著（$F=8.366$，$p=0.006<0.05$）；色彩表征与知识类型交互作用不显著（$F=1.022$，$p=0.370>0.05$）。

首次进入时间：方差齐性检验结果显示（$F=0.988$，$p=0.439>0.05$），表明数据方差齐性。色彩表征主效应不显著（$F=0.061$，$p=0.941>0.05$）；知识类型主效应不显著（$F=2.529$，$p=0.121>0.05$）；色彩表征与知识类型交互效应不显著（$F=1.397$，$p=0.260>0.05$）。

首个注视点持续时间：方差齐性检验结果显示（$F=1.043$，$p=0.408>0.05$），表明数据方差齐性。色彩表征主效应不显著（$F=2.118$，$p=0.135>0.05$）；知识类型主效应不显著（$F=0.505$，$p=0.482>0.05$）；色彩表征与知识类型交互作用不显著（$F=0.380$，$p=0.482>0.05$）。

（2）兴趣区眼动数据分析

本实验对学习材料进行了文本区（标题区、内容区）、图片区（标志图片区、内容关联图片区）的兴趣区的划分，观察对比其眼动追踪数据的变化情况。接下来将分别对"文本兴趣区"与"图片兴趣区"进行眼动数据分析。

A．文本兴趣区眼动数据分析（如图4-63所示）

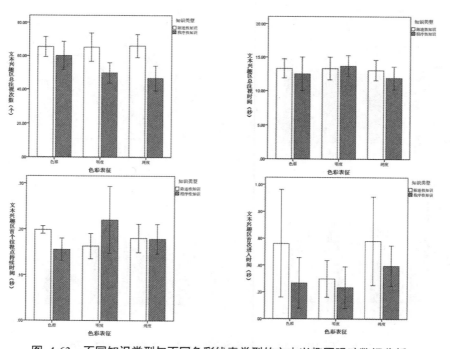

图 4-63　不同知识类型与不同色彩线索类型的文本兴趣区眼动数据分析

文本兴趣区总注视次数：方差齐性检验结果显示（$F=0.248$，$p=0.938>0.05$），表明数据方差齐性。色彩表征主效应不显著（$F=2.713$，$p=0.08>0.05$）；知识类型主效应显著（$F=29.819$，$p=0.000<0.05$）；色彩表征与知识类型交互作用不显著（$F=2.988$，$p=0.63>0.05$）。进一步使用 LSD 对文本兴趣区总注视次数进行事后多重比较。

如表 4-32 所示，文本兴趣区色相组与纯度组之间总注视次数差异显著（$p=0.035<0.05$）；色相与明度之间差异不显著（$p=0.085>0.05$）；纯度与明度之间差异不显著（$p=0.675>0.05$）。

文本兴趣区总注视时间：方差齐性检验结果显示（$F=1.241$，$p=0.311>0.05$），表明数据方差齐性。色彩表征主效应不显著（$F=0.12$，$p=0.371>0.05$）；知识类型主效应不显著（$F=0.819$，$p=0.370>0.05$）；色彩表征与知识类型交互作用不显著（$F=0.606$，$p=0.551>0.05$）。

文本兴趣区首个注视点持续时间：色彩表征主效应不显著（$F=0.487$，$p=0.619>0.05$）；知识类型主效应不显著（$F=0.113$，$p=0.739>0.05$）；色彩表征与知识类型交互作用显著（$F=5.173$，$p=0.011<0.05$）。

如表 4-33 所示，文本兴趣区首次进入时间：方差齐性检验结果显示（$F=3.345$，$p=0.054>0.05$），表明数据方差齐性。色彩表征主效应不显著（$F=2.471$，$p=0.099>0.05$）；知识类型主效应显著（$F=4.771$，$p=0.036<0.05$）；色彩表征与知识类型交互作用不显著（$F=0.643$，$p=0.532>0.05$）。进一步使用 LSD 对文本兴趣区首次进入时间进行事后多重比较。如表 4-33 所示，文本兴趣区首次进入时间，明度组的与纯度组之间差异显著（$p=0.036<0.05$）；色相组与明度组之间差异不显著（$p=0.154>0.05$）；纯度组与色相组之间差异不显著（$p=0.473>0.05$）。

表 4-32 文本兴趣区总注视次数平均值 LSD 事后多重比较

兴趣区	（I）分组	（J）分组	平均差异（I-L）	标准误差	显著性	95%置信区间	
						下限	上限
文本区总注视次数	色相	明度	5.2679	2.97115	0.085	-.7579	11.2936
		纯度	6.5221*	2.97115	0.035	.4964	12.5479
	明度	色相	-5.2679	2.97115	0.085	-11.2936	.7579
		纯度	1.2543	2.97115	0.675	-4.7715	7.2800
	纯度	色相	-6.5221*	2.97115	0.035	-12.5479	-.4964
		明度	-1.2543	2.97115	0.675	-7.2800	4.7715

表 4-33　文本兴趣区首次进入时间平均值 LSD 事后多重比较

兴趣区	（I）分组	（J）分组	平均差异（I-L）	标准误差	显著性	95%置信区间	
						下限	上限
文本区首次进入时间	色相	明度	0.1479	0.10146	0.154	-0.0579	0.3536
		纯度	-0.0736	0.10146	0.473	-0.2793	0.1322
	明度	色相	-0.1479	0.10146	0.154	-0.3536	0.0579
		纯度	-0.2214*	0.10146	0.036	-0.4272	-0.0157
	纯度	色相	0.0736	0.10146	0.473	-0.1322	0.2793
		明度	0.2214*	0.10146	0.036	0.0157	0.4272

B.　图片兴趣区眼动数据分析（如图 4-64 所示）

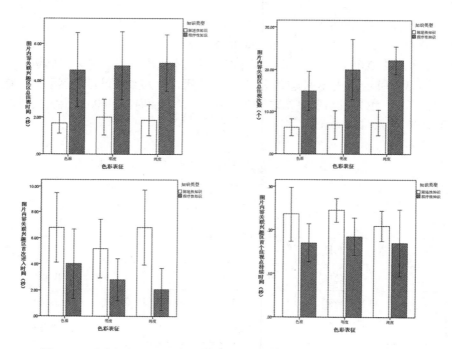

图 4-64　不同知识类型与不同色彩线索类型的图片兴趣区眼动数据分析

图片内容关联兴趣区总注视时间：方差齐性检验结果显示（$F=1.739$，$p=0.151>0.05$），表明数据方差齐性。色彩表征主效应不显著（$F=0.157$，$p=0.855>0.05$）；知识类型主效应显著（$F=39.702$，$p=0.000<0.05$）；色彩表征与知识类型交互效应不显著（$F=0.040$，$p=0.961>0.05$）。

图片内容关联兴趣区首次进入时间：方差齐性检验结果显示（$F=1.319$，

p=0.278>0.05），表明数据方差齐性。色彩表征主效应不显著（F=0.144，p=0.330>0.05）；知识类型主效应显著（F=17.91，p=0.000<0.05）；色彩表征与知识类型交互作用不显著（F=0.882，p=0.423>0.05）。

　　图片内容关联兴趣区首个注视点持续时间：方差齐性检验结果显示（F=1.373，p=0.257>0.05），表明数据方差齐性。色彩表征主效应不显著（F=0.741，p=0.484>0.05）；知识类型主效应显著（F=10.634，p=0.002<0.05）；色彩表征与知识类型交互效应不显著（F=0.242，p=0.786>0.05）。

　　图片内容关联兴趣区总注视次数：方差齐性检验结果显示（F=1.739，p=0.151>0.05），表明数据方差齐性。色彩表征主效应显著（F=3.032，p=0.061<0.05）；知识类型主效应显著（F=74.580，p=0.000<0.05）；色彩表征与知识类型交互作用不显著（F=1.674，p=0.202>0.05）。

表 4-34 图片兴趣区总注视次数平均值 LSD 事后多重比较

兴趣区	（I）分组	（J）分组	平均差异（I-L）	标准误差	显著性	95%置信区间	
						下限	上限
图片区总注视次数	色相	明度	-2.8036	1.72419	.113	-6.3004	.6932
		纯度	-4.1636*	1.72419	.021	-7.6604	-.6668
	明度	色相	2.8036	1.72419	.113	-.6932	6.3004
		纯度	-1.3600	1.72419	.435	-4.8568	2.1368
	纯度	色相	4.1636*	1.72419	.021	.6668	7.6604
		明度	1.3600	1.72419	.435	-2.1368	4.8568

　　如表 4-34 所示，对图片内容关联兴趣区总注视次数进行 LSD 事后多重比较，图片内容关联兴趣区总注视次数色相变化组的与纯度变化组之间具有显著性差异（p=0.021<0.05）；色相变化与明度推移变化之间差异不显著（p=0.113>0.05）；纯度变化与明度推移变化之间差异不显著（p=0.435>0.05）。

2.脑波数据分析

　　本实验共 6 组被试，每组各 25 名有效被试（出现头部与设备接触状态不佳且未能出现电极 5 格状态被视为无效被试；控制图像曲线出现中断或时断时续情况的也被视为无效被试）。

　　（1）EEG 参数监测能量谱相对值 Alpha 波

　　Alpha1 与 Alpha2 能量谱相对值的参数平均值，以下为实验后 6 组被试各组典型案例的 EEG 相对能量谱图表。

　　"色相变化＋陈述性知识"实验组：实验材料为陈述性知识"钢琴的结构"色相变化组，如图 4-65 所示，多媒体画面陈述性知识色相变化的 EEG 脑电生物传感器实时记录中能量谱相对值，属于典型个案，其中 Alpha 波（α1 与 α2）的能量谱相对值均为 9。有些

个案出现了 α1 与 α2 不同的相对值平均数，例如 11 与 10 等。

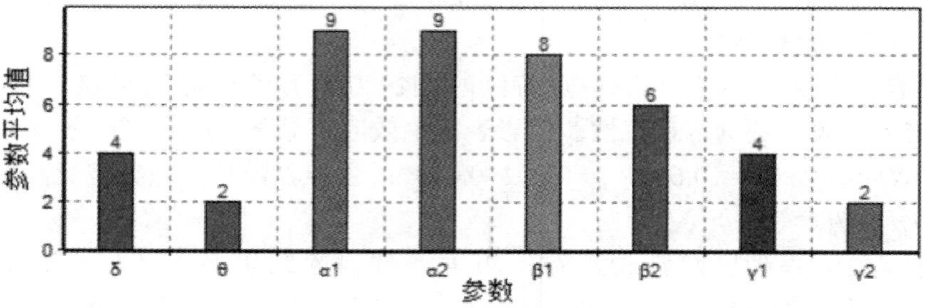

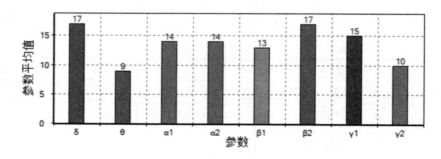

图 4-65　陈述性知识色相变化组典型的脑波能量谱

"色相变化＋程序性知识"实验组：实验材料为程序性知识"感冒的形成"色相变化组。如图 4-66 所示，多媒体画面程序性知识色相变化的 EEG 脑电生物传感器实时记录中能量谱相对值，属于典型个案，其中 Alpha 波（α1 与 α2）的能量谱相对值均为 14。有些个案出现了 α1 与 α2 不同的相对值平均数，例如 10 与 11 等。

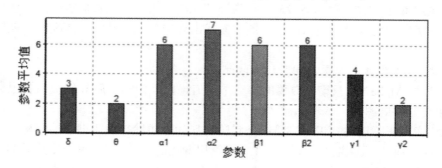

图 4-66　程序性知识色相变化组典型的脑波能量谱

"明度推移＋陈述性知识"实验组：实验材料为"钢琴的结构"中的明度推移，如图 4-67 所示，多媒体画面陈述性知识明度推移变化的 EEG 脑电生物传感器实时记录中能量谱相对值，属于典型个案，其中 Alpha 波（α1 与 α2）的能量谱相对值分别是 α1 为 6、α2 为 7，有些个案出现了 α1 与 α2 相同的相对值平均数，例如同为 6 等。

图 4-67　陈述性知识明度变化组典型的脑波能量谱

"明度推移＋程序性知识"实验组：实验材料为"感冒的形成"中的明度推移，如图 4-68 所示，多媒体画面程序性知识明度推移变化的 EEG 脑电生物传感器实时记录中能量谱相对值，属于典型个案，其中 Alpha 波（α1 与 α2）的能量谱相对值分别是 α1 为 15、α2 为 16，有些个案出现了 α1 与 α2 相同的相对值平均数，例如同为 15 等。

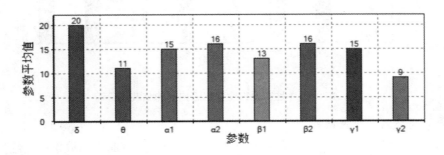

图 4-68 程序性知识明度变化组典型的脑波能量谱

"纯度变化＋陈述性知识"实验组：实验材料为"钢琴的结构"中的色彩纯度变化。如图 4-69 所示，多媒体画面陈述性知识纯度变化的 EEG 脑电生物传感器实时记录中能量谱相对值，属于典型个案，其中 Alpha 波（α1 与 α2）的能量谱相对值均为 15。有些个案出现了相对值 α1 与 α2 不同的参数均值，例如 12 与 13。

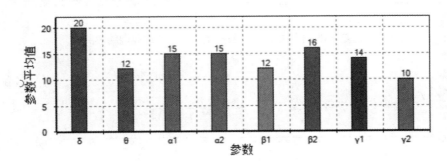

图 4-69 陈述性知识纯度变化组典型的脑波能量谱

"纯度变化＋程序性知识"实验组：实验材料为"感冒的形成"中的色彩纯度变化。如图 4-70 所示，多媒体画面程序性知识纯度变化的 EEG 脑电生物传感器实时记录中能量谱相对值，属于典型个案，其中 Alpha 波（α1 与 α2）的能量谱相对值均为 11。有些个案出现了相对值 α1 与 α2 不同的参数均值，例如 9 与 10。

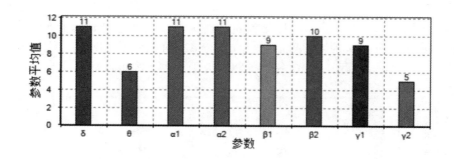

图 4-70 程序性知识纯度变化组典型的脑波能量谱

（2）专注度与放松度曲线

本实验对不同知识类型与不同色彩线索组的被试的专注度曲线和放松度曲线反映出的脑波动态变化进行比较。

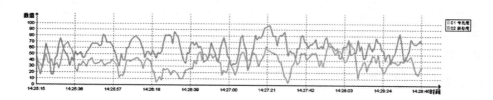

"色相变化+陈述性知识"组放松度与专注度的典型脑波曲线

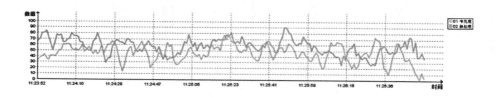

"明度推移变化+陈述性知识"组放松度与专注度的典型脑波曲线

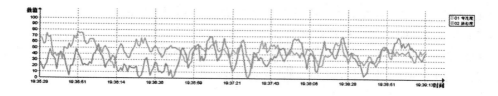

"纯度变化+陈述性知识"组放松度与专注度的典型脑波曲线

图 4-71 陈述性知识不同色彩线索组的典型被试的专注度与放松度的脑波变化图

如图 4-71 所示，陈述性知识的学习过程时间横轴中，"纯度变化＋陈述性知识"组波幅较大，专注度水平较高，注意分值较高；"色相变化＋陈述性知识"组的注意水平较低，波幅振动不大，在学习过程的中后期专注度出现过探底。"明度变化＋陈述性知识"组波幅不大呈现出波浪形，专注度水平稳定，没有出现探底，到学习结束时才出现探底，放松度的分值与专注度分值比其他两组都更为接近。脑波数据显示，"纯度变化＋陈述性知识"组在三组中的总体注意水平最高。

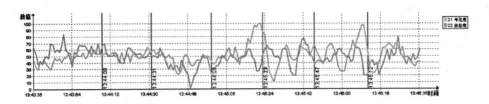

"色相变化+程序性知识"组放松度与专注度的典型脑波曲线

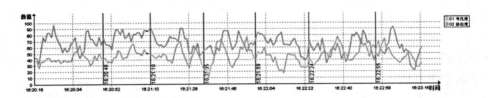

"明度推移变化+程序性性知识"组放松度与专注度的典型脑波曲线

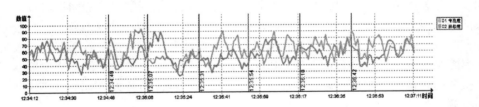

"纯度变化+程序性知识"组放松度与专注度的典型脑波曲线

图 4-72 程序性知识不同色彩线索组的典型被试的专注度与放松度的脑波变化图

如图 4-72 所示，程序性知识的实验过程中，通过事件记录的方式在脑波变化曲线图中进行了分段，以便观察在程序性知识的各个步骤中，不同色彩表征变化所产生的脑波变化。主试在实验过程中利用 Mind xp 系统对每个被试逐一记录了事件，每个被试被记录 7 个事件，均为人工观测即时记录。"色相变化＋程序性知识"组波幅不够稳定，注意水平低于明度组和纯度组。"明度推移＋程序性知识组"的横轴中波幅较大，注意水平最高。

3.学习情绪分析

在本实验中，被试学习情绪的数据采用主观问卷评判的测量方式获取。学习情绪量表 α 系数为 0.816，可信度在可接受范围内。对 DEELS 情绪量表中 5 个积极情绪相关词进行李克特 9 点量表主观评判得分求和，得到该被试的学习情绪数据，对 DH、DB、DC、PH、

PB、PC 6 个实验组的被试的学习情绪进行描述性数据统计分析。

表 4-35 不同知识类型不同色彩线索组的学习情绪描述性统计分析

组别	色彩线索	知识类型	学习情绪（M±SD）	N
DH	色相变化	陈述性	41.58±3.17	25
DB	明度推移	陈述性	39.59±3.56	25
DC	纯度变化	陈述性	40.08±4.61	25
PH	色相变化	程序性	38.82±3.32	25
PB	明度变化	程序性	43.29±4.90	25
PC	纯度变化	程序性	38.10±4.86	25

如表 4-35 所示，色彩线索主效应显著（$F=6.746$，$p=0.001<0.05$，$\eta^2=0.236$），知识类型主效应不显著（$F=0.153$，$p=0.896>0.05$，$\eta^2=0.004$），色彩线索与知识类型交互作用不显著（$F=4.040$，$p=0.0632>0.05$，$\eta^2=0.328$）。红色线索组的学习情绪分值高于其他两组，无色彩线索组的学习情绪分值最低，三组学习情绪的学习情绪分值不存在显著差异。

4.学习结果分析

学习结果包括保持测验与迁移测验的成绩。保持测验用于考察被试对学习内容的记忆与再认能力，答案是可以在学习材料中直接获取的，保持测验由 5 个填空（5 分）和 5 个判断题（5 分）组成，共计 10 分。迁移测验是考察被试根据学习到的知识内容分析问题与解决问题的能力。迁移测验由 5 个选择题（5 分）、1 个解释题（2 分）、1 个分析题（3 分）组成，共计 10 分。为了确保有效性，所有测验试题由相关教师和专业人员根据学习内容编制。为了确保评分的合理与准确性，保持测验由一位教师根据标准答案评分，迁移测验各由三位教师根据学习内容评分后取均分（一致性系数为 0.94）。下面进行这 6 组的保持测验与迁移测验数据分析。

在 6 组保持测验成绩中（如图 4-73 所示），色彩线索主效应显著（$F=6.746$，$p=0.002<0.05$，$\eta^2=0.138$），知识类型主效应不显著（$F=0.153$，$p=0.697>0.05$，$\eta^2=0.002$），色彩线索与知识类型交互作用显著（$F=35.040$，$p=0.000<0.05$，$\eta^2=0.481$）。在 6 个实验组中：程序性知识明度推移组的后测保持测验成绩最高；陈述性知识纯度变化组的后测保持测验成绩第二高。基于本实验材料的不同知识类型色彩表征影响学习结果的实验结果表明：程序性知识采用色彩明度推移的设计方法有助于学习者对知识的记忆；陈述性知识采用色彩纯度变化的设计方法有助于学习者对知识的记忆。

在 6 组迁移测验成绩中（如图 4-74 所示），色彩线索主效应显著（$F=71.717$，$p=0.000<0.05$，$\eta^2=0.631$），知识类型主效应显著（$F=4.584$，$p=0.035<0.05$，$\eta^2=0.052$），色彩线索与知识类型交互效应显著（$F=89.694$，$p=0.000<0.05$，$\eta^2=0.681$）。在 6 个实验组中：程序性知识明度推移组的后测迁移测验成绩最高；陈述性知识纯度变化组的后测迁移测验成绩第二高。基于本实验材料的不同知识类型色彩表征影响学习结果的实验结果表

明：程序性知识采用色彩明度推移的设计方法有助于学习者对知识的理解；陈述性知识采用色彩纯度变化的设计方法有助于学习者对知识的理解，6 组的保持测验成绩总体上均高于迁移测验成绩。

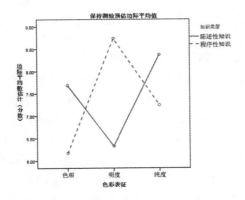

图 4-73 不同知识类型色彩线索组的保持测验

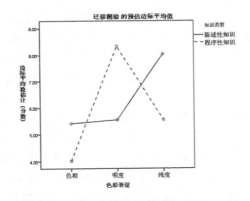

图 4-74 不同知识类型色彩线索组的迁移测验

七、实验结果讨论

本实验是为了探讨在图文融合的学习资源画面中，知识类型与色彩线索影响"持续性学习注意"并促进学习者对知识内容的认知的问题。本实验以不同的知识类型（陈述性知识、程序性知识）以及色彩线索设计的变化作为实验变量，对色彩表征主效应显著的数据进行探讨。实验结果的具体讨论从色彩线索在图文融合的静态画面中的眼动指标、脑波变化、学习情绪、学习结果四个方面展开。

1.知识类型与色彩线索类型对眼动指标的影响

本实验通过对整体眼动数据、图片兴趣区、文本兴趣区的眼动数据分析、验证 H2-2-1 知识类型与色彩线索类型对持续性学习注意的影响差异显著。整体眼动数据显示，总注视时间、总注视次数、首个注视点持续时间等数据的色彩线索主效应都不显著，色彩表征与知识类型的交互作用也不显著；文本区色彩线索主效应不显著，色彩表征与知识类型的交互作用也不显著；图片兴趣区的眼动数据总注视次数的色彩线索主效应显著，知识类型主效应显著，色相变化组的总注视次数与纯度变化组之间具有显著性差异。在图片兴趣区，总注视次数排序为"程序性知识＋纯度线索"组>"程序性知识＋明度线索"组>"程序性知识＋色相线索"组>"陈述性知识＋纯度线索"组>"陈述性知识＋明度线索"组>"陈述性知识＋色相线索"组。本次实验中，总注视次数是学习者对画面的注意程度，注视次数越多持续性学习注意水平越高，注视次数越少持续性注意水平越低。

2.知识类型与色彩线索类型对脑波指标的影响

本实验通过脑波数据分析知识类型与色彩线索变化对脑波产生的影响，进而探讨持续性学习注意的问题。本实验的 6 个实验组 EEG 脑电生物传感器实时记录中典型个案的能量谱相对值的均值图显示了两种知识类型的脑波变化。陈述性知识："陈述性知识＋纯度变化组"的 Alpha 波均值最高；"明度推移＋陈述性知识组"Alpha 波均值最低。程序性知识："明度推移＋程序性知识组"的 Alpha 波均值最高；"纯度变化＋程序性知识组"的 Alpha 波均值最低。本实验的专注度与放松度的脑波曲线显示，"纯度变化＋陈述性知识"组的时间横轴中波幅较大较密集，注意水平较高。"明度推移＋程序性知识"组的时间横轴中波幅较大，注意水平高。

3.知识类型与色彩线索类型对学习情绪的影响

本实验通过对 6 个实验组的学习情绪问卷调查结果分析发现，色彩表征的主效应显著。学习情绪排序为："程序性知识＋明度变化"组>"陈述性知识＋纯度变化"组>"陈述性知识＋色相变化"组>"陈述性知识＋明度变化"组>"程序性知识＋色相变化"组>"程序性知识＋纯度变化"组。可见，不同的知识类型应选用不同的色彩线索，才能促进积极的学习情绪。

4. 知识类型与色彩线索类型对学习结果的影响

本实验通过对 6 个实验组的学习结果后测问卷结果分析发现，保持测验结果显示色彩表征主效应显著，迁移测验结果显示色彩表征主效应显著。保持测验学习结果的排序为："程序性知识＋明度变化"组>"陈述性知识＋纯度变化"组>"陈述性知识＋色相变化"组>"程序性知识＋纯度变化"组>"陈述性知识＋明度变化"组>"程序性知识＋色相变化"组。迁移测验学习结果的排序为："程序性知识＋明度变化"组>"陈述性知识＋纯度变化"组>"程序性知识＋纯度变化"组>"陈述性知识＋色相变化"组>"陈述性知识＋明度变化"组>"程序性知识＋色相变化"组。

八、实验结论

①验证 H2-2-1 知识类型与色彩线索类型对持续性学习注意的影响差异显著的结论：第一，陈述性知识在利用色彩线索表征知识关系中没有出现显著的优势，学习者的视觉注意并没有被色彩线索吸引；程序性知识更适合用色彩线索表征知识关系，学习者的视觉注意随着色彩线索的变化而变化，特别是纯度变化和明度变化的效果更显著，促进了学习者持续地注意相关的知识结构信息。第二，程序性知识可以采用具有层次感与结构感的色彩线索表征方式，更有利于产生持续性学习注意；陈述性知识可以采用与知识内容匹配度高的色彩线索表征形式。

②验证 H2-2-2 知识类型与色彩线索类型对学习情绪的影响差异显著的结论：积极的

学习情绪对学习者产生持续性学习注意具有正向的促进作用。"程序性知识"中利用色彩表征的"明度变化"更有利于产生积极的学习情绪；"陈述性知识"中利用色彩表征的纯度变化更有利于产生积极的学习情绪。

③验证 H2-2-3 知识类型与色彩线索类型对学习结果的影响差异显著的结论。程序性知识采用明度变化的色彩线索有助于提高学习者的学习结果；陈述性知识采用纯度变化的色彩线索有助于提高学习者的学习结果。

可见，色彩线索的结构感与层次感对持续性学习注意产生影响，色彩线索的层次感与结构感的设计应结合知识类型和色彩构成原理进行合理设计。

第六节 案例 5：色彩信号的凸显程度影响分配性学习注意的实验

色彩信号设计是对学习资源画面中知识目标的色彩目标的控制，是为了表征学习资源画面中的知识目标，在平面中以色彩"点"的呈现形式出现。色彩信号设计的重要性在于使学习者能够快速准确地捕获到当前所学的知识目标，促进学习者在学习过程中对知识目标的体会。知识目标中的色彩目标可以强调对重点知识信息、导航主题、情景转换、交互控制等信息的提示、提醒，实现对画面要素的最简单的色彩表征注释，一般采用单一的、凸显的、对比强烈的色彩信号进行设计。本实验研究通过色彩信号的凸显性设计、色彩信号的位置变化探讨其影响分配性学习注意的问题。本实验研究共有两个大实验：一是色彩信号的凸显程度影响分配性学习注意的实验研究，实验材料是在同一画面中呈现出两个互为对比色的信号或者两个互为近似色的信号，形成对知识目标的凸显，探讨色彩信号的凸显对分配性学习注意的影响以及学习效果；二是色彩信号的呈现位置影响分配性学习注意的实验研究，实验材料是将色彩信号的位置设置为顺序呈现和邻近呈现两种画面，形成对知识目标的表征，探讨色彩信号的位置变化对分配性学习注意的影响以及学习效果。

一、实验目的与假设

本实验探讨色彩信号的凸显程度不同对分配性学习注意的影响。利用不同的色彩信号设计学习材料，对眼动指标和脑波数据及单词记忆结果进行数据分析，综合评定对学习注意力的影响。研究假设：H3-1-1 学习资源画面中色彩信号的凸显性对分配性学习注意产生显著影响；H3-1-2 学习资源画面中色彩信号的凸显程度对学习结果产生显著影响。

二、实验设计

本实验采用单因素三水平（色彩信号类型：无色彩刺激、有色彩刺激色相对比、有色彩刺激明度对比）进行实验。实验的主要任务是记忆英语单词。自变量：英文单词记忆材料中色彩信号表征形式的不同，分为三个水平：色彩信号凸显的色相对比（有色彩信号刺激）、色彩信号凸显的明度推移（有色彩信号刺激）、无色彩信号新异刺激。因变量：学习者的眼动指标、脑波指标和学习结果。

三、实验材料

实验材料内容是在同一画面上呈现"舒尔特方格"，格中有 25 个英文动物名称单词（与实验 2-1 的单词相同，但呈现形式不同）。色相组的黄色与蓝色互为补色，对比度强；

明度组的红色与淡红色互为邻近色，对比度弱。使用 E-prime 心理实验生成系统软件进行浏览计时实验，保证被试在合理的时间内完成视觉浏览的次数。图片大小为 1920×1200 像素。实验材料共三份，每份材料的学习内容相同，但是色彩信号凸显形式不同。材料一：无色彩信号刺激干扰；材料二：有色彩信号刺激干扰——色相对比变化，对比度强，黄色单词对虾和蓝色单词大猩猩形成色相对比。材料三：有色彩信号刺激干扰——明度推移变化，对比度弱，红色单词对虾和淡红色单词大猩猩形成明度推移。三组实验材料色彩信号设计分为无差异（无色彩）、差异大（对比色－色相对比）、差异小（邻近色－明度变化）三种形式，25 个英文单词在整个学习过程的时间共呈现 300s。

四、被试

从 T 大学本科生中随机抽取有效被试 45 名学生参加实验，随机分为三组被试，男女配比均衡，剔除高知识基础和低知识基础的被试，剔除主修与实验材料内容接近的专业学生，每组有效被试 15 名。NC 组为无色彩信号组、YD 组为有色彩信号色相对比组、YJ 组为有色彩信号明度推移组。实验前被试进行基本信息问卷：包括被试个人的姓名、年龄、民族、性别、年级、英语水平等基本信息，并选用非英语专业的大学生作为被试，控制被试的英语水平基本一致。

五、实验过程

1.实验的实施

①被试填写个人信息；②被试知识基础前测；③主试为被试佩戴脑波仪并调试正常；④主试引导被试坐在眼动仪前进行眼睛注视校准，告知定标方法与注意事项；⑤被试观看引导语之后，主试开启脑波监控分段记录被试脑波数据；⑥被试开始在屏幕前学习舒尔特方格实验材料；⑦学习结束后，摘掉脑波仪并离开眼动仪等实验设备，进行后测问卷填写。每个实验材料的学习时间是 5min 左右，实验准备与问卷、访谈的时间大约 15min，共计 20min。

2.实验测量

实验的测量项目包括：①眼动指标中的 TFC（总注视点个数）、TFF（首次进入时间）、FFD（首个注视点的注视时间）；平均注视点持续时间。②脑波指标中的专注度与放松度曲线的变化以及注意分值。③学习情绪的测量（DEELS 情绪量表问卷调查）。④学习结果的测量（再认测量后测问卷与默写测验后测问卷调查）。

六、数据分析

1.眼动数据分析

本实验对 TFF 首次进入时间、FFD 首个注视点的注视时间、平均注视点持续时间、TFC 总注视点个数四项眼动指标进行了描述性统计分析。如表 4-36 所示，色彩信号的凸显程度眼动数据存在差异，对各眼动数据进一步进行 LSD 事后多重比较分析。

如图 4-75 所示，三种不同色彩刺激类型首次进入时间的眼动指标数据显示色彩信号类型主效应显著（$F=35.148$，$p=0.000<0.05$），进一步 LSD 事后多重比较。

表 4-36 不同色彩信号组的眼动数据描述性统计

色彩刺激类型	TFC（个） （M±SD）	TFF（秒） （M±SD）	FFD（秒） （M±SD）	平均注视点持续时间 （M±SD）
无色彩信号	476.93±120.21	0.3213±0.1367	0.1687±0.0591	0.3607±0.0792
有色彩信号色相对比	578.80±101.36	0.0388±0.2984	0.2747±0.0918	0.3373±0.1220
有色彩信号明度推移	677.33±118.57	0.1327±0.1501	0.1833±0.0609	0.2413±0.0640

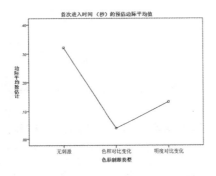

图 4-75 不同色彩信号组的首次进入时间

如表 4-37 所示，无色彩信号组、有色彩信号色相对比组、有色彩信号明度推移组三组之间的方格记忆眼动指标首次进入时间数据均具有显著性差异。无色彩信号组与色相对比变化组之间存在显著性差异（p=0.000<0.05）；无色彩信号组与明度推移组之间存在显著性差异（p=0.000<0.05）；色相对比变化组与明度对比变化组之间存在显著性差异（p=0.009<0.05）。

表 4-37 不同色彩信号组眼动数据首次进入时间 LSD 事后多重比较

（I）色彩刺激 类型	（J）色彩刺激 类型	平均差（I-J）	标准误差	显著性	95% 置信区间	
					下限	上限
无色彩信号	色相对比	.2825*	.03432	0.000	.2133	.3518
	明度推移	.1887*	.03432	0.000	.1194	.2579
有色彩信号色相对比	无色彩信号	-.2825*	.03432	0.000	-.3518	-.2133
	明度推移	-.0939*	.03432	0.009	-.1631	-.0246
有色彩信号明度推移	无色彩信号	-.1887*	.03432	0.000	-.2579	-.1194
	色相对比	.0939*	.03432	0.009	.0246	.1631

　　三种不同色彩信号刺激类型首个注视点时间眼动指标数据显示（如图 4-76 所示），色彩信号类型主效应显著（F=9.486，p=0.000<0.05），进一步 LSD 事后多重比较首个注视点持续时间结果显示如表 4-38 所示。

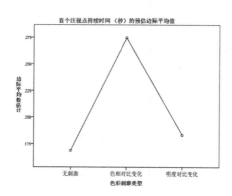

首个注视点持续时间（秒）的预估边际平均值

图　4-76 不同色彩信号组的首个注视点持续时间

表 4-38 不同色彩信号组眼动数据首个注视点持续时间 LSD 事后多重比较

（I）色彩信号类型	（J）色彩刺激类型	平均差异(I-J)	标准误差	显著性	95% 置信区间	
					下限	上限
无色彩信号	色相对比变化	-.1060*	.02637	0.000	-.1592	-.0528
	明度对比变化	-.0147	.02637	0.581	-.0679	.0386
色相对比变化	无色彩信号	.1060*	.02637	0.000	.0528	.1592
	明度对比变化	.0913*	.02637	0.001	.0381	.1446
明度对比变化	无色彩信号	.0147	.02637	0.581	-.0386	.0679
	色相对比变化	-.0913*	.02637	0.001	-.1446	-.0381

　　无色彩信号组、有色彩信号色相对比组、有色彩信号明度推移组三组之间的方格记忆眼动指标首次进入时间数据事后多重比较结果显示（如图 4-77 所示）：无色彩信号组与色相对比变化均具有显著性差异（p=0.000<0.05）；无色彩信号组与明度对比变化组之间差异不显著（p=0.581>0.05）；色相对比变化组与明度对比变化组之间存在显著性差异（p=0.001<0.05）。

　　三种不同色彩信号刺激类型平均注视点持续时间眼动指标数据显示方差齐性结果（F=0.467，p=0.632>0.05）。色彩信号类型主效应显著（F=7.124，p=0.002<0.05）。

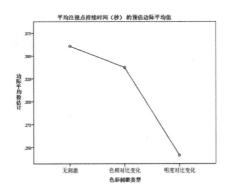

图 4-77 不同色彩信号组的平均注视点持续时间

表 4-39 不同色彩信号组眼动数据平均注视点持续时间 LSD 事后多重比较

（I）色彩信号类型	（J）色彩信号类型	平均差（I-J）	标准误差	显著性	95% 置信区间	
					下限	上限
无色彩信号	色相对比变化	.0233	.03351	0.490	-.0443	.0910
	明度对比变化	.1193*	.03351	0.001	.0517	.1870
色相对比变化	无色彩信号	-.0233	.03351	0.490	-.0910	.0443
	明度对比变化	.0960*	.03351	0.006	.0284	.1636
明度对比变化	无色彩信号	-.1193*	.03351	0.001	-.1870	-.0517
	色相对比变化	-.0960*	.03351	0.006	-.1636	-.0284

表 4-39 所示为进一步 LSD 事后多重比较平均注视点持续时间结果，无色彩信号组、有色彩信号色相对比组、有色彩信号明度推移组三组之间的方格记忆眼动指标平均注视点持续时间数据事后多重比较结果显示：无色彩信号组与色相对比变化差异不显著（p=0.490>0.05）；无色彩信号组与明度对比变化组之间存在显著性差异（p=0.001<0.05）；色相对比变化组与明度对比变化组之间存在显著性差异（p=0.006<0.05）。

如图 4-78 所示，三种不同色彩信号刺激类型总注视次数眼动指标数据显示方差齐性结果，（F=0.139，p=0.871>0.05）。色彩信号类型主效应显著（F=11.649，p=0.000<0.05）。

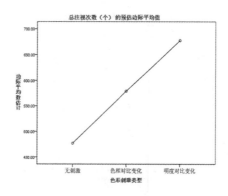

图 4-78 不同色彩信号组的总注视次数

如表 4-40 所示，进一步 LSD 事后多重比较总注视次数结果显示，无色彩信号组、有色彩信号色相对比组、有色彩信号明度推移组三组之间的方格记忆眼动指标总注视次数数据事后多重比较结果显示：无色彩信号组与色相对比变化差异显著（$p=0.018<0.05$）；无色彩信号组与明度对比变化组之间也存在显著性差异（$p=0.000<0.05$）；色相对比变化组与明度对比变化组之间也存在显著性差异（$p=0.022<0.05$）。

表 4-40 不同色彩信号组眼动数据总注视次数 LSD 事后多重比较

(I) 色彩信号类型	(J) 色彩刺激类型	平均差(I-J)	标准误差	显著性	95% 置信区间	
					下限	上限
无色彩信号	色相对比变化	−101.8667*	41.51958	0.018	−185.6566	−18.0768
	明度对比变化	−200.4000*	41.51958	0.000	−284.1899	−116.6101
色相对比变化	无色彩信号	101.8667*	41.51958	0.018	18.0768	185.6566
	明度对比变化	−98.5333*	41.51958	0.022	−182.3232	−14.7434
明度对比变化	无色彩信号	200.4000*	41.51958	0.000	116.6101	284.1899
	色相对比变化	98.5333*	41.51958	0.022	14.7434	182.3232

如图 4-79 所示，热点图显示，在无色彩信号组的眼动热点图中眼动轨迹基本呈现自上而下的顺序，呈现出"F"型的注视热点形状；在色相对比组中出现了二二格单词大猩猩 gorilla（蓝色）和四四格的虾 shrimp（黄色）注视的热区，其他位置的没有色彩背景的 23 个单词中注视热点均不明显，被试注意到了有色相对比强烈的色彩表征的单词；在明度推移组中出现了二二格单词大猩猩 gorilla（红色）和四四格的虾 shrimp（浅红色）注视的热区，其他位置中没有色彩背景单词注视热点均不明显，被试注意到了有明度渐变色彩表征的单词。

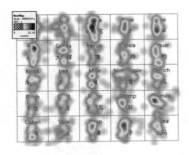
无色彩信号组眼动热点图

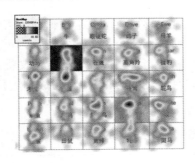
色相对比变化组热点图

明度推移变化组热点图

图 4-79 不同色彩信号组的眼动热点图

2.脑波变化分析

本实验对不同色彩信号组被试的专注度曲线和放松度曲线反映出的脑波变化进行了比较。如图 4-80 所示，在学习过程时间横轴中不同色彩信号组的脑波变化存在差异。无色彩信号组的波幅较密集，但注意分值最低；明度推移组的波幅振动较强，注意分值最高；色相对比组的波幅振动较强，在学习过程中期和后期出现了探底，注意水平不够稳定，注意分值低于明度组。

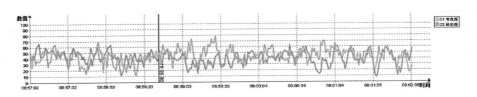
无色彩信号组的专注度与放松度典型脑波曲线

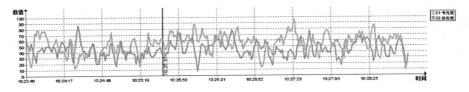
无色彩信号色相对比组的专注度与放松度典型脑波曲线

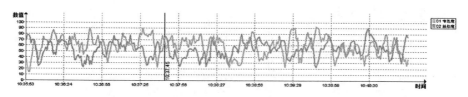

有色彩信号明度推移组的专注度与放松度典型脑波曲线

图 4-80　不同色彩信号组的专注度与放松度典型脑波曲线

3.学习结果分析

对无色彩刺激、色相对比变化、明度推移变化这三组被试的学习结果进行后测问卷统计分析，每准确记忆一个单词记 1 分，答错不计分。后测成绩分为再认单词成绩（被试通过英文回忆中文，13 个单词计 13 分）和默写单词成绩（通过中文提示写出英文单词且不能有拼写错误，13 个单词计 13 分），使用 Spss24.0 对学习成绩进行统计分析，如表 4-41 所示。

表 4-41　不同色彩信号组的学习结果统计

色彩信号	后测	M±SD	N	标准误差	95%置信区间	
					下限	上限
无色彩信号组	再认成绩	7.20±0.862	15	0.714	5.43	8.97
	默写成绩	6.47±0.915	15	0.714	4.28	7.89
色相对比变化组	再认成绩	7.67±0.976	15	0.714	5.58	8.91
	默写成绩	6.33±1.113	15	0.714	4.17	7.46
明度推移变化组	再认成绩	8.73±0.704	15	0.714	9.89	6.74
	默写成绩	6.80±1.265	15	0.714	4.47	7.55

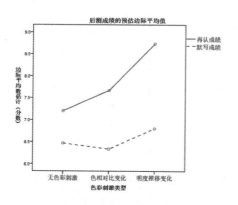

图 4-81　不同色彩信号组的学习结果统计

如图 4-81 所示，在学习结果测验中，色彩信号类型主效应显著（$F=7.602$，$p=0.001<0.05$，$\eta^2=0.153$），学习结果主效应显著（$F=40.909$，$p=0.000<0.05$，$\eta^2=0.328$），色彩信号类型与学习结果交互作用不显著（$F=2.761$，$p=0.069>0.05$，$\eta^2=0.062$）。

七、实验结果讨论

1.色彩信号的凸显程度对眼动指标的影响

首次进入时间的眼动指标数据显示色彩信号类型主效应显著。首次进入时间的排序为：色相对比组<明度推移组<无色彩信号组。有色彩信号色相对比的首次进入时间最短，无色彩信号组的最长。

首个注视点持续时间的眼动指标数据显示色彩信号类型主效应显著。首个注视点持续时间的排序为：无色彩信号组<明度推移组<色相对比组。有色彩信号色相对比的首个注视点持续时间最长，无色彩信号组的最短。

总注视次数的眼动指标数据显示色彩信号类型主效应显著。总注视次数的排序为：无色彩信号组<色相对比组<明度推移组。有色彩信号明度推移的总注视点个数最多，无色彩信号组最少。

平均注视点持续时间的眼动指标数据显示色彩信号类型主效应显著。平均注视点持续时间的排序为：明度推移组<色相对比组<无色彩信号组。有色彩信号明度推移的平均注视点持续时间最短，无色彩信号组的平均注视点持续时间最长。

2.色彩信号的凸显程度对脑波指标的影响

本实验中色彩凸显程度弱的明度组的注意分值最高且注意水平稳定，色彩凸显程度强的色相对比组的注意分值低于明度组，但是振幅最为活跃；无色彩信号组的专注度与放松度曲线振幅上下波动不大，注意分值最低。

3.色彩信号的凸显程度对学习结果的影响

对三个实验组的学习结果后测问卷结果显示，色彩信号类型主效应显著。验证了本实验假设 H3-1-2 学习资源画面中色彩信号的凸显程度对学习结果产生显著影响。再认成绩测验结果显示色彩表征主效应显著。两个有色彩信号组的再认成绩和默写成绩均高于无色彩信号组，说明在单词识记过程中，无色彩信号不会促进学习成绩的提升；色相对比变化组的默写成绩最低，色相对比产生的色彩刺激较为强烈，对英语单词的识记产生了一定的干扰，影响了学习者的分配性学习注意；各种色彩信号刺激类型的再认成绩高于默写成绩，色彩明度推移变化刺激下的英语单词识记成绩高于无色彩刺激组和色相对比组，明度推移渐进的色彩表征不仅不会干扰学习效果，对记忆还有促进作用。

需要指出的是，通过综合分析脑波实验与眼动实验双方的数据发现，色相对比组的首次进入时间最短、首个注视点持续时间最长，结合脑波数据表明，利用对比度强的色彩信号更有利于学习者快速地对知识目标产生分配性学习注意；明度对比组的总注视次数最多、平均注视点持续时间最短，结合脑波数据表明，利用对比度弱的色彩信号更有利于学习者保持对知识目标的分配性学习注意；无色彩信号组的总注视次数最少、首个注视点持续时间最短、首次进入时间最长，结合脑波数据表明，有色彩信号的画面更有利于分配性学习注意的出现，无色彩信号的画面不利用分配性学习注意的出现。

八、实验结论

验证假设 H3-1-1 学习资源画面中色彩信号的凸显性对分配性学习注意产生显著影响的结论：色彩信号的凸显程度强会影响学习者分配性学习注意出现的速度，学习者会快速捕获到知识目标，有助于学习者对知识目标的体会，但是学习结果没有明显的提高。色彩信号的凸显程度弱也会影响学习者分配性学习注意出现的速度，学习者捕获知识目标的速度较慢，但是没有干扰学习者对知识目标的体会，产生了较好的学习结果。可见，同一画面中色彩信号的凸显程度的强弱容易影响分配性学习注意的速度以及学习者对知识目标的体会。

第七节 案例 6：色彩信号的呈现位置影响分配性学习注意的实验

一、实验目的与假设

本实验探讨色彩信号的呈现位置不同对分配性学习注意的影响。利用不同的色彩信号设计学习材料，对眼动指标和脑波数据及单词记忆结果进行数据分析，综合评定对分配性学习注意力的影响。研究假设：H3-2-1 学习资源画面中色彩信号的位置不同对分配性学习注意产生显著影响；H3-2-2 学习资源画面中色彩信号的位置不同对学习结果产生显著影响。

二、实验设计

本实验为两因素两水平被试内实验设计，2 色彩信号的位置变化（顺序呈现、邻近呈现）×2（工作记忆容量高、工作记忆容量低）。被试通过工作记忆容量前测结果分为两组：工作记忆容量高组、工作记忆容量低组。自变量学习材料中的色彩线索外部变化，根据位置变化分为两个水平：色彩信号顺序呈现、色彩信号邻近呈现。因变量为学习者的眼动指标、脑波指标、学习结果。

三、实验材料

学习资源的呈现形式是静态图文融合画面形式，学习内容是飞机的飞行原理及操控，具体内容包含：飞机的结构、飞机的四重作用力、飞机的操控、飞行员的操作。本实验材料内容参考百度百科中的内容进行了进一步开发，经三名中国国际航空公司飞机维修航电工程师鉴定了知识内容的正确性，可以作为实验材料。两组实验材料内容一样，但色彩线索的呈现方式不同。色彩线索以红色为重要提示信息标注出色彩在邻近呈现和顺序呈现两个水平中出现的位置不同，目的是研究不同的色彩线索位置对学习注意力的影响。实验材料分八屏呈现，图片大小为 1920×1200 像素。

四、被试

从 T 大学在校本科生和研究生中随机抽取 70 名参加实验，剔除高知识基础和低知识基础的被试 6 名，最终参加实验的被试为 64 名，分为 4 组，每组 16 名被试，男女比例随机分配。被试在正式实验之前参加工作记忆容量前测。将相对工作记忆容量高组与工作记忆容量低组的被试各分为两组，与学习材料色彩线索顺序呈现和邻近呈现交叉搭配。整个实验共 4 组被试：HS 组工作记忆容量高＋顺序呈现；HJ 组工作记忆容量高＋邻近呈现；

LS 组工作记忆容量低＋顺序呈现；LJ 组工作记忆容量低＋邻近呈现，如图 4-82 所示。

图 4-82 色彩信号呈现位置影响分配性学习注意的实验被试

五、实验过程

1.实验的实施

①被试填写个人信息；②被试知识基础前测；③主试为被试佩戴脑波仪并调试正常；④主试引导被试坐在眼动仪前进行眼睛注视校准，告知定标方法与注意事项；⑤被试观看引导语之后，主试开启脑波监控分段记录被试脑波数据；⑥被试开始学习 PPT 图文融合的实验材料；⑦学习结束后，摘掉脑波仪并离开眼动仪等实验设备，进行后测学习结果和学习情绪的问卷填写。每个实验材料的学习时间是 5min 左右，实验准备与问卷、访谈的时间大约 15min，共计 20min。

2.实验测量

实验的测量项目包括：①眼动指标中的 TFD（总注视时间）、TFF（首次进入时间）。②脑波指标中的专注度与放松度曲线的变化以及注意分值。③学习情绪的测量（DEELS 情绪量表问卷调查）。④学习结果的测量（保持测量后测问卷与迁移测验后测问卷调查）。

六、数据分析

1.眼动数据分析

对四组被试的眼动指标（总注视时间、首次进入时间）进行统计分析。

如表 4-42、图 4-83 所示，总注视时间眼动数据方差齐性检验结果显示（F=1.076，p=0.366>0.05），表明数据方差齐性。色彩信号主效应显著（F=18.499，p=0.000<0.05）；工作记忆容量主效应显著（F=29.996，p=0.000<0.05）；色彩信号与工作记忆容量交互效应不显著（F=2.493，p=0.120>0.05）。

如表 4-43、图 4-84 所示，首次进入时间眼动数据，方差齐性检验结果显示（F=1.395，p=0.279>0.05），表明数据方差齐性。色彩信号主效应显著（F=12.923，p=0.001<0.05）；工作记忆容量主效应显著（F=11.450，p=0.001<0.05）；色彩信号与工作记忆容量交互作用显著（F=7.214，p=0.009<0.05）。

表 4-42　不同工作记忆容量与不同色彩信号位置的眼动总注视时间

工作记忆	色彩信号	N	M±SD	标准误差	95%置信区间	
					下限	上限
工作记忆容量高	顺序呈现	16	35.7438±3.632	0.993	33.758	37.730
	临近呈现	16	33.0413±3.430	0.993	31.055	35.027
工作记忆容量低	顺序呈现	16	42.7494±4.677	0.993	40.763	44.735
	临近呈现	16	36.9112±4.031	0.993	34.925	38.897

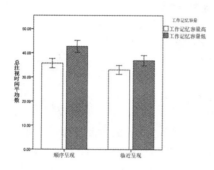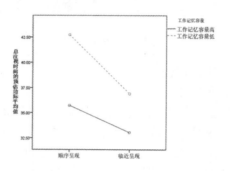

图 4-83　不同工作记忆容量与不同色彩信号位置的总注视时间

表 4-43　不同工作记忆容量与不同色彩信号的眼动首次进入时间

工作记忆	色彩信号	N	M±SD	标准误差	95%置信区间	
					下限	上限
工作记忆容量高	顺序呈现	16	0.075±0.1328	0.039	-0.002	0.152
	邻近呈现	16	0.040±0.0554	0.039	-0.037	0.117
工作记忆容量低	顺序呈现	16	0.309±0.2431	0.039	0.232	0.386
	邻近呈现	16	0.067±0.1475	0.039	-0.010	0.144

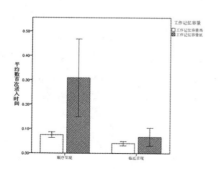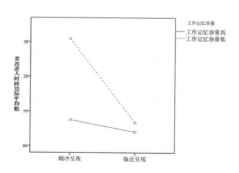

图 4-84　不同工作记忆容量与不同色彩信号位置的首次进入时间

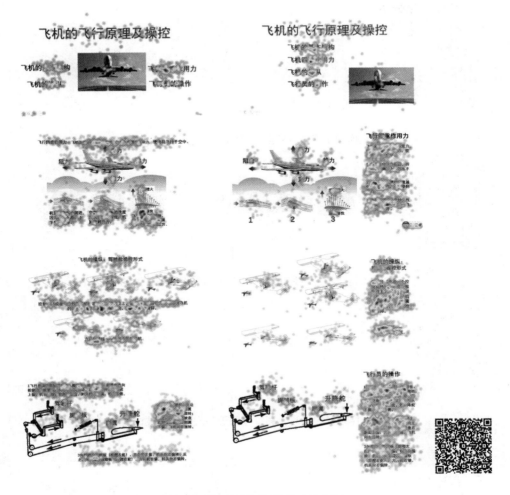

图 4-85　色彩信号呈现位置不同的眼动热点图

如图 4-85 热点图所示，无论是在顺序呈现色彩信号实验组中还是邻近呈现实验组，文本中红色信号的位置均出现了较为集中的注视热点；非色彩信号区的图片的注视热度低，没有出现注视热点；红色箭头作为指向性的符号没有出现注视热点；不同组别的注视热点图中，随位置的变化文本中红色信号注视热点集中；文本区出现了集中的注视热点，这可能是因为色彩表征结构化设计和文本内容本身影响了学习者的分配性学习注意，但在文本区中红色信号的位置出现了注视热点。

2.脑波变化分析

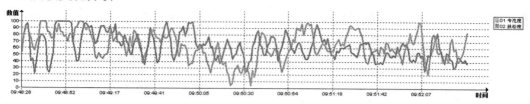

低工作记忆容量且色彩信号临近呈现组典型被试的脑波曲线

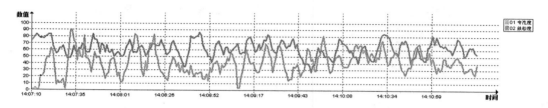

低工作记忆容量且色彩信号顺序呈现组典型被试的脑波曲线

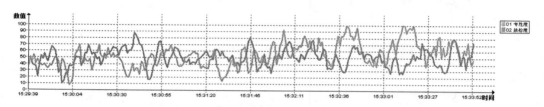

高工作记忆容量且色彩信号临近呈现组典型被试的脑波曲线

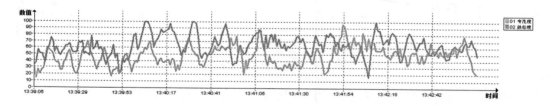

高工作记忆容量且色彩信号顺序呈现组典型被试的脑波曲线

图 4-86 不同工作记忆容量与不同色彩信号呈现位置的典型脑波曲线图

　　如图 4-86 所示，在学习过程时间横轴中不同色彩信号组的脑波变化存在差异。高工作记忆容量＋邻近呈现组的注意水平最高，到后期专注度曲线明显向上攀升，波幅振动较为密集；低工作记忆容量＋邻近呈现组的注意水平在其中出现过一次探底，但是总体注意分值较高；高工作记忆容量＋顺序呈现组的总体注意水平偏低，专注度曲线较为稳定，没有太大的振幅；低工作记忆容量＋顺序呈现组的注意水平最低，在学习初期就出现了探底，没有出现高的专注度分值。

3.学习结果分析

对被试的学习结果进行后测问卷统计分析，包括保持测验与迁移测验，每套测试题计10分，答错或不答不计分，使用 Spss24.0 对学习成绩进行统计分析。工作记忆容量高＋顺序呈现、工作记忆容量高＋邻近呈现、工作记忆容量低＋顺序呈现、工作记忆容量低＋邻近呈现四组的测试成绩如表4-44所示。

表 4-44　不同色彩信号与不同工作记忆容量的保持测验结果

工作记忆容量	色彩信号	M±SD	N	标准误差	95% 置信区间	
					下限	上限
工作记忆容量高	顺序呈现	7.0333±0.76687	15	0.181	6.670	7.396
	邻近呈现	8.6333±0.66726	15	0.181	8.270	8.996
工作记忆容量低	顺序呈现	6.0000±0.73193	15	0.181	5.637	6.363
	邻近呈现	6.4000±0.63246	15	0.181	6.037	6.763

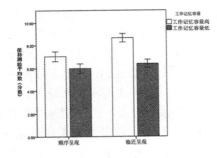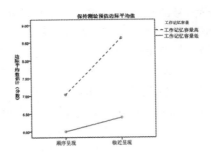

图 4-87　不同色彩信号与不同工作记忆容量的保持测验结果

如表 4-44、图 4-87 所示，在四个实验组的保持测验学习结果中，色彩信号类型主效应显著（$F=30.472$，$p=0.000<0.05$，$\eta^2=0.352$），工作记忆容量主效应显著（$F=81.291$，$p=0.000<0.05$，$\eta^2=0.592$），色彩信号与工作记忆容量交互效应显著（$F=10.970$，$p=0.02<0.05$，$\eta^2=0.164$）。

表 4-45　不同色彩信号与不同工作记忆容量的迁移测验结果

工作记忆容量	色彩线索	M±SD	N	标准误差	95% 置信区间	
					下限	上限
工作记忆容量高	顺序呈现	5.6333±0.63994	15	0.174	5.284	5.982
	临近呈现	6.7333±0.56273	15	0.174	6.384	7.082
工作记忆容量低	顺序呈现	3.8000±0.72703	15	0.174	3.451	4.149
	临近呈现	4.0667±0.75277	15	0.174	3.718	4.416

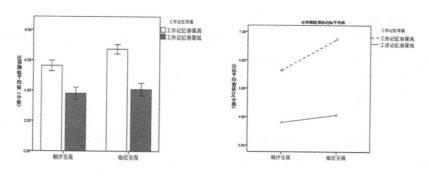

图 4-88 不同色彩信号与不同工作记忆容量的迁移测验结果

如表 4-45、图 4-88 所示，在四个实验组的迁移测验学习结果中，色彩线索类型主效应显著（F=15.382，p=0.000<0.05，η^2=0.215），工作记忆容量主效应显著（F=166.765，p=0.000<0.05，η^2=0.749），色彩线索与工作记忆容量交互效应显著（F=5.719，p=0.020<0.05，η^2=0.093）。

七、实验结果讨论

1.色彩信号的呈现位置对眼动指标的影响

首次进入时间的眼动指标数据显示，工作记忆容量主效应显著，色彩信号类型主效应显著。首次进入时间的排序为：工作记忆容量高＋邻近呈现<工作记忆容量低＋邻近呈现<工作记忆容量高＋顺序呈现<工作记忆容量低＋顺序呈现。工作记忆容量高＋邻近呈现组的首次进入时间最短，工作记忆容量低＋顺序呈现组的首次进入时间最长。

总注视时间的眼动指标数据显示工作记忆容量主效应显著，色彩信号类型主效应显著。总注视时间的排序为：工作记忆容量低＋顺序呈现>工作记忆容量低＋邻近呈现>工作记忆容量高＋顺序呈现>工作记忆容量高＋邻近呈现。工作记忆容量低＋顺序呈现组的总注视时间最长，工作记忆容量高＋邻近呈现组的总注视时间最短。

实验表明"工作记忆容量高＋色彩信号邻近呈现"组的首次进入时间最短、总注视时间最短，表明学习者的分配性学习注意水平受学习者工作记忆容量的影响。

2.色彩信号的呈现位置对脑波数据的影响

本实验中色彩信号位置不同影响了学习者的注意水平，无论是高工作记忆容量组还是低工作记忆容量组，色彩信号位置的邻近呈现都有助于学习者产生较高、较稳定的注意水平。对于工作记忆容量低的学习者，面对色彩信号位置邻近呈现的学习资源画面，更有利于促进其出现有效的分配性学习注意，持续地关注知识目标；对于工作记忆容量高的学习者，面对色彩信号位置邻近呈现的学习资源画面比面对色彩信号位置顺序呈现的画面，更有利于保持高的注意水平，高效捕获知识目标。

通过眼动和脑波数据验证了本实验假设 H3-2-1 学习资源画面中色彩信号的位置不同对分配性学习注意产生显著影响，色彩信号的邻近呈现会促进分配性学习注意的出现。

3.色彩信号的呈现位置对学习结果的影响

保持测验学习结果数据分析：保持测验学习成绩的排序为"工作记忆容量高＋色彩信号邻近呈现"组>"工作记忆容量高＋色彩信号顺序呈现"组>"工作记忆容量低＋色彩

信号邻近呈现"组>"工作记忆容量低＋色彩信号顺序呈现"组。四组中工作记忆容量高＋色彩信号邻近呈现组的保持测验学习结果最好；邻近呈现组的保持测验成绩均高于顺序呈现组；工作记忆容量高的两组保持测验成绩均高于工作记忆容量低实验组。

迁移测验学习结果数据分析：迁移测验学习成绩的排序为"工作记忆容量高＋色彩信号邻近呈现"组>"工作记忆容量高＋色彩信号顺序呈现"组>"工作记忆容量低＋色彩信号邻近呈现"组>"工作记忆容量低＋色彩信号顺序呈现"组。四组中"工作记忆容量高＋色彩线索邻近呈现组"的迁移测验学习结果最好；邻近呈现的迁移测验成绩均高于顺序呈现组；工作记忆容量高的两组迁移测验成绩均高于工作记忆容量低的实验组。

八、实验结论

①验证假设 H3-2-1 学习资源画面中色彩信号的位置不同对分配性学习注意产生显著影响的结论：色彩信号邻近呈现使学习者更快速地捕获了知识目标，更有利于分配性学习注意的产生。

②验证假设 H3-2-2 学习资源画面中色彩信号的位置不同对学习结果产生显著影响的结论：色彩信号的邻近呈现更有利于学习者对知识目标的体会，产生更好的学习结果。

需要指出的是，Mayer 曾指出多媒体学习的空间接近效应，屏幕上出现的语词和画面位置接近时，学习者不必使用心理资源进行搜索，就可以将信息保持在短时记忆中。当屏幕上语词和画面彼此远离时，学习者就必须使用认知资源在屏幕上进行搜索，这样学习者不太可能将学习内容保持在短时记忆中。学习是一个主动的过程，学习者会努力获取呈现材料的意义。当对应的语词和画面被整合到学习者的工作记忆时，就会实现有效的多媒体学习结果。本次实验，学习材料是关于飞行知识，对于这样的具有实操性职业技能知识，学习者在没有真实环境体验的情况下仅通过画面和文本建立对知识内容结构的精准解读势必会出现误解和偏差，有时需要学习者借助图片联想并猜测其实际操作的情景。可以看出，对于工作记忆容量高的学习者，不同的呈现形式对其学习效果影响不明显；对于工作记忆容量低的学习者，邻近呈现比顺序呈现的学习效果要好，本实验研究结果与 Mayer 的多媒体学习空间接近效应的观点一致。

至此，本章已经阐述了色彩表征影响学习注意的三大实验研究。色彩编码影响选择性学习注意的实验研究从画面基本要素出发，对图、文、像的色彩内容设计影响学习注意的假设进行了相关实验研究，结果表明无论何种画面要素色彩内容的设计都会影响选择性学习注意的产生；色彩线索影响持续性学习注意的实验研究从色彩关系的调节角度出发，对不同色彩基本属性（色相、明度、纯度）的设计影响学习注意的假设进行了相关实验研究，结果表明不同属性的色彩线索设计会对持续性学习注意产生影响；色彩信号影响分配性学习注意的实验研究从捕获画面知识目标促进学习交互的角度出发，对不同的色彩目标设计影响学习注意的假设进行了相关实验研究，结果表明色彩信号的凸显程度的不同和呈现方式的不同会对分配性学习注意产生影响。可见，实验研究结论表明本研究最初的理论推衍和研究假设是值得进行深入验证的，得出科学的研究结论，并继续挖掘色彩表征影响学习注意的一系列相关设计策略，最后加以验证。

第八节 案例研究与形成色彩表征设计策略之间的逻辑关系

色彩表征设计的研究范围较广，本研究从学习注意的视角将色彩表征设计的问题聚焦到色彩信息对学习注意影响的问题上，使本研究的实验设计更具有针对性。因此，实验研究与设计策略形成的核心逻辑完全符合"色彩表征影响学习注意"这一核心研究问题，即三种色彩信息"色彩内容、色彩关系、色彩目标"分别对三类学习注意"选择性学习注意、持续性学习注意、分配性学习注意"产生影响。

一、案例研究与形成设计策略之间逻辑关系的架构

色彩表征影响学习注意的三项大实验"色彩编码影响选择性学习注意""色彩线索影响持续性学习注意""色彩信号影响分配性学习注意"是形成设计策略的研究基础。设计策略是依据实验结论得来的，有必要对其进行逻辑整合，理顺其逻辑关系。"理论推衍→模型构建→实验设计→实验过程→总结研究结论→形成设计策略→验证设计"的研究脉络，是一个逐渐推进的验证过程，设计策略最终还需要在自然教学环境下的教学实践中进行验证。这种研究逻辑符合多媒体画面语言学的研究范式。本研究经过实验研究得出研究结论，进而形成了设计策略，并对设计策略进行了验证。实验研究与设计策略之间的逻辑关系如图 4-89 所示。

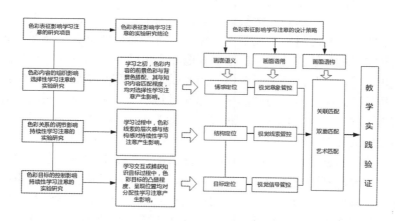

图 4-89　实验研究与设计策略的逻辑关系图

二、案例研究与形成设计策略之间逻辑关系的说明

实验研究一（色彩编码影响选择性学习注意的研究）与设计策略之间的逻辑关系：关于色彩内容的组织影响选择性学习注意的研究，包括对动态画面、静态画面、文本画面研究。本实验的研究变量是"色彩内容"的组织形式的不同，色彩内容的不同会对学习者产生不同的情感，选择性学习注意的出现就是利用色彩内容激发学习者的精神共鸣，使学习者快速捕获知识内容。因此，色彩内容的设计首先应进行"情感定位"，即形成"情感定位策略"，只有情感定位合理，满足学习者的心理需求，才能在学习者大脑中产生正确的视觉意象，即形成"视觉意象管控"的策略。画面语义层的"情感定位策略"、画面语

用层"视觉意象管控策略"，以及画面语构层的"匹配策略"存在内在关联。合理地组织色彩内容，通过色彩内容设计形成学习资源画面的情感定位，才能在客观上为实现对学习者视觉意象的管控创造条件。

实验研究二（色彩线索影响持续性学习注意的研究）与设计策略之间的逻辑关系：关于色彩关系的调节影响持续性学习注意的研究，包括静态图文融合画面中不同色彩线索设计形式影响持续性学习注意的研究，以及不同知识类型与色彩基本属性形成的线索（色彩相变化、明度推移、纯度变化）影响持续性学习注意的研究。本实验的研究变量是"色彩关系"调节方式的不同，只有画面色彩结构与知识结构关联，实现一种色彩关系的"结构定位"，才能有效地引导学习注意的持续发展，即"结构定位策略"。只有在设计时实现了色彩线索的结构定位，才能使学习者受到视觉线索的管控，即形成"视觉线索管控策略"。画面语义层的"结构定位策略"、画面语用层"视觉线索管控策略"，以及画面语构层的"匹配策略"存在内在关联，只有合理地调节色彩关系，通过色彩关系形成学习资源画面的结构定位，才能在客观上为实现对学习者视觉线索的管控创造条件。

实验研究三（色彩信号影响分配性学习注意的研究）与设计策略之间的逻辑关系：关于色彩目标的控制影响分配性学习注意的研究，包括色彩信号的凸显程度对分配性学习注意的影响，以及色彩信号的位置呈现方式对分配性学习注意的影响。本实验的研究变量是"色彩目标"的控制方式不同，只有在设计时实现了色彩信号的"符号定位"，才能使学习者受到视觉信号的管控，即形成"符号定位策略"。画面语义层的"符号定位策略"、画面语用层"视觉信号管控策略"，以及画面语构层的"匹配策略"存在内在关联，只有合理地控制色彩目标，通过色彩目标形成学习资源画面的知识目标与交互信号的定位，才能在客观上为实现对学习者视觉信号的管控创造条件。

需要指出的是：①设计策略中的画面语构层的"匹配策略"分为"关联匹配、艺术匹配、双重匹配"三大策略，并未与前面的实验研究、语义层设计、语用层设计形成对应关系，而是一种从画面设计视角综合运用色彩信息的设计策略。画面语构设计策略的提出考虑到上述情况，仅进行了综合的"匹配策略"的思路，也就是将复杂的色彩信息与艺术匹配（符合色彩构成艺术理论的色彩搭配习惯的设计策略）、关联匹配（符合知识表征理论的知识信息高度关联特征的设计策略）、双重匹配（将艺术匹配与知识信息关联匹配整合形成的设计策略）这三种匹配策略灵活运用到色彩内容、色彩线索、色彩目标三种学习资源画面的设计形式中，达到促进有效学习注意形成的目标。②本实验研究的三个实验研究变量是相互独立的，并未放在同一画面中作为变量进行实验研究，实验研究数据分析在现阶段也是相对独立的。这是因为，受本实验研究规模的限制，色彩表征设计变量有限，尚未将所有色彩信息作为研究变量。学习资源画面的色彩信息极为丰富，本研究仅从影响学习注意的视角进行了六项具有代表性的研究变量进行实验研究，不可避免地会出现因色彩信息引发的复杂因素而必然存在研究"黑箱"。由于色彩现象复杂，实验研究变量仍需扩展与完善，实验研究工作的广度与深度仍有待挖掘，最终还应进行教学实践的验证。本研究作为一项基础性研究，实验研究严格控制实验变量，实验材料设计均只进行某一项的变量控制，尚未将"色彩内容、色彩关系、色彩目标"三种设变量置于同一画面中进行综合实验验证，这也是本研究未来要继续深入研究的课题。

第五章 影响学习注意的多媒体画面色彩表征设计策略

影响学习注意的色彩表征设计的研究目的在于为设计人员及教师提供有效的色彩表征设计策略，为教学实践提供指导。通过理论推衍和专家调研构建了色彩表征与学习注意的关系模型以及影响学习注意的操作模型；通过实验研究的眼动数据、脑电波数据、学习行为数据对研究假设进行了验证。至此，还应提出相应的设计策略。色彩表征支持有效学习注意的设计策略是进行画面设计的基本原则，色彩表征的设计应对画面的整体设计、局部设计、凸显部分设计三方面进行设计策略的规划。根据实验研究结论，本研究梳理出了"画面语义定位设计、画面语用匹配设计、画面语构控制设计"三方面的具体设计策略。

第一节 画面语义层的定位设计策略

从画面语义设计的视角来看，色彩表征设计包括三项定位设计策略：第一，表达知识内容的"色彩内容设计"情感定位策略，设计者应对反映知识内容本质的自然真实的色彩信息进行采集、储存、分析、加工，形成反映"知识内容"典型特征的情感定位表达，促进学习者对知识内容的"了解"；第二，表达知识关系的"色彩关系设计"结构定位策略，设计者应对反映知识关系的色彩信息进行采集、搭配、嵌套、结构调整，形成知识结构画面构成的定位表达，促进学习者对知识结构的"认知"；第三，表达知识目标的"色彩目标设计"符号定位策略，设计者应对反映知识目标的色彩信息进行采集、搭配、位置调整、大小调整，形成对知识目标交互功能的定位表达，促进学习者对知识目标的"体会"。

一、情感定位策略

色彩表征情感定位策略的目的是促进学习者对知识内容的了解。色彩表征情感定位策略的依据：学习过程的"时间线"（学习过程的始终）中色彩内容的设计对选择性学习注意的影响。在研究一中，两个实验（实验1-1动态画面与静态画面影响选择性学习注意的实验、实验1-2文本画面色彩搭配影响选择性学习注意的实验）中，主要是通过组织色彩内容来促进学习者在学习之初产生选择性学习注意。

在学习之初，色彩的显性刺激画面特征会使学习者快速捕获对知识内容的视觉注意。从学习结果来看，色彩内容的组织促进了学习者的保持测验和迁移测验成绩的提高，色彩内容的组织确实引发了学习者的积极情感。这表明在学习之初色彩内容的组织有助于学习者对知识内容的"了解"。

随着学习过程的发展，学习时间的不断推进，色彩内容产生的显性刺激逐渐过渡为隐性刺激，色彩内容在学习过程中期对选择性学习注意的影响依然存在（实验1-1兴趣区一数据证明）。从兴趣区一主要知识内容的眼动数据来看，在学习过程中学习者对由色彩内容引发的对知识内容的选择性学习注意依然存在,色彩内容的组织确实保持了学习者的积极情感。这表明在学习过程中色彩内容的组织有助于学习者对知识内容的进一步"了解"。

随着学习过程的发展,色彩内容产生的刺激作用逐渐消失,在学习过程后期对选择性学习注意的吸引作用越来越小(实验 1-1 兴趣区二数据显示结果证明)。此时学习者的学习注意已经进入到知识内容的信息中,真实而正确的色彩内容已经融合在知识信息中,学习者会产生舒适的学习体验。如果在学习之初,学习者没有感知到真实自然正确的色彩内容,在学习过程的后期将会占用有限的注意资源,会出现不良的学习情绪,会出现不舒适的学习体验。

需要指出的是,"情感"并非"情绪","情感"是一种学习者的主观体验、主观态度或主观反映,属于主观意识范畴,而"情绪"是这一体验和感受状态的过程。本策略的提出并非前文中学习情绪测量结果的结论,而是以知识内容与色彩内容高度关联为基础推衍的学习者情感定位策略。实现对知识内容的色彩表征情感定位设计,应综合考量知识类型差异、学习者差异、媒体呈现方式差异等因素,完成以学习者为中心且满足学习者情感需求的设计功效,支持选择性学习注意的形成。情感设计是指色彩内容设计应产生本能的色彩视觉体验,顺利地感知知识内容,利用色彩内容的情感表达知识内容。情感定位设计策略应实现"确定情感归属→选用画面色彩内容→进行情感设计"。事物的自然色彩来源于原创与真实的情境,确定情感归属就是要确定知识内容的色彩情感倾向(愉快、悲伤、安详、愤怒、轻松等);根据学习者个体差异、知识类型差异、媒体差异选用画面色彩内容;从促进选择性学习注意的目的出发落实情感设计的细节,如对某个主要知识内容进行色彩内容的情感设计。

因此,色彩表征情感定位策略细则包括:①策略 1-1-1,动态画面与静态画面的色彩内容设计应正确地表征知识内容、真实地反映知识本质,不要轻易改变事物本身的色彩内容。②策略 1-1-2,文本画面应控制画面的色彩内容设计前景色与背景色的明度差大于 50 灰度级(验证了游泽清提出的设计规则)。

二、结构定位策略

色彩表征结构定位策略的目的是促进学习者对知识关系的认知。色彩表征结构定位策略的依据:学习过程中学习资源画面色彩属性的变化对持续性学习注意的影响。在研究二的两个实验(实验 2-1 色彩线索设计类型影响持续性学习注意的实验、实验 2-2 知识类型与色彩线索设计类型影响持续性学习注意的实验)中,主要是通过调节色彩关系促进学习者在学习过程中持续性学习注意的形成。

以单色为色彩线索的结构定位策略分析。在吸引学习注意方面,红色等暖色系的颜色更适合学习者在学习过程中产生选择性学习注意,有利于学习者产生对知识内容的兴趣。需要指出的是,学习者的个体差异及主观色彩偏好可能是决定学习者产生学习注意的重要因素,有待进一步验证。在保持学习注意方面,蓝色等冷色系的颜色更适合学习者在学习过程中产生持续性学习注意,有利于学习者产生稳定的学习情绪。需要指出的是,学习者的个体差异及主观色彩偏好可能是决定学习者产生学习注意的重要因素,有待进一步验证。

知识类型与色彩关系组合的结构定位策略分析。①色彩关系的色相变化分析。从眼动和脑波数据来看,本次实验中色相变化更适合用于陈述性知识色彩线索设计,实验数据显示，陈述性知识中色相变化作为线索的画面在大学生学习过程中是最佳的色彩线索设计方案。考虑到被试的个体差异性，今后还需要以中学生和小学生为被试，进行色相变化作为色彩线索设计的实验研究。②色彩关系的明度变化分析。从眼动和脑波数据来看，本次实验中明度推移变化更适合用于程序性知识的色彩线索设计，实验数据显示，程序性知识中的明度变化作为线索的画面在大学生学习过程中是最佳的色彩线索设计方案。考虑到被试的个体差异性，今后还需要以中学生和小学生为被试，进行明度变化作为色彩线索设计的实验研究。③色彩关系的纯度变化分析。从眼动和脑波数据来看，本次实验中纯度变化更适合用于陈述性知识的色彩线索设计，实验数据显示，陈述性知识中的纯度变化作为线索的画面在大学生学习过程中是最佳的色彩线索设计方案。考虑到被试的个体差异性，今后还需要以中学生和小学生为被试，进行纯度变化作为色彩线索设计的实验研究。

需要指出的是，实现对知识关系的色彩表征结构定位设计，应综合考量知识类型差异、学习者差异、媒体呈现方式差异等因素，完成以学习者为中心，满足学习者认知需求的设计功效，支持持续性学习注意的形成。结构设计是指色彩关系设计，应产生一种具有序列性的色彩视觉体验，顺利地感知知识结构，利用色彩关系的逻辑表达知识之间的关系。结构定位设计策略应实现"确定知识结构→选用画面色彩进行搭配→进行画面色彩结构设计"。确定知识结构就是要确定知识关系的色彩结构倾向；根据学习者个体差异、知识类型差异、媒体差异进行相应的色彩关系选配；从促进持续性学习注意的目的出发，落实结构设计的细节，如对某个主要知识关系进行色彩结构的定位设计。实现对知识关系的色彩结构定位设计，应体现知识之间的深层关系，而非仅仅是色彩元素与画面外观之间的表层关系，满足学习者对知识结构的深度认知，支撑持续性学习注意的形成。

因此，色彩表征结构定位策略细则包括：①策略 1-2-1，学习资源画面色彩线索设计应实现表达知识结构的设计功效。一般而言，单色线索中红色等暖色系色彩更有利于吸引学习注意，蓝色等冷色调色彩更有利于保持学习注意。②策略 1-2-2，学习资源画面中的色彩线索设计应根据知识类型的不同进行色彩基本属性设计。一般而言，色彩明度推移产生的层次感与秩序感更适合程序性知识；色彩纯度变化更适合陈述性知识的画面结构定位。

三、符号定位策略

色彩表征符号定位策略的目的是促进学习者对知识目标的体会。色彩表征符号定位策略的依据：学习过程中学习资源画面色彩信号的凸显程度与位置变化对分配性学习注意的影响。在研究三的两个实验（实验 3-1 色彩信号的凸显程度影响持续性学习注意的实验、实验 3-2 色彩信号的位置变化影响持续性学习注意的实验）中，主要是通过调节色彩目标促进学习者在学习过程中分配性学习注意的形成，促进对知识目标的体会。

1.色彩信号凸显程度的符号定位策略分析

色彩目标的调节是对其凸显程度的控制。本研究中对色彩信号凸显程度的分析主要包括色彩目标的强对比分析和色彩目标的弱对比分析。①色彩目标的强对比分析：学习资源画面色彩表征可以呈现出色相对比、明度对比、纯度对比等丰富的色彩构成对比形式，色彩之间的强对比会加快学习者对知识目标的捕获速度，但是根据通过工作记忆与色彩信号实验研究的学习结果数据，色彩对比过强会干扰学习者的记忆效果。因此色彩目标的凸显程度不宜过强。②色彩目标的弱对比分析：学习资源画面色彩表征可以呈现出色相推移、明度推移、纯度推移等丰富的色彩构成推移形式，色彩的逐渐推移可以降低色彩之间的对比度，产生色彩之间的弱对比。色彩之间的弱对比可能会减缓学习者对知识目标的捕获速度，但是根据工作记忆与色彩信号实验研究的学习结果数据，控制好色彩之间的弱对比（不宜过弱）有助于提升学习者的记忆效果。

2.色彩信号呈现位置的符号定位策略分析

色彩目标的调节是对其位置变化的调节。本研究中对色彩信号位置变化的分析主要包括色彩目标的邻近呈现的分析和色彩目标顺序呈现的分析。①色彩目标邻近呈现的分析：色彩目标的邻近呈现对提高工作记忆有明显作用，通过实验中英语单词记忆任务中学习结果再认成绩和默写成绩的数据统计分析表明，无论学习者的工作记忆容量是高还是低，学习结果均好于色彩目标的顺序呈现组。②色彩目标顺序呈现的分析：高工作记忆容量的学习者受色彩目标顺序呈现的影响较小，低工作记忆容量的学习者受色彩目标顺序呈现的影响较大，对于低工作记忆容量的学习者应避免使用色彩目标与知识目标位置分离的学习资源画面。

色彩表征在空间维度上的位置变化态及移动轨迹易于和知识目标的变化保持一致。控制好色彩目标的位置，有利于学习者疏通信息加工途径，缩短对知识目标的搜寻时间，便于交互操作，保持知识目标的始终不变。符号定位设计策略应实现"确定知识目标→选用色彩符号→进行画面色彩目标设计"。设计者应对反映知识目标的色彩信息进行采集、搭配、位置调整，形成对知识目标交互功能的定位表达，促进学习者对知识目标的体会。

需要指出的是，实现对知识目标的色彩符号定位设计，满足学习者对知识目标的快速辨识且迅速捕获的操作需求，完成以学习交互为目的的设计功效，支撑分配性学习注意的形成。本研究中符号与信号的概念不同，符号是一种用于传播的被公众广为认可的象征物，设计者只能采用，不可根据需要对其进行改变，否则不易被识别、被认同；而信号是一种用于具体交互行为的信息，设计者可以根据需要进行控制。就色彩信号而言，为了达到更好的知识目标捕获效果交互效果，可以借鉴一些广为流行的色彩符号，在满足具体设计需求的前提下，利用广为认可的色彩符号更有利于信息传播。例如，交通信号灯的"红灯停、绿灯行"中，红色为一种色彩符号表示"停止"，在学习资源画面色彩表征设计中，可以借鉴这种约定俗成的色彩符号内涵进行知识目标的色彩信号设计，利用红色表征"停止、危险"的内涵，更有利于学习者快速而正确地体会知识目标，提高学习效率。由于知识表征具有一定的复杂性，色彩信号的设计应满足学习者对复杂知识的深刻体会。

因此，色彩表征符号定位策略细则包括：①策略 1-3-1，学习资源画面要素的色彩信号设计应根据知识目标的变化进行凸显程度的控制，实现对色彩信号对比程度强弱的设计。②策略 1-3-2，学习资源画面要素的色彩信号设计应根据知识目标的变化进行位置呈现的控制，实现对色彩信号位置邻近呈现的设计。

第二节　画面语用层的管控设计策略

从画面语用设计的视角来看，色彩表征设计应在学习者大脑中产生正确的视觉意象、明确的视觉线索、灵敏的视觉信号。色彩表征设计包括三项管控策略：设计者应考量学习者在初期领会知识内容的个体差异，通过组织色彩内容，满足学习者情感需求，使学习者迅速地、强烈地、鲜明地产生选择性注意的本能反应，自然地开始学习，即色彩表征设计对知识内容形成初期视觉意象的管控策略；设计者应考量学习者领会知识关系的认知路径，通过调节色彩关系，满足学习者认知需求，使学习者产生持续性学习的内需，有序地进行学习，即色彩表征设计对知识关系形成稳定视觉意象的管控策略；设计者应考量学习者领会知识目标的交互需求，通过控制色彩目标来暗示学习者如何进行交互操作，有效地捕获知识目标，有针对性地学习，即色彩表征设计对知识目标形成正确视觉意象的管控策略。

一、视觉意象管控策略

前文指出，知识表征会在学习者心里产生两个不连续的心理编码，一是"字词和概念"以"符号形式"进行心理编码的；二是"意象"以"形象形式"进行心理编码的（Paivio，1971）[①]。多媒体画面语言图、文、像等要素中，文本是以符号形式进行心理编码的，但是"文本画面"的前景色彩与背景色的搭配会受色彩产生的视觉意象的影响。动态画面（视频、动画等）与静态画面（图文融合的网页、PPT 教学课件等）中的色彩表征是以"形象形式"进行心理编码的。王雪博士在 2015 年基于符号理论完成了以"符号形式"进行编码的文本设计要素的研究，为本研究提供了可借鉴的范式。色彩表征是以"形象形式"进行视觉"意象"心理编码的，前文已经指出"意象"中的"意"即学习者的情感、意识、经验，这说明学习者的"意"是具有个体差异性的，不同学段、年龄的主观情感、意识与经验存在差异；"象"即学习资源画面色彩表征的基本形态。实现对色彩内容的组织设计，使学习者大脑中呈现出正确的"视觉意象"，促进学习者对知识信息的了解，完成色彩线索链对选择性学习注意的管控。

视觉意象的管控策略即实现对色彩内容的组织，使学习者大脑中浮现出正确的"视觉意象"，完成色彩编码矩阵对选择性学习注意的管控。在研究一中，关于动态画面与静态画面、文本画面的实验研究结果表明，色彩内容的组织影响了学习者的学习情绪，随即会产生对色彩的联想，会使学习者在大脑中产生视觉意象。在有色彩内容的动态画面中，由于色彩内容与知识内容相符，学习者的学习情绪分值最高，保持测验与迁移测验成绩最好。在无色彩内容的静态画面中，由于色彩内容与知识内容的不符，学习者产生了消极的学习情绪，保持测验与迁移测验成绩较低。这表明由色彩表征产生的选择性学习注意影响了学习者大脑中视觉意象的正确性，色彩内容与知识内容关联度不够，会使学习者厌倦知识内容，增加认知负荷，从而影响学习结果。

因此，色彩表征视觉意象管控策略细则包括：①策略 2-1-1，学习资源画面要素色彩内容应进行与知识内容相符的心理属性的设计，利用色彩联想进行色彩内容的组织，使学习者的大脑中产生正确的视觉意象。②策略 2-1-2，色彩内容应符合学习者的个体差异，按照心理需求进行色彩内容设计。特别要关注不同学段的学习者的个体差异，利用学习者色彩偏好进行色彩内容的组织，使学习者的大脑中产生正确的视觉意象。

---

① [美]Sternberg. R. J. 认知心理学(第三版)[M]. 杨炳钧, 等译. 北京:中国轻工业出版社,2006:166-172.

二、视觉线索管控策略

色彩线索设计的重要性在于利用色彩关系在大脑中建立知识之间的关系，使学习者能够在有限的时间内"看见"主要的知识内容。在学习资源画面设计中运用有效的、有序的色彩线索，对于在有限的时间内集中学习注意力、提升记忆效果具有重要的意义。色彩线索是一种非内容信息，对主要学习内容进行知识表征，旨在保持学习注意，促进有效学习的发生。实现对色彩关系的控制设计，使学习者大脑中呈现出明确的"视觉线索"，促进学习者对知识信息的认知，完成色彩线索链接对持续性学习注意的管控。

视觉线索的管控策略即实现对色彩关系的调节，使学习者大脑中浮现出明确的"视觉线索"，完成色彩线索视觉链条对持续性学习注意的管控。在研究二中，关于图文融合的静态画面中，色彩关系与知识类型的实验研究结果表明，色彩关系的调节影响了学习者的学习结果，学习者在大脑中会产生视觉线索。在陈述性知识中色彩纯度变化与知识关系保持一致，学习者的学习结果分值最高。在程序性知识中色彩明度推移变化与知识关系保持一致，学习者的学习结果分值最高。这表明由色彩线索产生的持续性学习注意影响了学习者大脑中视觉线索的明确性，如果色彩关系与知识关系不一致，会分散学习者的学习注意，增加认知负荷，从而影响学习结果。

因此，色彩表征视觉线索管控策略细则包括：①策略 2-2-1，学习资源画面要素色彩关系设计应与知识关系保持一致，进行色彩关系心理属性的设计，使学习者大脑产生畅通的视觉线索。②策略 2-2-2，色彩关系应符合学习者个体差异，按照学习需求进行色彩线索设计，利用学习者的主观色彩偏好进行色彩关系的调节，使学习者的大脑中产生明确的视觉线索。

三、视觉信号管控策略

色彩信号设计的重要性在于利用色彩目标在大脑中建立知识目标的关系，使学习者能够快速捕获知识目标。在学习资源画面设计中运用有效的、有目的性的色彩目标，对于在有限的时间内满足交互需求、提升学习效率具有重要的意义。色彩目标是一种非内容信息，对知识目标进行表征，旨在实现有效的分配性学习注意，促进有效学习的发生。实现对色彩目标的控制设计，使学习者的大脑中显现出灵敏的"视觉信号"，完成色彩信号凸显对分配性学习注意的管控。

视觉信号的管控策略即实现对色彩目标的控制，使学习者大脑中瞬间浮现出灵敏的"视觉信号"，完成色彩目标对分配性学习注意的管控。在研究三中，关于色彩信号位置不同、凸显程度不同的实验研究结果表明，学习者在大脑中会产生视觉信号，色彩信号的控制影响了学习者的学习结果。

知识目标色彩信号凸显程度强的画面的学习注意水平最高，但学习结果分值不高。而知识目标色彩信号凸显程度弱的画面的学习结果分值较高。两个水平的比较属于个案研究结论，但是可以推测，如果控制色彩信号凸显程度，使色彩信号设计与知识目标保持一致，才能产生好的学习结果。如果色彩目标与知识目标不一致，会分散学习者的学习注意，从而影响学习结果。此外，根据实验后对学习者的访谈发现，多数被试认为，采用广为社会群体认可的约定俗成的常用色彩进行色彩信号设计，可以加快学习者对信号的辨识速度，促进交互需求与捕获知识目标的效率。

　　因此，色彩表征视觉信号管控策略细则包括：①策略 2-3-1，学习资源画面要素色彩信号设计应与知识目标及交互需求保持一致，使学习者大脑瞬间产生捕获知识目标的视觉信号。②策略 2-3-2，色彩信号设计应采用符合社会广为认同约定俗成的色彩符号，按照学习需求进行色彩信号设计，使学习者大脑瞬间产生暗示学习行为的视觉信号。

　　需要指出的是，学习资源画面中的色彩内容、色彩关系、色彩目标三类色彩信息不是孤立的，而是附着在画面要素中相互作用、相互影响的综合体，在同一画面中应形成统一而不失变化的视觉融合效果，避免出现如下负向影响：①色彩刺激引发的条件反应过高，色彩内容的显性刺激程度过强，剥夺了知识内容本身的意义，导致色彩关系"失衡"，使学习者"对色彩的兴奋程度"大于"对知识的兴奋程度"，出现注意朝向反射的现象；②色彩目标转换的过程中，视觉线索和视觉信号过多，色彩目标的指向性不明确、不集中，导致知识目标的基本脉络不清晰，削弱色彩表征的设计功效，出现注意分散的现象。

第三节　画面语构层的匹配设计策略

　　从画面语构设计的视角来看，色彩表征的设计应对画面的美感设计、知识关联设计、知识关联与美感融合设计三方面进行设计规划。色彩表征的设计应包括三项匹配策略：知识信息的关联匹配策略、色彩与色彩之间的艺术匹配策略、艺术匹配与关联匹配相结合的双重匹配策略。

一、关联匹配策略

　　设计者应对色彩内容与知识内容、色彩关系与知识关系、色彩目标与知识目标三方面进行关联匹配设计，使学习者产生充盈的学习体验，即色彩表征知识关联匹配策略。

　　研究一实验 1-1 无论是动态画面还是静态画面中，学习者面对色彩内容与知识内容高度关联的学习资源画面学习情绪分值最高，学习结果分值最高，并且眼动数据首次进入时间最短，表明学习者产生了有效的选择性学习注意；研究二实验 2-2 无论是陈述性知识还是程序性知识，学习者面对色彩关系与知识关系高度关联的学习资源画面学习情绪好，学习结果保持测验与迁移测验成绩都高，并且眼动数据总注视时间、平均注视时间、首个注视点持续时间都长，表明学习者产生了有效的持续性学习注意；研究三实验 3-1 色彩信号位置呈现实验中，色彩目标与知识目标的匹配度高的位置邻近呈现的学习资源画面首次进入时间短，总注视次数多，学习者的知识交互行为顺利快速，表明学习者产生了有效的分配性学习注意。

　　因此，色彩表征关联匹配策略细则包括：①策略 3-1-1，色彩内容与知识内容高度关联。②策略 3-1-2，色彩关系与知识关系高度关联。③策略 3-1-3，色彩目标与知识目标高度关联。

二、艺术匹配策略

　　设计者应对色彩与色彩之间进行艺术匹配设计，对互补色、邻近色、冷暖色、深浅色、有色与无色、花色与纯色等各类色彩组合进行合理的组合搭配，使学习者产生轻松的学习体验，完成促进画面美感的知识表征设计功效，即色彩内容设计促进积极学习情绪的艺术匹配策略。

本研究中所有实验均表明一个共同的结论，有色彩的画面比无色彩的画面更易于使学习者产生有效的学习注意、更好的学习情绪、更好的学习结果。这是因为在进行学习资源画面色彩表征设计时，应充分考虑色彩表征的功效除了促进知识表征，还应考虑色彩设计本身的艺术特性，色彩具有丰富多变的特性，在学习资源画面中应有效地进行控制并合理利用。在实验 3-1 色彩目标凸显性的实验中，两个互为补色的色彩目标仅占用了 25 个方格中的两个，有色彩目标的面积与整个画面的面积差较大，形成了较强的色彩凸显，使学习者快速地捕获了知识目标。色彩表征可以产生丰富的艺术视觉效果，但是从影响学习注意的视角分析，艺术匹配策略应遵循色彩构成理论的基本设计原则，不应追求强烈的艺术效果，也不应追求艺术感带来的视觉刺激。

因此，色彩表征艺术匹配策略细则包括：①策略 3-2-1，互为补色的产生对比效果的色相面积不宜相同，应加大面积差，形成适度的色彩凸显，保持画面色调和谐。②策略 3-2-2，互为近似色彩产生的对比效果的明度面积，面积相同或面积不同均可，保持画面色调和谐。

三、双重匹配策略

设计者应对色彩信息与知识信息进行"双重匹配设计"，既要进行艺术匹配设计，也要进行关联匹配设计。双重匹配策略是实现色彩信息与知识信息之间的"关联匹配"超越或大于色彩与色彩之间的"艺术匹配"知识表征功效的色彩表征设计。

研究一实验 1-1 动态画面（混色）、静态画面（混色）和实验 1-2 中的文本画面（多色）中，学习者面对合理组织色彩内容的画面时，产生了选择性学习注意，学习情绪好，学习结果好；研究二实验 2-1 的单色线索实验及实验 2-2 中的色相线索、明度线索、纯度线索实验中，学习者面对合理调节色彩线索的画面时，产生了持续性学习注意，学习情绪好，学习结果好；研究三实验 3-1 的色彩目标凸显实验及实验 3-2 中的色彩目标位置呈现实验中，学习者面对合理控制色彩目标的学习资源画面时，产生了分配性学习注意，学习情绪好，学习结果好。

因此，色彩表征双重匹配策略细则包括：①策略 3-3-1，无论是单色、多色、混色的色彩内容设计，色彩内容与知识内容都应匹配，应同时实现满足审美效果与认知效果的双重匹配。②策略 3-3-2，利用近似色或色彩推移进行色彩关系设计，色彩的个数、层级与面积应与知识关系相匹配，例如章、节、序号的色彩设计可以按照明度推移进行表征。③策略 3-3-3，利用对比色进行色彩目标设计，色彩的面积搭配应与知识目标匹配，如主要知识目标应利用适度的色彩对比凸显进行表征。

第四节 设计策略的验证

本章中，依据影响学习注意的色彩表征设计关系模型和操作模型的理念，通过理论推衍与实验研究验证两者相结合的方法，分析出色彩表征三大设计策略、九条具体策略、二十条策略细则。设计策略的提出不仅仅是实验研究结论的总结，还包括色彩构成理论中已有的设计理念，纳入了一些常识性的色彩设计理念，使本研究避免了陷入仅通过实验研究验证常识性色彩设计策略的歧途。然而，实验室情景下的多媒体画面语言的相关设计规则能否重复运用、推广、顺利迁移到复杂的课堂教学实践，值得深思[①]。本研究提出的设计策略细则尚未经教学实践检验进一步形成具体的设计规则，但是设计策略作为一种较宏观的设计理念，有必要对其合理性进行验证。

一、设计策略验证的过程

为了探究本研究提出的色彩表征影响学习注意的"三大设计策略、九条具体策略、二十条策略细则"与教学实践中设计行为的匹配程度，进行了相关的调查研究。本研究借鉴多媒体画面语言学温小勇博士采用的教育图文融合设计研究的研究范式，目的在于力求与多媒体画面语言学研究体系保持研究途径的统一。调查研究的核心任务是判断设计策略细则是否符合设计者的心理预判，进而满足设计需求；能否优化学习注意及学习结果，进而判断设计策略细则在教学实践中的可行性及存在的问题。

本研究进行了的两项问卷调查，调查对象分别是教育工作者和在校学生。对教育工作者的调查是针对设计策略的可行性调查；对学生的调查是针对设计策略的学习注意改善情况的（即能否提升学习注意）。具体而言：

①通过问卷调查，对教师（小学教师、中学教师、大学教师，各4名共12名）以及8名教育机构的网站美工设计人员进行了调查（见附录问卷6），共发放问卷20份，回收率100%，均为有效问卷。主要调查这二十位教育工作者对二十条色彩表征的设计策略细则的认可程度，采用李克特七点量表测量设计策略的可行程度，采用加总式计分方式，并利用Spss24.0进行了数据分析。

②通过问卷调查，对20名在校学生（小学高年级学生6名、中学生6名、大学生8名）进行了调查，共发放问卷20份，回收率100%，均为有效问卷。主要调查这二十位学生对二十条色彩表征的设计策略细则促进学习注意改善的情况，采用李克特七点量表测量设计策略的可行程度，采用加总式计分方式，并利用Spss24.0进行了数据分析。

二、设计策略验证的结果

将教育工作者回收的问卷数据录入Spss24.0的数据集中，对被调查者的评分结果进行有效数据的可靠性分析，得出量表的克隆巴赫α系数为0.811，表明量表信度在可接受范围内。色彩表征影响学习注意的设计策略细则的设计行为可行性程度的得分的平均值及标准差，如表5-1所示。

表5-1 设计策略可行性调查数据统计分析

策略细则	M±SD	策略细则	M±SD
策略 1-1-1	6.890±0.741	策略 2-3-1	6.936±0.201
策略 1-1-2	6.897±0.333	策略 2-3-2	6.899±0.106
策略 1-2-1	5.766±0.956	策略 3-1-1	6.665±0.210

①温小勇. 教育图文融合设计规则的构建研究[D]. 天津：天津师范大学，2016.

策略细则	M±SD	策略细则	M±SD
策略 1-2-2	6.101±0.342	策略 3-1-2	6.646±0.302
策略 1-3-1	6.458±0.662	策略 3-1-3	6.657±0.331
策略 1-3-2	5.987±0.415	策略 3-2-1	6.411±0.870
策略 2-1-1	6.822±0.793	策略 3-2-2	5.989±0.688
策略 2-1-2	6.010±0.890	策略 3-3-1	5.999±0.122
策略 2-2-1	5.976±0.198	策略 3-3-2	6.991±0.281
策略 2-2-2	6.011±0.790	策略 3-3-3	6.899±0.133

色彩表征影响学习注意的设计策略细则的可行性调查结果表明，设计策略细则的被认可程度较好，符合设计者的心理预判，所有分值都在 5 分以上。策略 3-3-2、策略 3-3-3、策略 2-3-1、策略 2-3-2、策略 2-1-1、策略 1-1-1、策略 1-1-2 这七条细则的得分平均值都在 6.8 分以上，表明认可程度相对高；策略 3-1-3、策略 3-1-1、策略 3-1-2、策略 1-3-1、策略 3-2-1、策略 1-2-2、策略 2-2-2、策略 2-1-2 这八条细则的平均值在 6 分以上，表明认可程度较高；策略 1-2-1、策略 1-3-2、策略 2-2-1、策略 3-2-2、策略 3-3-1 这五条细则的平均值在 6 分以下，表明认可程度较低。其中，得分最高的是策略 3-3-2（利用近似色或色彩推移进行色彩关系设计，色彩的个数、层级与面积应与知识关系的匹配，如章、节、序号的色彩设计可以按照明度推移进行表征）；得分最低的是策略 1-2-1（单色线索中红色等暖色系色彩更有利于吸引学习注意，蓝色等冷色调色彩更有利于保持学习注意）。这与实验研究中对色彩线索设计影响持续性学习注意的实验研究结论的描述相符合，单色线索中红色与蓝色的差异的结论仅仅是一项实验研究的结论，需要进一步深入变化多端的色彩线索信息和个体差异的研究中。三种色彩表征设计形式对应的设计策略的调查结果显示：

①色彩编码的设计的四条策略细则（策略 1-1-1、策略 1-1-2、策略 2-1-1、策略 2-1-2）中，策略 1-1-2（文本画面应控制画面的色彩内容设计前景色与背景色的明度差大于 50 灰度级）的得分最高。之后依次为：策略 1-1-1（动态画面与静态画面的色彩内容设计应正确地表征知识内容、真实地反映知识本质，不要轻易改变事物本身的色彩内容），策略 2-1-2（关注不同学段的学习者的个体差异，利用学习者色彩偏好进行色彩内容的组织，使学习者大脑中产生正确的视觉意象），策略 2-1-1（色彩内容应进行与知识内容相符的心理属性设计，利用色彩联想进行色彩内容的组织，使学习者大脑产生正确的视觉意象）。

②色彩线索的设计的四条策略细则（策略 1-2-1、策略 1-2-2、策略 2-2-1、策略 2-2-2）中，策略 1-2-2（色彩明度推移产生的层次感与秩序感更适合程序性知识；色彩纯度变化更适合陈述性知识的画面结构定位）的得分最高。之后依次为：策略 2-2-2（利用学习者的主观色彩偏好进行色彩关系的调节，使学习者大脑中产生明确的视觉线索），策略 2-2-1（色彩关系设计应与知识关系保持一致，进行色彩关系心理属性的设计，使学习者大脑产生畅通的视觉线索），策略 1-2-1（单色线索中红色等暖色系色彩更有利于吸引学习注

意，蓝色等冷色调色彩更有利于保持学习注意）。

③色彩信号的设计的四条策略细则（策略 1-2-1、策略 1-2-2、策略 2-2-1、策略 2-2-2）中，策略 2-3-1（色彩信号设计应与知识目标及交互需求保持一致，使学习者大脑瞬间产生捕获知识目标的视觉信号）得分最高。之后依次为：策略 2-3-2（色彩信号设计应采用社会广为认同约定俗成的色彩符号，按照学习需求进行色彩信号控制的心理属性设计），策略 1-3-1（色彩信号设计应根据知识目标的变化进行凸显程度的控制，实现对色彩信号对比程度强弱的设计），策略 1-3-2（色彩信号设计应根据知识目标的变化进行位置呈现的控制，实现对色彩信号位置邻近呈现的设计）。

色彩表征影响学习注意的三类设计形式中，色彩信号的设计细则得分相对较高；色彩编码的设计细则得分居中；色彩线索设计细则的得分相对较低。

此外，除了上述十二条与色彩编码、色彩线索、色彩信号有关的设计策略细则之外，还有八条画面色彩匹配设计细则，属于画面语构设计策略。策略 3-3-2（互为近似的色彩组合产生对比效果的色彩明度面积设计，面积相同或面积不同均可，应保持画面色调和谐）得分最高，此细则符合色彩构成的基本原理，认可程度最高。之后依次为：策略 3-3-3（利用对比色进行色彩目标设计，色彩的面积搭配应与知识目标匹配，主要知识目标应利用适度的色彩对比凸显进行表征），策略 3-1-3（色彩目标与知识目标高度关联），策略 3-1-1（色彩内容与知识内容高度关联），策略 3-1-2（色彩关系与知识关系高度关联），策略 3-2-1（互为补色的色彩组合信息产生对比效果的色相面积不易相同，应拉大面积差，形成色彩凸显，保持画面色调和谐），策略 3-3-1（单色、多色、混色的色彩内容设计与知识内容匹配，同时实现满足审美效果与认知效果的双重匹配），策略 3-2-2（互为近似的色彩组合信息产生的对比效果的明度面积，面积相同或面积不同均可，保持画面色调的和谐）。

将学生的问卷回收后，数据录入 Spss24.0 的数据集中，对被调查者的评分结果进行有效数据的可靠性分析，得出量表的克隆巴赫 α 系数为 0.803，表明量表信度在可接受范围内。色彩表征影响学习注意的设计策略细则的学习注意改善程度得分的平均值及标准差，如表 5-2 所示。

表 5-2 设计策略对学习注意改善情况的调查数据统计分析

策略细则	M±SD	策略细则	M±SD
策略 1-1-1	6.841±0.266	策略 2-3-1	6.801±0.867
策略 1-1-2	6.800±0.215	策略 2-3-2	6.785±0.678
策略 1-2-1	4.571±0.901	策略 3-1-1	6.300±0.280
策略 1-2-2	6.002±0.103	策略 3-1-2	6.185±0.314
策略 1-3-1	6.230±0.664	策略 3-1-3	6.421±0.247
策略 1-3-2	4.800±0.325	策略 3-2-1	6.258±0.906
策略 2-1-1	5.142±0.433	策略 3-2-2	5.120±0.433

续表

策略细则	M±SD	策略细则	M±SD
策略 2-1-2	6.001±0.810	策略 3-3-1	5.473±0.365
策略 2-2-1	5.091±0.302	策略 3-3-2	6.788±0.660
策略 2-2-2	6.006±0.589	策略 3-3-3	6.719±0.259

本研究对设计策略的可行性程度得分与设计策略对学习注意的改善程度的得分两组数据进行了相关性检验，结果显示皮尔逊相关性为 0.896，sig（双侧）均为 0.000<0.001。分析结果表明，教育工作者对设计策略的认可程度与学习者主观认为注意改善程度评价这两者的数据变化趋势是相对一致的，存在正相关。为了验证本研究的效应强度和关联强度，进一步对上述两类调查问卷结果的重叠程度进行效应量检验，采用科恩（Cohen）的 d 系数计算（d 系数是指两组样本分布不重叠的程度，重叠程度与效应量成反比）。d 系数=两组的平均值差÷标准差，d=0.2、d=0.5、d=0.8 分别对应小、中、大效应量，效应量越小，重叠程度越大，0.2 以下一致性较高，0.5 左右的一致性居中，0.8 以上的一致性较低。科恩认为，对效应量的解释还应考量研究的实际情况。本研究对上述两类数据的效应量检验结果如表 5-3 所示。

表 5-3 设计策略的可行性评判与学习注意改善评判的效应量检验

策略细则	d值	策略细则	d值
策略 1-1-1	0.108	策略 2-3-1	0.190
策略 1-1-2	0.176	策略 2-3-2	0.338
策略 1-2-1	0.551	策略 3-1-1	0.218
策略 1-2-2	0.739	策略 3-1-2	0.656
策略 1-3-1	0.621	策略 3-1-3	0.078
策略 1-3-2	0.201	策略 3-2-1	0.061
策略 2-1-1	0.890	策略 3-2-2	0.766
策略 2-1-2	0.090	策略 3-3-1	0.046
策略 2-2-1	0.763	策略 3-3-2	0.040
策略 2-2-2	0.560	策略 3-3-3	0.052

如表 5-3 所示，策略 2-1-1 的一致程度较低，这是因为教育领域的资源设计者和教师对此项的评判分值较高，但对学生的学习注意的改善情况没有达到预期的效果。虽然数据显示的一致性较低，但对提升学习注意还是有效果的，因此 2-1-1 设计策略仍然成立。策略 1-2-1、策略 1-2-2、策略 1-3-1、策略 1-3-2、策略 2-2-1、策略 2-2-2、策略 2-3-2、策略 3-1-2、策略 3-1-1、策略 3-2-2 等十条设计策略的一致性程度居中。策略 1-1-1、策略 1-1-

2、策略 2-1-2、策略 2-3-1、策略 3-1-3、策略 3-2-1、策略 3-3-1、策略 3-3-2、策略 3-3-3 等九条设计策略的一致性程度较高。

调查研究验证结果表明：设计策略调查数据的一致性反映了实验研究结论的可迁移性和可复制性，总体上一致性较好。因此，对于教师、设计者、学习者而言，实验研究结论得出的二十条色彩表征影响学习注意的设计策略细则具有一定的认可度。

第六章 研究展望

本研究是多媒体画面语言学系列研究中的重要组成部分之一，研究领域涉及心理学的注意理论、美术领域的色彩构成理论、教育技术学领域的数字化学习资源画面设计，具有明显的学科交叉性研究特征，这也是本研究具有一定难度的原因。所幸已有的多媒体画面语言学相关研究，在研究范式上为本研究提供了可借鉴的宝贵经验，使本研究具有可承袭的研究思路。

本研究的不足之处：①由于色彩表征设计形式极为复杂，色彩信息作为研究变量仍存在研究"黑箱"，有必要深入探究；②实验室研究不能代表自然环境下的教学研究，后续仍有研究空间；③本研究的被试是大学生，被试范围有限；④本研究未将媒体技术作为研究变量，缺乏对手机、平板电脑、笔记本电脑、台式电脑、大型电子教学辅助展示设备与色彩表征设计的相关研究。

研究展望：①从理论研究的视角分析，有必要持续不断地关注相关领域的研究发展动向；②从实验研究的视角分析，未来有必要推广至基础教育阶段的中小学生，将色彩表征设计影响学习注意的研究重点放在学习者的个体差异上；③从教育实践研究的视角分析，有必要从学习者的用户体验视角深入开展一线教学实践研究，在教学实践中运用、修正、验证已有研究结论；④从教学应用的研究视角分析，有必要将媒体技术与色彩表征设计相结合，探讨具有教学实践价值的研究结论。

在数字化学习资源画面中，影响学习注意的因素有很多，色彩表征仅仅是影响学习注意的一种"诱因"。由于色彩现象极其复杂，而注意的心理机制尚存争议，本研究仅从优化数字化学习资源画面设计的研究视角探讨了影响学习注意的色彩表征设计问题，为高质量设计学习资源画面提供科学依据。

本书是教育技术学领域多媒体画面语言学的一项研究成果，通过对色彩表征影响学习注意的相关理论、设计模型、实验研究、设计策略的形成与验证等一系列的研究，取得了一定的研究成果，这一切与"多媒体画面语言学"研究成果密不可分。"多媒体画面色彩表征影响学习注意的研究"植根于"多媒体画面语言学"研究团队大家庭，未来将沿着这条道路继续向更深、更远的研究方向前进！学术研究永无止境，一分耕耘一分收获！

参考文献

专 著

[1][美]Robert J S. 认知心理学[M]. 杨炳钧, 译. 北京:中国轻工业出版社, 2005, 52.

[2][瑞士]约翰内斯·伊顿. 色彩艺术[M]. 杜定宇, 译. 上海:上海人民美术出版社, 1993.

[3][英]斯图尔特·霍尔. 表征——文化表象与意指实践[M]. 徐亮, 译. 北京:商务印书社, 2003:15.

[4]Lorin W. Anderson. & David R. Krathwohl. 布鲁姆教育目标分类学:分类学视野下的学与教及其测评[M]. 蒋小平, 译. 北京:外语教学与研究出版社, 2009.

[5][英]怀特海. 过程与实在[M]. 北京:商务印书馆, 2011.

[6][英]怀特海. 科学与近代世界[M]. 何钦, 译. 北京:商务印书馆, 2016.

[7][美]苏珊·伍德福特等. 剑桥艺术史[M]. 罗通秀, 译. 北京:中国青年出版社, 1996.

[8][美]黛博拉·福尔曼. 色彩创意实验室[M]. 张鹏宇, 译. 上海:上海美术出版社, 2017.

[9][美]Dimiter MD. 心理与教育中高级研究方法与数据分析[M]. 北京:中国轻工业出版社, 2015.

[10][美]布鲁斯·布洛克. 以眼说话:影像视觉原理及应用[M]. 北京:世界图书出版公司, 2012, 9. 136.

[11][美]乔安·埃克斯塔特等. 色彩的秘密语言[M]. 史亚娟, 等, 译. 北京:人民邮电出版社, 2015, 1. 15.

[12][日]小林重顺. 色彩心理探析[M]. 南开大学色彩与公共艺术研究中心, 译. 北京:人民美术出版社, 2006, 12. 105-106.

[13][美]Jennifer R B, Andrew J S. 眼动追踪:用户体验设计利器[M]. 宫鑫, 译. 北京:电子工业出版社, 2015.

[14][美]Sawyer R K. 剑桥学习科学手册[M]. 徐晓东, 译. 北京:教育科学出版社, 2010, 04.

[15][英]斯图尔特·霍尔. 表征——文化表象与意指实践[M]. 徐亮, 等, 译. 北京:商务印书社, 2003, 11. 15.

[16][美]西贝·贝洛克. 具身认知——身体如何影响思维和行为[M]. 李盼, 译. 北京:北京机械工业出版社, 2016, 54-58.

[17][美]劳伦斯·夏皮罗. 具身认知[M]. 李恒威, 译. 北京:华夏出版社, 2014, 90-95.

[18][美]约瑟夫·D. 诺瓦克. 学习、创造与使用知识概念图促进企业和学校的学习变革[M]. 赵国庆, 吴闪金, 唐京京, 译. 北京:人民邮电出版社, 2016, 7. 31.

[19][美]理查德·E. 迈耶. 多媒体学习[M]. 牛勇, 译. 北京:商务印书社, 2006, 57.

[20][美]Paul. M. Lester. 视觉传播:形象载动信息[M]. 北京:北京广播学院出版社, 2003, 55-72.

[21]鲁道夫·阿恩海姆. 视觉思维——审美直觉心理学[M]. 腾守尧, 译. 四川:四川人民出版社, 1998, 17.

[22][美]Alberto Cairo. 不只是美:信息图表设计原理与经典案例[M]. 罗辉, 等, 译. 北京:人民邮电出版社, 2015, 1. 98-102.

[23][俄]阿·尼·列昂捷夫. 活动意识个性[M]. 李沂, 等, 译. 上海:上海译文出版社, 1979, 01. 139-145.

[24]肖世梦. 先秦色彩研究[M]. 北京:人民出版社, 2013, 5. 09.

[25]施良方. 课程理论——课程的基础、原理与问题[M]. 北京:教育科学出版社, 1996, 8. 67.

[26]陈琦, 刘儒德. 当代教育心理学[M]. 北京:北京师范大学出版社, 2000, 7.

[27]袁振国. 教育研究方法[M]. 北京:高等教育出版社, 2004, 7. 30.

[28]赵慧臣. 知识可视化视觉表征的理论建构与教学应用[M]. 北京:中国社会科学出版社, 2011, 11. 8.

[29]梁景红. 色彩设计法则[M]. 北京:人民邮电出版社, 2017, 8. 14-20.

[30]林崇德. 心理学大辞典[M]. 上海:上海教育出版社, 2003, 12.

[31]罗竹风. 汉语大辞典[M]. 北京:汉语大辞典出版社, 1993, 11. 337.

[32]游泽清. 多媒体画面艺术应用[M]. 北京:清华大学出版社, 2012.

[33]何克抗. 语觉论——儿童语言发展新论[M]. 北京:人民教育出版社, 2004, 6. 20-21.

[34]白芸. 色彩视觉与思维[M]. 沈阳:辽宁美术出版社, 2014, 5. 81-82.

[35]杨海波. 注意控制心理学[M]. 天津:天津教育出版社, 2014, 12.

[36]白学军. 实验心理学[M]. 北京:中国人民大学出版社, 2012, 285.

[37]朱智贤. 心理学大辞典[M]. 北京:北京师范大学出版社, 1989, 979.

[38]段恒婵. 青少年注意力测验与评价指标的研究[M]. 北京:中国体育科技, 2003, 39. (3). 51-55.

[39]姜美. 色彩学:传统与数字[M]. 上海:上海社会科学院出版社, 2017.

[40]吴国荣. 色彩与视觉思维——艺术设计造型能力的训练方式[M]. 北京:中国轻工业出版社, 2007, 1. 6.

[41]游泽清. 多媒体画面艺术应用[M]. 北京:清华大学出版社, 2012, 01. 17.

[42]游泽清. 多媒体画面艺术基础[M]. 北京:高等教育出版社, 2003, 2. 60-71.

[43]游泽清. 多媒体画面艺术设计[M]. 北京:清华大学出版社, 2013, 09. 65-68.

[44]王庆璠. 费尔巴哈的美学[M]. 北京:北京时代华文书局, 2016, 06. 127-135.

[45]梁景红. 色彩设计法则[M]. 北京:人民邮电出版社, 2017, 8. 76.

[46]钱家渝. 视觉心理学:视觉形式的思维与传播[M]. 北京:学林出版社, 2006, 144.

[47]游泽清. 多媒体画面语言中的认知规律研究——多媒体画面艺术论文集[M]. 北京:清华大学出版社, 2011, 30-35.

[48]陈怀恩. 图像学——视觉艺术的意义与解释[M]. 河北:河北美术出版社. 2011, 07, 265.

[49]赵慧臣. 知识可视化视觉表征的理论建构与教学应用[M]. 北京:中国社会科学出版社, 2010, 11.

[50]宋媚. 大数据征信背景下的信息质量度量与提升研究[M]. 上海:上海交通大学出版社, 2016, 12.

[51]周静. 新媒体时代下的视觉传达设计研究[M]. 北京:光明日报出版社, 2016, 09.

[52]高闯. 眼动实验原理-眼动的神经机制、研究方法和技术[M]. 武汉:华中师范大学出版社, 2012, 4.

[53]施良方. 学习论[M]. 北京:人民教育出版社, 2019, 01. 319.

[54]王福兴. 线索在多媒体学习中的应用[M]. 北京:心理科学进展. 2013. 21. (8). 1430-1440.

[55]孙崇勇. 认知负荷理论及其在教学设计中的运用[M]. 北京:清华大学出版, 2016, 12. 187.

[56]龚德英, 张大均. 多媒体学习中认知符号的优化控制[M]. 北京:科学出版社 2013, 05, 25.

[57]闫国利. 眼动分析法在心理学研究中的应用[M]. 天津:天津教育出版社, 2004, 06.

[58]吴明隆. 问卷统计分析实务 SPSS 操作与应用[M]. 四川:重庆大学出版社, 2009, 10.

[59]舒华, 张亚旭. 心理学研究方法实验设计和数据分析[M]. 北京:人民教育出版社, 2016, 11.

[60]彭聃龄. 普通心理学（第五版）[M]. 北京:北京师范大学出版社, 2019, 08. 106.

[61]王晶晶, 陈忠卫. 组织行为学[M]. 北京:中国统计出版社, 2010, 01. 52.

期刊文献

[1]何克抗. 多媒体教育应用的重大意义及发展趋势[J]. 天津电大学报, 1998, 01.

[2]武法提. 认知灵活理论和基于 WEB 的教学[J]. 中国电化教育, 2000, 05.

[3]衷克定, 康文霞. 多媒体中文本色——背景色搭配对注意集中度的影响[J]. 电化教育研究, 2010, 06.

[4]桑新民. 现代教育专业主干课程信息化探索[J]. 电化教育研, 2000, 01.

[5]杨开城. 李向荣. 论教育研究的科学性问题[J]. 北京:清华大学教育研究, 2010, 10.

[6]朱昊等. 计算机测控颜色光学实验系统[J]. 清华大学. 实验室研究与探索, 2013, 07.

[7]刘松涛. 教育科学的生命在于教育实验本刊编辑部召开的教育实验座谈会发言摘要——努力开展教育科学实验[J]. 教育研究, 1980, (2):21-22.

[8]王志军, 王雪. 多媒体画面语言学理论体系的构建研究[J]. 中国电化教育, 2015, 07.

[9]王庭照, 张风琴, 方俊明. 现代认知心理学的应用认知转向[J]. 陕西师范大学学报, 2007, 4. 124-128.

[10]胡荣荣, 丁锦红. 视觉选择注意的加工机制[J]. 人类工效学, 2007, V13(1):69-71.

[11]王志军. 多媒体字幕显示技术的实验研究[J]. 中国电化教育, 2003, 07.

[12]胡卫星, 刘陶. 基于动画信息表征的多媒体学习研究现状分析[J]. 电化教育研究, 2013, 03.

[13]包燕. 注意控制与短时记忆的知觉组织[J]. 心理学报. 2003, 35(3):285-290.

[14]白学军. 视觉工作记忆内容对自上而下注意控制的影响:一项 ERP 研究[J]. 心理学报, 2011, 10.

[15]张家华, 张剑平, 黄丽英. 三分屏网络课程界面的眼动实验研究[J]. 远程教育杂志, 2009, 06.

[16]张潇. 言语工作记忆容量、注意控制对小学高年级学生阅读成绩的影响[J]. 心理学进展, 2015, 05.

[17]马玲, 张晓辉. HSV 色彩空间的饱和度与明度关系模型[J]. 计算机辅助设计与图形学学报, 2014, 08.

[18]王晓晨, 等. 面向数字一代的电子教材用户体验设计研究[J]. 电化教育研究, 2014, 04.

[19]刘哲雨, 侯岸泽, 王志军. 多媒体画面语言表征目标促进深度学习研究[J]. 电化教育研究, 2017, 03.

[20]王志军, 吴向文, 等. 基于大数据的多媒体画面语言研究[J]. 电化教育研究, 2017, 04.

[21]王俊. 艺术的色彩—美感中最大众化的形式[J]. 安顺高等专科学校学报, 2005, 07.

[22]周薇. 对美术课运用多媒体教学的再认识[J]. 新课程. 教师, 2012, 09.

[23]莫永华, 吕永峰. 以人类分层传播模式探讨视觉理论的整合[J]. 现代教育技术, 2008, 11.

[24]谢和平, 王福兴, 等. 多媒体学习中线索效应的元分析[J]. 心理学报, 2016, Vol. 48, No. 5, 540.

[25]王福兴, 等. 邻近效应对多媒体学习中图文整合的影响:线索的作用[J]. 心理学报, 2015, Vol. 47, No. 2, 225.

[26]魏斌陈, 启鑫. 运用色度学理论提高地图颜色视觉感受的方法[J]. 解放军测绘学院学报, 1996, 3. 13. 01.

[27]赵慧臣, 文洁. 信息时代知识表征的特征分析与应用策略[J]. 中国现代教育装备, 2011, 19.

[28]王以宁. 多媒学习中认知心理学因素考察——来自梅耶的研究和实践[J]. 开放教育研究, 2005, 06.

[29]赵国庆. 黄荣怀. 知识可视化的理论与方法[J]. 开放教育研究, 2005, 01. 24.

[30]赵慧臣. 知识可视化视觉表征形式分析[J]. 现代教育技术, 2012, 02. 22-26.

[31]郭光友, 等. 教育多媒体信息资源表征及应用研究[J]. 电化教育研究, 2002, 10.

[32]何克抗. 大数据面面观[J]. 电化教育研究, 2014, 10. 14-16.

[33]张丹阳, 金宝琴, 游泽清. 多媒体学习材料的色彩关系的定量分析[J]. 中国电化教育, 2005, 8. 86-88.

[34]冯小燕, 王志军, 吴向文. 我国教育技术领域眼动研究的现状与趋势分析[J]. 中国远程教育, 2016, 10. 22-29.

[35]闫国立, 熊建平, 臧传丽, 余丽丽, 崔磊, 白学军. 阅读研究中的主要眼动指标评述[J]. 心理科学进展, 2013, (4), 589-605.

[36]舒存叶. 调查研究方法在教育技术学领域的应用——基于 2000—2009 年教育技术学两刊的统计[J]. 电化教育研究, 2010, 09.

[37]郑玉玮. 眼动追踪技术在多媒体学习中的应用 2005—2015 相关研究综述[J]. 电化教育研究, 2016, 04. 93.

[38]安璐, 李子运. 教学 PPT 背景颜色的眼动实验研究[J]. 电化教育研究, 2012, 01.

[39]王福兴等. 邻近效应对多媒体学习中图文整合的影响:线索的作用[J]. 心理学报, 2015, 02. 224-233.

[40]翟雪松, 董燕等. 基于眼动的刺激回忆法对认知分层的影响研究[J]. 电化教育研究, 2017, 12.

[41][美]斯蒂芬·K. 里德. 多媒体学习的认知体系[J]. 开放教育研究, 2008, 06.

[42]王建中, 理查德·梅耶. 多媒体学习理论基础[J]. 现代远程教育研究, 2013, 02.

[43]陈彩琦. 工作记忆的模型与基本理论问题[J]. 华南师范大学学报（自然科学版）, 2003, (4). 138.

[44]辛自强, 林崇德. 认知负荷与认知技能和图式获得的关系及其教学意义[J]. 华东师范大学学报, 2002, (4)55-60.

[45]樊建华, 金志成. 认知负荷理论与多媒体学习软件[J]. 中国电化教育, 2006, 8. 86-87.

[46]刘世清. 多媒体学习与研究的基本问题——中美学者的对话[J]. 教育研究, 2013, 04.

[47]桑新民. 郑旭东. 梅耶多媒体教学设计原理的生成与架构[J]. 现代远程教育研究, 2003, 04.

[48]黄荣怀, 等. 网上学习:学习真的发生了吗？跨文化背景下中英网上学习的比较研究[J]. 开放教育究, 2007, 02.

[49]梁文鑫, 何克抗. 多媒体资源的词汇识别支持对于小学生英语听说学习的影响研究[J]. 电化教育研究, 2013, 05. 109-113.

[50]梁文鑫, 何克抗. 多媒体资源的语音辨析支持对于小学生英语听说学习的影响研究[J]. 电化教育研究, 2011, 10. 96-102.

[51]孙众, 等. 小学生到底喜欢什么样的学习资源——梅耶多媒体学习原则对数字原住民适应性的实证研究[J]. 中国电化教育, 2015, 07.

[52]刘世清. 多媒体学习与研究的基本问题——中美学者的对话[J]. 教育研究, 2013, 04.

[53]游泽清. 多媒体教材中运用交互功能的艺术[J]. 中国电化教育, 2003, 11.

[54]游泽清. 多媒体画面语言认知规律研究[J]. 中国电化教育, 2004, 11.

[55]游泽清. 谈谈多媒体画面艺术理论[J]. 中国电化教育, 2004, 11.

[56]游泽清. 认知一种新的画面类型——多媒体画面[J]. 电化教育研究, 2009, 07.

[57]游泽清. 画面语构学-多媒体画面语言的语法规则[J]. 中国信息技术教育, 2011, 21.

[58]游泽清. 开启"画面语言"之门的三把钥匙[J]. 中国电化教育, 2012, 02.

[59]顾险峰. 人工智能中的联结主义和符号主义[J]. 美国纽约州立大学世系分校计算机系科技导报, 2016, (34)7.

[60]莫永华, 吕永峰. 以人类分层传播模式探讨视觉理论的整合[J]. 现代教育技术, 2008, 11.

[61]周灵, 张舒予. 论视觉文化视域中影像美学研究的起点[J]. 现代远距离教育, 2012, 05.

[62][美]约翰·M.凯勒. 多媒体环境中动机、意志和成绩的整合理论[J]. 教育研究, 2006, (10):61-69.

[63]刘忆星. 视觉工作记忆容量与注意控制的研究[J]. 汕头大学学报（自然科学版）, 2013, 11.

[64]武法提, 牟智佳. 基于学习者个性行为分析的学习结果预测框架设计研究[J]. 中国电化教育研究, 2016,01.

[65]2002年中国远程教育十大新闻[J]. 中国远程教育, 2003, 01.

[66]杨洁, 韩骏:体系建设是推进教育现代化的必然要求——解读《教育部关于数字教育资源公共服务体系建设与应用的指导意见》[J]. 中国教育网络, 2018, 05. 23.

[67]中华人民共和国国家标准化指导性文件——色彩设计标准[M]. 北京:中国标准出版社, 2018, 01.

[68]李晶. 基于视觉感知分层的数字界面颜色编码研究[J]. 机械工程学报, 2016, 12.

硕博论文

[1]冯冲. 界面中的注意力设计——IOS平台的移动设备界面设计研究. [D]. 北京交通大学, 2012.

[2]冯辉. 视觉注意机制及其应用[D]. 华北电力大学, 2011.

[3]温小勇. 教育图文融合设计规则的构建研究[D]. 天津师范大学, 2016.

[4]过晨雷. 注意力选择机制的研究算法设计以及系统实现. [D]. 复旦大学, 2008.

[5]关尔群. 多媒体课件中不同的色彩文字材料对阅读影响的眼动研究[D]. 辽宁师范大学, 2003.

[6]张晓曼. 网页文字色彩搭配的眼动研究[D]. 浙江师范大学, 2006.

[7]李萍. 浏览网络课件不同字体字号与颜色搭配的眼动研究[D]. 华东师范大学, 2008.

[8]李晟. 教学课件图文布局及背景色的眼动个案研究[D]. 广西师范大学, 2014.

[9]赵吴俊. 色彩对线段横向平行错觉的影响及眼动实验研究[D]. 浙江理工大学, 2015.

[10]张琪. 情绪性设计材料对多媒体学习的影响研究[D]. 南京师范大学, 2016.

[11]张良林. 莫里斯符号学思想研究[D]. 南京师范大学, 2012.

[12]杨海波. 视觉工作记忆对自上而下注意控制影响的发展研究[D]. 天津师范大学, 2008.

[13]赵可云. 教育技术实验研究方法的理论与实验研究[D]. 东北师范大学, 2011.

[14]叶新东. 未来课堂环境下的可视化教学研究[D]. 华东师范大学, 2014.

[15]张家华. 网络学习的信息加工模型及其应用研究[D]. 西南大学, 2010.

[16]路鹏. 计算机自适应测试若干关键技术研究[D]. 东北师范大学, 2012.

[17]王觅. 面向碎片化学习时代微视频课程的内容设计[D]. 华东师范大学, 2013.

[18]张敏. 青少年情绪弹性及其对认知的影响[D]. 上海师范大学, 2010.

[19]朱永海. 基于知识分类的视觉表征研究[D]. 南京师范大学, 2013.

[20]邱婷. 知识可视化作为学习工具的应用研究[D]. 江西师范大学, 2006.

[21]张茹燕. 论多媒体画面语言学的合理性[D]. 天津师范大学, 2012.

[22]赵乃迪. 网页布局对视觉搜索影响的眼动研究[D]. 复旦大学, 2012.

[23]李小伟. 脑电、眼动信息与学习注意力及抑郁的相关性研究[D]. 兰州大学, 2015.

[24]王超. 精彩的探究_观众注意力与动画作品关系探究[D]. 中央美术学院, 2016.

[25]冯晓燕. 促进学习投入的移动学习资源画面设计研究[D]. 天津师范大学, 2018.

[26]吴向文. 数字化学习资源中多媒体画面的交互性研究[D]. 天津师范大学, 2018.

英文文献

[1]Anderson N D, Craik F M, Naveh-Benjamin M. The attention-al demands of encoding and retrieval in younger and older adults[J]. Psychology and Aging, 1998, 13:405-423.

[2]Astleitner H, Wiesne C. An integrated model of multimedia learning and motivation[J]. Journal of Educational Multimedia and Hypermedia, 2004, 13. (1) .

[3]Ames W, Burckhardt F, Skrupskelis K. The principles of psychology[J]. Vol. 1. Harvard Univ Pr, 1981, 转引：高闯. 眼动实验原理——眼动的神经机制研究方法和技术.

[4]Yabus A L. Eye Movements and Vision[M]. New York：Plenum Press, 1967, 87.

[5]Broadbent D E. From detection to identification：Response to multiple targets in rapid serial visual presentation[J]. Perception and Psychophysics, 1987, 42(2):105-113.

[6]Baddely. A. D. Is Working Memory Still Work?[J]. American Psychologist, 2011, 56(11): 851-864.

[7]Baddely. A. D. A Working Memory[J]. Science, 1992, 255:556-560.

[8] Baddeley A D. The episodic buffer：A new component of working memory?[J]. Trend in Cognitive Science, 2000, (4):410-425.

[9]Boucheix. J. M & Lowe. R. K. An eye-tracking comparison of external pointing cues and internal continuous cues in learning with complex animation[J]. Learning and Instruction, 2010, 20. 123-135.

[10]Chandler P, Sweller J. Cognitive load theory and the format of instruction[J]. Cognition and Instruction, 1991, 8:293-329.

[11]Cooper N R, Croft R J, Dominey S J, et al. Paradox lost? Exploring the role of alpha oscillations during externally vs. internally directed attention and the implications for idling and

inhibition hypotheses [J]. International Journal of Psycho physiology, 2003, 47(1).

[12]C Yang. Forth color and size measurement method for flotation based on computer vision [J]. Chinese Journal of Scientific Instrument, 2009, 30(4).

[13]D Pett, T Wilson. Color research and its application to the design of instructional materials[J]. Educational Technology Research & Development, 1996, 44(3)19-35.

[14]Deutsch J, Deutsch D. Attention: Some theoretical considerations[J]. Psychological Review, 1963, 70:80-89.

[15]Duncan J. Attention:The MIT encyclopedia of the cognitive ciences Cambridge[J]. MA:MIT Pres, 1999, 39-41.

[16]Davidson R J. Cerebral asymmetry and emotion:Conceptual and methodological conundrums[J]. Cognition and Emotion, 1993, 7:114-137.

[17]Edward G. Eyetracking a Navigation Bar-How Many Elements are Read?[J]. Accessed, 2013, 07.

[18]E P Hollander. Conformmity and civil liberties: Some implications from social psychological research[J]. Journal of Social Issues, 1975, 55-67.

[19]Erol&Turkan. An eye-tracking study of how color coding affects multimedia learning[J]. Computers in Education, 2009, 09. (53)445-453.

[20]Ehmke C, Wilson S. Identifying web usability problem from eye-tracking data[J]. Proceedings of the 21st British HCI Group Annual Conference on People and Computers, 2007.

[21]Engle R W. Working memory capacity as executive attention[J]. Current Directions in Psychological, 2002, 11(1)19-24.

[22]Hill A, Scharff L. Readability of computer display as a function of color, saturation, and texture backgrounds[J]. Engineering Psychology and Cognitive Ergonomics, 1999, 04. 123-131.

[23]Henk J, Haarmann N. Neural synchronization mediates on-line sentence processing: EEG coherence evidence from filler-gap constructions [J]. Cambridge University Press. Society for Psychophysiological Research, 2002, 820-825.

[24]Hector R P, Mayer R E. An eye movement analysis of highlighting and graphic organizer study aids for learning from expository text[J]. Computers in Human Behavior, 2014, (41)21-32.

[25]Hilgard E. R. Psychology in American:A historical survey[J]. New York: Harcourt Brace Jovanovich Publishers, 1987.

[26]Hall R H, Hanna P. The effect of web page text-background color combinations on retention and perceived readability, aesthetics, and behavioral intention[J]. Proceedings of The Americas Conference on information Systems, 2003, 2149-2156.

[28]J L. Plass. Emotional design in multimedia learning:Effects of shape and color on affect and learning[J]. learning and instruction, 2013, 02. 06.

[29]Itti L, Koch C, Niebur E. A Model of saliency-based attention for rapid scene

analysis[J]. IEEE Transactions on Pattern Analysis and Machine Intelligence, 1998, 20.

[30]Just M A, Carpenter P A. A Theory of Reading: From Eye Fixations to Comprehension[J]. Psychological Review, 1980, (87). 329-355.

[31]Jurgen Wolff. Focus: Use the Power of Targeted Thinking to Get More Done[M]. FT Press , 2010, 07. 24-35.

[32]Johnston W A, Heinz S P. Flexibility and capacity demands of attention. Journal of Experimental Psychology, 1978, 107:420-435.

[33]Jerison H J. Evolution of the brain and intelligence[J]. New York:Academic Press, 1973.

[34]Jonanson G. Visual motion perception [J]. Scientific Amearican, 1975, 232:76-92.

[35]Keller J M. Motivation in cyber learning environments[J]. Educational Technology International, 1999, (1).

[36]Luck S J, Vecera S P. Attention[M]. New York:Handbook of Experimental Psychology, 2002, 235-286.

[37]Mayer R E. Incorporating motivation into multimedia learning[J]. Learning and Instruction, 2013, 04. 03.

[38]Mayer RE. The Cambridge Handbook of Multimedia Learning 2nd Edition[M]. Cambridge University Press, 2014, 255-273, 322, 327, 328, 474, 660-663, 783.

[39]Mayer R E. Concept:Conceptual change[J]. Washington D C:American Psychological Association. Encyclopedia of psychology, 2000, 392-421.

[40]Mayer R E. Intelligence and education[M]. New York Cambridge University Press. Handbook of intelligence, 2000, 519-533.

[41]Moreno RM, Mayer R E. Techniques that increase generative processing in multimedia learning:Open questions for cognitive load research[J]. Cognitive load theory, 2010:153-177.

[42]M. Corbetta. Independent or overlapping neural systems?[J]. Frontoparietal cortical networks for directing attention and the eye to visual location, 1998, 831-838.

[43]Norman D A. Toward a theory of mamory and attention[J]. Psychological Review, 1968, 75(6):551-558.

[44]Norman D A, Rumelhart D E. Incremental and radical innovation:Design research versus technology and meaning change[J]. Design Issues, 2014.

[45]Norman D A. Categorization of action slips[J]. Psychological Review, 1981(88), 1-18.

[46]Norman D A. When security gets in the way[J]. Interactions, 2009, 16(6)60-65.

[47]Nesth I. Is working memory still a useful concept? [J]. Contemporary Psychology:APA Review Of Books, 2000, 45(4)410-412.

[48]Oscar Navarroa, Ana Isabel Molinab, Miguel Lacruzc, Manuel Ortegab. Evaluation of multimedia educational materials using eye tracking[J]. Procedia Social and Behavioral Sciences, 2015, 2236-2243.

[49]Paivio A. Mental Representation:A Dual Coding Approach[M]. Oxford University

Press, 1986:53.

[50]Paivio A. Dual coding theory:Retrospect and Current status[J]. Canadian Journal of Psychology, 1991, 45(3):255-287.

[51]Pass F, Tuovinen J, Van M, Darabi A. A motivational perspective on the relation between mental effort and perfotmance:optimizing learner involvement in instuction[J]. Educational Technology Research and Development, 2005, 53(3):24-38.

[52]Plass J L, Heidig S, Hayward E O, Homer B D, Um E. Emotional design in multimedia learning:Effects of shape and color on affect and learning[M]. Learning&Instruction, 2014(29), 128-140.

[53]R Desimone, J Duncan. Neural Mechanisms of Selective Visual Attention[J]. Annual Reviews in Neuroscience, 1995, 18. 193-222.

[54]Ravi P M. Blue Or Red? Exploring the Effect of Color on Cognitive Performance[J]. The Association for Consumer Research, 2009(36), 1045-1046.

[55]Redish J. letting Go of the Words:Writing Web Content That Works[J]. Elsevier/ Morgan Kaufmann Publishers Amsterdam, 2007.

[56]Rayner K. Eye Movement in Reading and Information Processing:20 years of Research[J]. Psychological Bulletins, 1998, 124(3):372-422.

[57]Sonja Stork, Laura Voss, Andrea Schankin. The Role of Color and Orientation[J]. Context Information in Guiding Visual Search, 2010, 291-304.

[58]S Kastner, LG Ungerleider. Mechanisms of Visual Attention in the Human Cortex[J]. Annual Review of Neuroscience, 2003, 23(1):315-341.

[59]Shiffrin R M, Schneider W. Controlled and automatic human information processing: Perceptual learning, automatic attending, and a general theory[J]. Psychological Review. 1977, 84:126-190.

[60]Shioiri S, Inoue T, Matsumura K, et al. Movement of visual attention[C]//Systems, Man, and Cybernetics. IEEESMC'99 International Conference Proceedings, 1999, (2): 5-9.

[61]Sweller J. Cogntive Load Theory[J]. Learning Difficulty and Instructional, 1994, 4. 295-312.

[62]Seufert T. The impact of intrinsic cognitive load on the effectiveness of graphical help for coherence formation[J]. Computers in Human Behavior, 2007, 23. 1055-1071.

[63]S Kalyuga, P Chandler, J Sweller. Managing split-attention and redundancy in multi-media instruction[J]. Applied Cognitive Psychology, 1999(13):351-371.

[65]Tulving E. Memory:An Overview. Encyclopedia of psychology[J]. Washing DC: American Psychological Association, 2000(05), 160-162.

[65]Theeuwes J. Endogenous and exogenoranus control of visual selection[J]. Perception, 1994, 23(4):429-440.

[66]Timo Gnambs. The Effect of the Color Red on Encoding and Retrieval of Declarative Knowledge[M]. Osnabruck university. Institute of Psychology, 2011.

[67]Treisman A M. Verbal cues, language and meaning in selective attention[M]. American Journal of Psychology, 1964, 77：205-294.

[68]Treisman A M, Gelade G. A. feature-intergration theory of attention[J]. Cognitive Psychology, 1980, 12：97-136.

[69]Treisman A. M, Perceiving and reperceiving objects[J]. American Psychologist, 1992, 47, 860-876.

[70]Treisman A. M, The perception of features and objects. https://www. research gate. net/publication/313514688_1998, 47, 861-879.

附　录

附录一　相关问卷

问卷 1

关于色彩表征影响学习注意的教师访谈

尊敬的教师：

您好！学习资源设计质量的优劣直接影响学生的学习结果，其中色彩设计是重要的因素，关于色彩影响学习注意的问题请发表您的见解和切身体会，不胜感谢！

1. 您任教的学段

小学（低□、中□、高□年级）　中学（初中□、高中□）大学（专科□、本科□、研究生□）

2. 您在观察学生观看学习资源时，注意水平高度集中的表现有哪些？注意水平低的表现有哪些？

3. 在学习资源中，色彩影响学习注意的重要性如何？

非常重要□　重要□　一般重要□　不重要□　非常不重要可以不使用色彩□

4. 针对学习资源色彩设计问题的弊端，您的建议或相关策略是什么？

问卷 2

专家意见咨询开放性问卷

尊敬的教育技术学专家：

您好！

感谢您接受我的邀请参与专家意见咨询！我是大学××××专业在读博士生×××，师从×××教授，研究方向是多媒体画面语言。敬请您对我征询的问题提出宝贵意见，感谢您的帮助！

多媒体画面语言是一种信息教育资源的优化工具，其图、文、声、像及交互功能的设计不仅仅应以优化教育资源、提高学生学习兴趣、降低认知负荷为目标，也应在知识的获取、支持学习者认知加工、发展人的高级思维等方面发挥作用。以下问题请您给予宝贵的建议：多媒体画面中关于"色彩"的设计与运用，您有什么建议？＿＿＿＿＿＿＿＿＿＿

问卷 3

被试基本信息问卷

1. 性别：□男　□女　2. 年龄：＿＿＿＿＿＿　3. 民族＿＿＿＿＿＿

4. 教育程度：□小学　□中学　□高中职　□专科　□本科　□硕士　□博士及以上

5. 本科所学专业：□文科　□理科　□工科　□艺术

6. 色彩偏好：最喜欢的颜色_____ 最讨厌的颜色_____

7. 知识基础前测：根据不同的实验材料进行不同的知识前测

问卷 4

学习情绪问卷

序号	情绪	程　　度								
		无	很低	低	较低	中等	较高	高	很高	最高
1	热情	1	2	3	4	5	6	7	8	9
2	高兴	1	2	3	4	5	6	7	8	9
3	喜欢	1	2	3	4	5	6	7	8	9
4	关心	1	2	3	4	5	6	7	8	9
5	满意	1	2	3	4	5	6	7	8	9

问卷 5

验证设计策略的调查问卷

多媒体画面语言学色彩表征影响学习注意的研究提出"三大设计策略、九条具体策略、二十条策略细则"的设计策略，落实到教学实践中是二十条可操作的策略细则，具体细则见调查附件说明。您对该设计策略的评价如何？请在七点李克特量表上将对色彩表征设计策略细则的认可程度用"√"标注，并恳请您书面写出其中存在的问题。感谢您的帮助。

设计策略 1-1-1　　　1　2　3　4　5　6　7

设计策略 1-1-2　　　1　2　3　4　5　6　7

（其他设计策略如上所示，以此类推，此处略）

（以下为 6 个实验的知识基础前测与学习结果后测问卷调查）

实验 1

知识基础前测问卷

1. 你对心脏的结构与功能的相关知识了解吗？

A．很不了解 B．不了解 C．了解一些 D．了解 E．完全了解

2. 你对心脏的结构与功能的知识感兴趣吗？

A．很不感兴趣 B．不感兴趣 C．有点兴趣 D．有兴趣 E．很有兴趣

3. "肺部的血液经肺动脉回流进入右心房，全身各处的血液经过上腔动脉、下腔动脉回流入右心房，这就是心脏的工作方式"，根据你已有的知识判断这句话是否正确。

A．正确 B．不知道 C．不太确定 D．不记得了 E．不正确

4. 你知道哪些关于心脏的结构与功能的知识，请大概描述一下。

学习结果后测问卷

保持测验

1．血液从（　）进入（　），经过肺部的毛细血管，再由肺静脉流回左心房，这一循环途径称为"肺循环"。

A．左心室　B．右心室　C．肺动脉　D．肺静脉

2．"体循环"是血液从心脏（　）侧出发回到（　）侧，"肺循环"是血液从心脏（　）侧出发回到（　）侧，这样就形成了一个完整的血液循环图。

A．右侧　B．左侧

3．心脏主要是由肌肉组织成的中空的器官，内部有一道厚厚的肌肉壁，将心脏分割成为（　）的两个部分。

A．左右相通　B．左右不相通

4．心脏被肌肉壁分割成为左右不相通的两个部分，每一个部分有两个腔，上面的空腔是（　），下面的空腔是（　）。心脏的四个腔分别有血管与它相通，与左心室相连的是（　），与右心室相连的是（　），与左心房相连的是（　），与右心房相连的是（　）和（　）。血液由左心室进入主动脉，再经过全身的各级动脉、毛细血管网、各级静脉、最后汇集到（　）、（　），流回到（　），这一循环途径为"体循环"。

5．下图中 A 是（　）B 是（　）C 是（　）

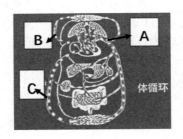

迁移测验

1．当血液流经全身各部分组织细胞周围的毛细血管网时，把运输来的营养物质供给其利用，把（　）里产生的二氧化碳等废物带走。

A．肌肉　B．组织细胞　C．细胞　D．肌肉壁

2．判断对错(在下面句子后面打对错)

（1）心脏是由细胞组成的一个实心的组织。

（2）动脉血含氧量低，颜色暗红。

（3）静脉血含氧量高，颜色鲜红。

（4）心脏的一次心跳并不包括心脏的收缩与扩张过程。

3．为什么"瓣膜"只能朝一个方向开，请简单陈述一下原因。

4．心脏是如何像一个泵一样促进血液循环的？请形象地描述一下。

实验 2

知识基础前测问卷

1.　你对元认知的相关知识了解吗？

A．很不了解　B．不了解　C．了解一些　D．了解　E．完全了解

2．你对元认知的知识感兴趣吗？

A．很不感兴趣　B．不感兴趣　C．有点兴趣　D．有兴趣　E．很有兴趣

3．"元认知知识包括可以用于不同任务的一般性策略、使用这些策略的条件、这些策略的有效范式以及关于自我的知识"，根据你已有的知识判断一下这句话是否正确。

A．正确　B．不知道　C．不太确定　D．不记得了　E．不正确

4．你了解哪些关于元认知的知识，请大概描述一下。

学习结果后测问卷

保持测验

1．元认知知识是关于（　　）的知识以及关于自我认知的意识和知识。

2．布鲁姆教育目标分类中在元认知知识类别中包括（　　）知识、（　　）知识、（　　）知识。

3．自我知识是指与（　　）和（　　）两者相关的关于自我个人变量的知识。

4．围绕动机的一般社会认知模型显现出三种动机信念（多项选择）

A．学习者对自己完成某一任务能力的判断，也就是自我效能感；

B．学生完成某一任务的目的和原因；

C．学生对任务的个人兴趣的认识，以及他们对该任务对自己重要性和有用性所做的判断；

D．学生意识到不同的动机信念能够使学习者以更适合的方式监控和调节自己的学习行为。

迁移测验

认知任务知识是包括情景性知识和条件性知识，其中条件性知识是关于学生使用的元认知知识，情境知识是关于各种策略在不同情境中使用时的社会规范、习俗和文化传统。例如，用于课堂学习的策略并非用于工作中的最佳策略。请你结合教学实际谈谈条件性知识的应用，可举例说明。

实验 3

知识基础前测问卷

1．你对钢琴的相关知识了解吗？

A．很不了解　B．不了解　C．了解一些　D．了解　E．完全了解

2．你对钢琴的知识感兴趣吗？

A．很没兴趣　B．没兴趣　C．有点兴趣　D．有兴趣　E．很有兴趣

3．你知道哪些关于钢琴的知识，钢琴的结构是什么？请大概描述一下。

学习结果后测问卷

保持测验

1．钢琴的结构包括七个部分：（　）（　）（　）（　）（　）（　）（　）。

2．踏板主要分为下面三部分：（　）踏板、（　）踏板、（　）踏板。

3．（　）的作用是用来敲击被调音钉固定着的琴弦。

4．琴键数量为（　）个，包括（　）个白键及（　）个黑键。

5．琴胆又称（　），它连接着琴键和榔头，包括契克、止音器、（　）和（　）四大部分。

迁移测验

1．（　）的旋床有切口纤维，因而琴弦能牢固地绕在调音钉上致使音质能保持下来。

2．（　）与弦紧贴着，在琴键按下后，用来阻止弦的振动，并发出声音。

3．当琴弦被击后振动而发出声音时，（　）会使声音产生双重共鸣，将声音透过响板反射以及扩大出来。

4．请描述一下钢琴的构造。

实验 4

知识基础前测问卷

1．你知道人体细胞在感冒形成的过程中发生了怎样的变化吗？

A．很不了解　B．不了解　C．了解一些　D．了解　E．完全了解

2．"病毒一旦攻击了宿主细胞，它就会通过细胞注入它的遗传物质，病毒进入的时候就会释放它的成分。"这句话对吗？

3．你了解的感冒形成的步骤是怎样的？简单描述一下。

学习结果后测问卷

保持测验

1．感冒病毒通过鼻子、嘴或皮肤的损伤进入人体，一旦它找到进入人体的途径，它就会搜索（　）并使之感染。

2．病毒使用一类在它外层的蛋白质来识别（　），病毒就附着在其上，一些遮盖病毒通过溶解的方法进入它。

3．病毒会通过细胞注入它的（　），当病毒进入的时候就会释放它的成分。

4．新病毒从细胞膜中出来并摆脱它们周围的细胞膜，叫作（　）。

迁移测验

1．一个（　）能复制许许多多的病毒，病毒传染快速地遍及人体，人就会感冒。

2．感冒形成的步骤有六步：

步骤一（　）步骤二（　）步骤三（　）步骤四（　）步骤五（　）步骤六（　）。

3．请描述一下感冒是如何形成的。

实验 5

1．英语单词再认成绩（实验材料中的英语单词略）

2．英语单词默写成绩（实验材料中的英语单词略）

实验 6

知识基础前测问卷

1．你对飞机的构造与操作的相关知识了解吗？

A．很不了解　B．不了解　C．了解一些　D．了解　E．完全了解

2．你对飞机的构造与操作的知识感兴趣吗？

A．很不感兴趣　B．不感兴趣　C．有点兴趣　D．有兴趣　E．很有兴趣

3．"控制杆（或者一个控制曲柄）固连在一根圆柱上，通过操纵副翼和升降舵控制飞机的滚转和俯仰。副翼控制滚转，升降舵控制俯仰"。这句话对吗？

A．正确　B．不知道　C．不太确定　D．不记得了　E．不正确

4．你知道哪些关于飞机操作方面的知识，请大概描述一下。

学习结果后测问卷

保持测验

1．飞机的基本结构包括：（　）、（　）、（　）、（　）、（　）五部分。

2．用来产生拉力和推力，使飞机前进，并为其他设备提供电源的是（　）。

3．飞机必须以（　）克服（　），以（　）克服空气（　），使飞机飞行于空中。

4．飞机前进速度越（　），气压较（　），升力遇到重力，飞机就会向（　）。

5．（控制杆）固连在一根圆柱上，通过操纵（　）和（　）控制飞机的滚转和俯仰。（　）控制滚转，（　）控制俯仰。

迁移测验

1．飞行员操纵（　）、（　），使（　）、副翼和方向舵偏转，能使飞机向各个方向转动。后拉驾驶杆，升降舵上偏，机头（　）；前推驾驶杆，则升降舵下偏，机头（　）。

2．请描述一下飞行员操作飞机的具体步骤。

3．请描述一下飞机的四重作用力。

附录二 实验材料

实验 1

1-1-1 动态视频画面无色彩内容设计的实验材料	1-1-2 动态视频画面有色彩内容的实验材料
	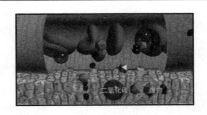
1-1-3 静态图文画面无色彩内容实验材料	
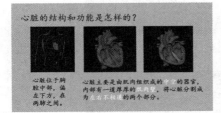	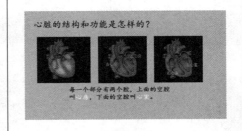
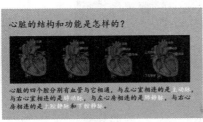	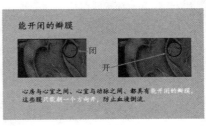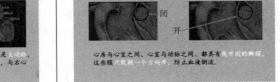
1-1-4 静态图文画面有色彩内容实验材料	
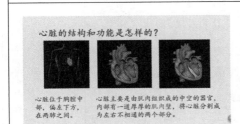	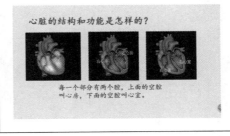

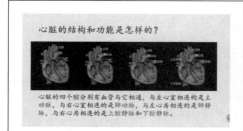

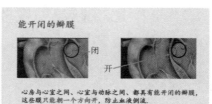

实验 2

1-2-1　文本画面前景与背景对比色实验材料

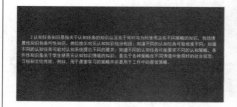

1-2-2　文本画面前景与背景邻近色实验材料

实验 3

2-1-1　色彩线索（以暖色线索为例）实验材料				
Ape a-p-e Man has evolved from the ape. 人是从类人猿进化来的。	**Bull** b-u-l-l He was tossed by the bull. 他被这只公牛挑起来了	**Cobra** c-o-b-r-a He dodged the cobra's defensive bite 他躲避了眼睛蛇的攻击	**Dove** d-o-v-e The dove has died. 这只鸽子死了。	**Ewe** e-w-e The ewe milk well. 这头母羊出奶率很高。
Foal f-o-a-l The foal stands 21 inches tall. 这匹幼马21英寸高。	**Gorilla** g-o-r-i-l-l-a He found that there was scarcely any information on gorilla cognition. 他发现任何有关大猩猩认知的信息都非常稀少	**Heron** h-e-r-o-n A heron at a flooded ecology park in Seoul. 洪水过后生态公园的苍鹭。	**Impala** i-m-p-a-l-a Herds of impala and wildebeest passed 成群的高角羚一闪而过。	**Jajuar** j-a-j-u-a-r The jaguar has been listed since 1997 as endangered 1997年捷豹被列为濒危物种。
Koala k-o-a-l-a No thanks to the koala. 真要感谢那只考拉。	**lark** L-a-r-k It sounds like the singing of lark birds. 这歌声就像云雀一样清脆。	**Mole** m-o-l-e The mole burrowed in the ground. 鼹鼠往地里掘洞。	**Nightingale** n-i-g-h-t-i-n-g-a-l-e You can hear a nightingale whistle at night. 夜晚你会听到夜莺啼鸣。	**Ostrich** O-s-t-r-i-c-h South Africans eat ostrich. 南非人爱吃鸵鸟
Perch p-e-r-c-h American yellow perch 美国黄金鲈鱼	**Quail** q-u-a-i-l The next horizon: GM pigs, ducks, turkeys and quail. 下个目标：转基因猪、鸭子、火鸡和鹌鹑。	**Robin** r-o-b-i-n Robin is a kind of bird. 知更鸟属于鸟类。	**Shrimp** s-h-r-i-m-p I got a microscope set and watched shrimp grow 我用显微镜观察对虾的成长。	**Termite** t-e-r-m-i-t-e Termite disaster investigation 蚁害调查
Uakari u-a-k-a-r-i Uakari is a medium-sized tree-dwelling monkey of the Amazon basin 秃猴是亚马逊盆地的中型栖息在树上的猴子	**Vole** v-o-l-e A courageous vole takes on a coyote a hundred times his size 一只勇敢的田鼠与一头身量一百倍的郊狼对峙。	**Wasp** w-a-s-p He was stung by a wasp. 他被黄蜂叮了一下。	**Yak** y-a-k We can sell the yak skins and the meat and hair. 我们把牦牛的皮、肉和毛卖出去。	**Zebra** z-e-b-r-a The zebra galloped away from the lion. 斑马疾驰飞奔远离狮子。

实验 4
陈述性知识：钢琴的结构

色相变化	明度变化	纯度变化

程序性性知识：感冒的形成

色相变化	明度变化	纯度变化

实验 5

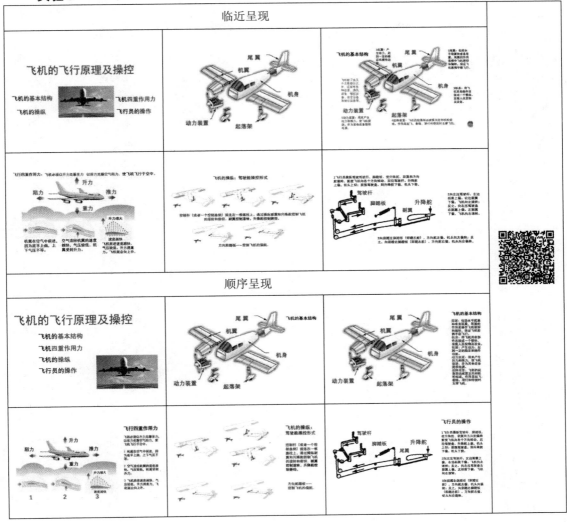

实验 6
舒尔特方格（略，与实验 3 中的实验材料形式相同）